前　言

随着科学技术的发展，数字化、网络化、智能化技术与工业制造技术深度融合形成的智能制造技术，特别是新一代智能制造技术，已经成为现代工业技术发展的核心方向，也是第四次工业革命的核心驱动力。我国目前已经成为全球公认的制造大国，但还不是制造强国，要从“制造大国”迈向“制造强国”，中国制造业任重道远，而智能制造将成为中国制造业创新发展的关键所在，成为推进制造强国战略的主要技术路线。因此，高等工科院校师生和工程技术人员了解和掌握智能制造的相关知识和应用技术是十分必要的。

本书以纺织制造系统为应用背景，较系统地介绍了智能制造的概念、特征和发展过程，详细地描述了智能制造系统的架构、典型装备、关键技术以及ERP企业资源管理系统，并基于机器人技术详细介绍了智能制造在纺织工业生产中的应用。同时本书对个性化智能制造模式也进行了论述，并给出了典型的纺织智能生产线实例，以使读者对智能制造系统有一个全面深刻的了解。本书最大的特点是突出应用实例，即结合具体设备和应用场景，在关键技术的应用层面上下功夫，进行重点介绍，并以典型纺织智能制造案例为特色，全面阐述了智能制造系统的构成和系统工作过程，为智能制造的实践教学提供了成熟的样例。

本书第一章和第三章由徐国伟编写，第二章由刘健和毕胜编写，第四章由段文斌和赵地编写，第五章由贾文军和淮旭国编写，第六章由王晓亮和王浩程编写，第七章由赵永立和张天缘编写。全书由徐国伟、赵永立统一整理。参加编写工作的还有李毅、张江亭、郭玲、林辉、刘铭阳、杨楠等同志，在此表示感谢！

在编写过程中，我们参考了有关书刊、资料，在此对相关作者一并表示感谢。

由于作者水平有限，书中不妥之处在所难免，恳请读者批评指正。

编　者

2022 年 2 月

目　录

第一章　智能制造技术概论

1.1　制造与制造系统

制造是指把原材料转变为可以使用的物品的过程和方法，工农业生产和日常生活中使用的所有产品都是通过制造得到的。制造涉及的工业领域是制造业，它是一个国家现代工业的基础。现代社会所有产品的制造都离不开机械装备。所以确切地说，装备制造业的发展水平代表了一个国家的先进程度。

1.1.1　制造过程

制造过程是包括设计在内的所有与产品实现相关联的技术流程，特别是指决定材料形状和性能改变的工艺流程。在更广的范围内，制造过程包括产品的市场分析、设计开发、工艺规划、加工制造以及控制管理等过程，涉及的硬件包括厂房设施、生产设备、工具材料、能源以及各种辅助装置，涉及的软件包括各种制造理论与技术、制造工艺方法、控制技术、测量技术以及制造信息等。相关人员包括从事物料准备、信息流监控以及对制造过程进行决策和调度等作业的人员。

制造过程往往指基本的生产过程，即针对产品实体的生产对象直接进行工艺加工的过程。所有的工业产品都有相对固定的基本生产过程，如机械工业生产中的铸造、锻造、机械加工和装配等过程；纺织工业生产中的纺纱、织布和印染等过程；化学工业生产中的配料、搅拌、包装等过程。基本生产过程是企业的主要生产活动，是制造过程的主体。

机械制造是生产机器设备的工业领域。由于现代工业产品的生产效率和生产质量主要由机器设备来保证，没有现代化的机器设备，企业是难以在市场竞争中立足的，因此，机械制造是所有工业领域的基础。机械制造是通过制造工艺来完成的。制造工艺是指制造过程的顺序流程及使用的各种方法，主要包括铸造、压力加工、焊接等毛坯成型工艺和切削加工零件成型工艺，如图 1-1 所示。制造工艺又分为传统加工工艺和先进制造技术，传统加工工艺一般以手动操作进行加工为主，如普通车削，通过手摇手柄操控车床，完成旋转体工件的加工；先进制造技术是利用计算机和网络技术，通过编程自动地给机床操作系统发出指令，从而控制机床的多维联动，实现刀具切削加工的工艺方法。伴随着信息技术的快速发展，目前先进制造技术已经成为制造业主流的加工方法。

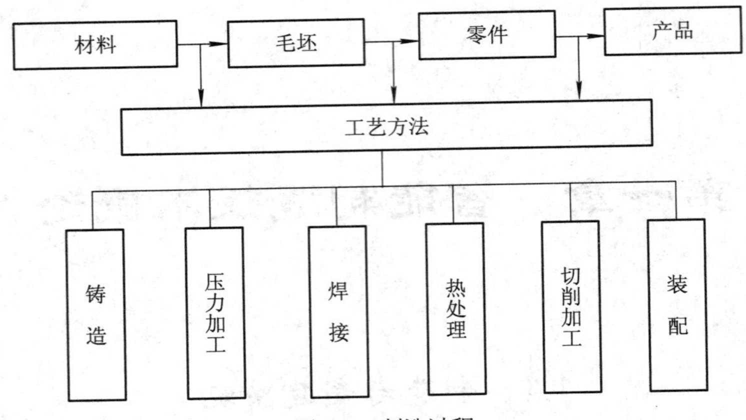

图 1-1　制造过程

必须明确，制造过程是从设计开始的，没有一个好的设计，就无法得到所需的产品。工程设计是设计者在工程领域为满足人们对产品功能的需求，运用基础及专业知识、实践经验、系统工程等方法进行构思、计算和分析，最终以技术文件的形式提供产品制造依据的全过程活动。工程设计是形成产品的第一步工作。产品的质量和效益取决于设计、制造及管理的综合运作，这中间设计工作非常重要，没有高质量的设计就没有高质量的产品。狭义的设计通常指产品从概念到绘出图纸或建出模型的过程。从广义上讲，设计的概念和内容非常广泛，如材料选择、机构分析、运动和动力分析、强度校核、建模仿真、优化分析，等等。在实际设计中，往往根据产品的功能、结构及使用场合来选取设计的具体内容。

机械工程设计可以是应用新的原理或新的概念，开发创造新的机器；也可以是在已有机器的基础上，重新设计或进行局部的改造，即工程设计的任务是围绕着开发新产品或改造老产品而进行的。工程设计的最终目的是提供满足人们功能及外观需求、优质高效、价廉物美，并具有市场竞争力的产品。

现代机械工程设计流程如图 1-2 所示。在设计中可运用虚拟样机、快速成型、模拟仿真等技术，在样机制造之前就可以预测样机的性能，应用机、电、液、气等不同工程领域的知识，协调设计，共享数据，更完整透彻地理解系统模型，对不能用实验进行校验的场合进行仿真。由此可见，现代机械工程设计可显著降低设计成本，减少设计实验周期。

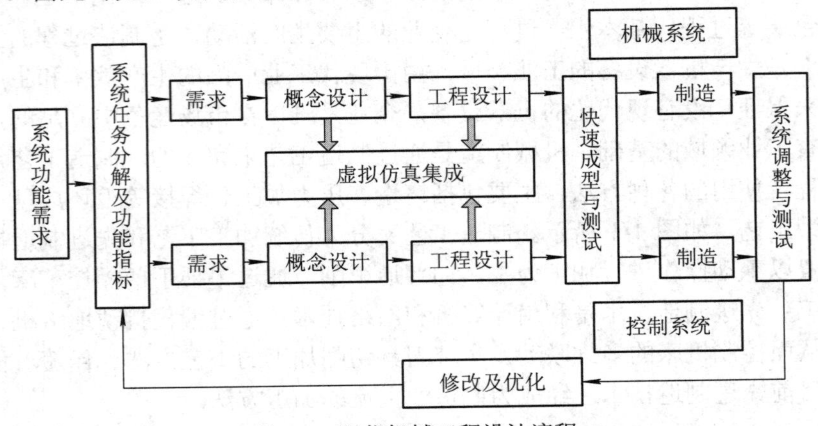

图 1-2　现代机械工程设计流程

1.1.2　制造系统

理解制造系统，首先应准确把握“系统”的概念。丰富多彩的现实世界是由各种制造物组成的。当我们审视任何一个物的实体时，首先它是一个整体，映入眼帘的是它完整的外形，如一辆汽车、一台机器、一座建筑；然后有心之人就会思考其组成部分的结构，即它是怎样组成的。功能是制造物价值的最根本体现。人们生存发展使用物品，商品交换买卖物品，实际都是在获取其功能。整体、部分(组元)、功能，这些概念的组合形成了一个新的概念——系统。系统是普遍存在的，对每一个人来说，自然和社会的系统都会相伴一生，对人的知识积累、认识水平、思维能力都有潜移默化的影响。

系统是由若干相互联系、相互作用的要素组成的具有特定功能的整体。系统一般分为自然系统、人工系统和复合系统。自然系统是由自然力所形成的系统，也称天然系统，如天体运行系统、大气环流系统、生命系统、生态系统、分子原子系统等；人工系统是通过工程造物所形成的系统，社会生活中一切物的实体都属于人工系统；复合系统是二者结合形成的系统，如水力发电、风力发电就是借助自然力与人工力共同作用形成的系统。在自然界和人类社会中，具有实用功能的系统总是表现为“物”的特征，它的实现是工程造物的结果。可以说，我们大脑中能够想到的任何事物都可以归类于某一个系统。如图 1-3 所示，生物学中的生态系统，是指一个能够自我完善，达到动态平衡的生物链；工程活动中的工程系统，是指为完成一个工程项目而必须具备的人、财、物、环境等条件构成的整体；制造业中的技术系统，是指为实现产品的功能而由零部件、元器件、软硬件等要素组成的整体。

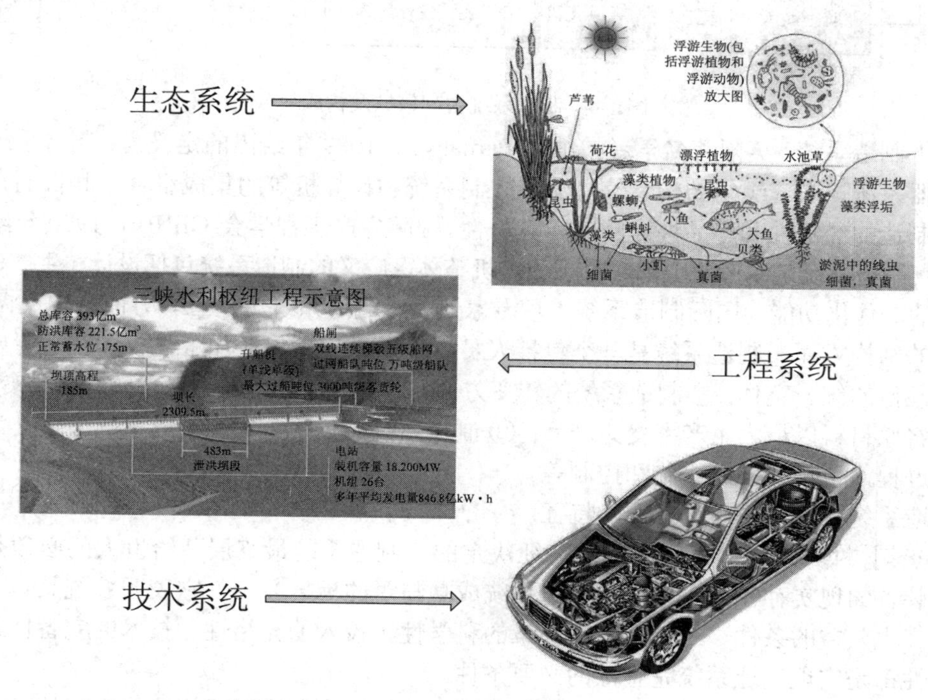

图 1-3　系统的分类

在上述系统的分类中，技术系统实际就是制造系统。技术系统强调实现的方法，制造系统强调实现的过程。完成制造过程涉及的相关因素有许多，包括技术的和非技术的两方面。从广义上讲，所有对制造过程发挥作用的因素共同构成了制造系统。一般而言，制造系统是指直接改变材料形状和性能的软硬件技术集成。在现代工业体系中，所有产品的生产，包括生产效率和质量的保证，都高度依赖特定的制造系统，也就是各种工业生产装备。由此可见，制造系统是指为达到预定产品制造目的而构建的一整套组织系统，是由制造过程、硬件、软件和相关人员组成的具有特定功能的一个有机整体。制造系统涉及所有工业生产领域，其生产构成包括设计、制造、管理三大要素，如图 1-4 所示。

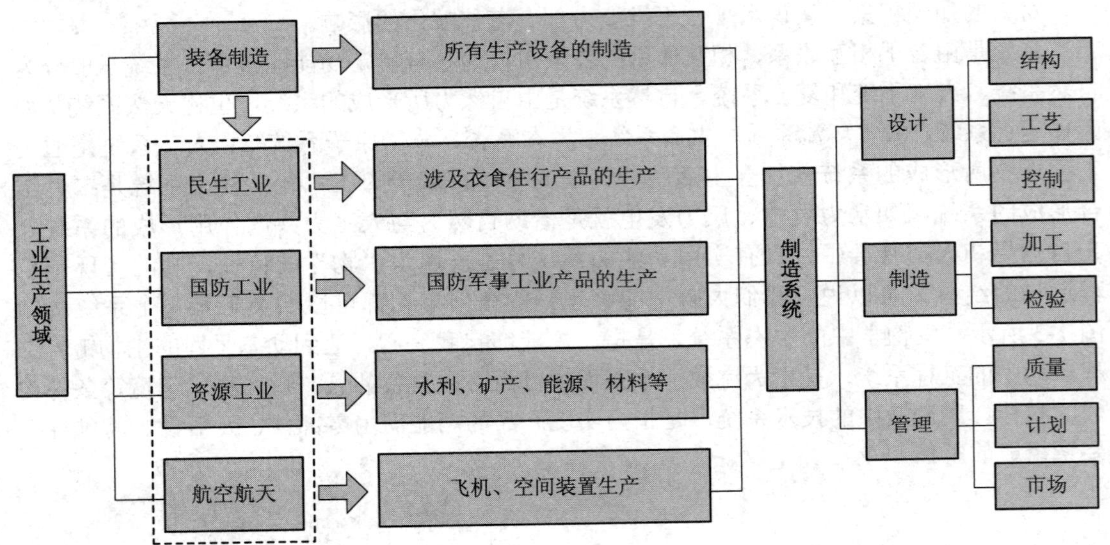

图 1-4 制造系统生产领域及构成

关于制造系统，英国著名学者帕纳比(Parnaby)于 1989 年给出的定义为：制造系统是工艺、机器系统、人、组织结构、信息流、控制系统和计算机等的集成组合，其目的在于取得产品制造的经济性和产品性能的国际竞争性。国际生产工程学会(CIRP)于 1990 年给出的定义是：制造系统是制造业中形成生产的有机整体，广义的制造系统包括设计、生产、配送和销售的一体化功能。国际制造系统工程专家认为，制造系统可从三个方面来定义：① 制造系统的结构方面，制造系统是一个包括人员、生产设施、物料加工设备和其他附属装置等各种硬件的统一整体；② 制造系统的转变方面，制造系统可定义为生产要素的转变过程，特别是将原材料以最大生产率变为产品；③ 制造系统的过程方面，制造系统可定义为生产的运行过程，包括计划、实施和控制等。

制造系统具有以下几个方面的特征：

(1) 整体性。这是由系统本身的特征决定的。制造系统最终展现给世人的必须是一个完整的装备的现实存在。完整性是制造系统成功与否的标志之一，它表明系统具备了实现功能、产生效益的条件。制造过程中决策的科学性、投入的充裕性、技术的完备性、管理的严密性都是实现制造系统完整性的必要条件。

(2) 功能性。制造系统必须实现特定功能。现代制造中特别强调功能实现的可控性。

制造系统的功能何时实现、怎样实现，必须由人的意志决定。制造系统的故障大多都是各种原因造成的机构失控的结果。人们在研发系统时，控制是一个重要环节，必须做到系统控制的安全可靠。信息社会中，制造系统的控制越来越迅速地由手工操作控制向自动控制方向发展。特别是现代智能制造系统，网络控制、远程控制已经成为发展方向。系统的优良与否，很大程度上由自动监控的准确性来评判。

(3) 协调性。协调性是制造系统实现其目标最重要的特征之一，也就是说，构成制造系统的各要素必须协调配合，才能保证制造系统功能的最终实现。协调性主要取决于制造系统各要素间的相互匹配和特性要求，是系统制造和控制精度的集中体现。

(4) 环境适应性。在当今社会生态环保理念深入人心的形势下，绿色发展、绿色制造已经成为制造系统从研发到运行全过程遵循的重要原则。所谓制造系统的环境适应性，就是在制造过程中，牢牢把握环境保护的宗旨，从设计、选材到工艺方法、辅料使用，均不以破坏环境为代价。

1.2　制造系统自动化

制造系统自动化的高端即是智能制造系统。面对市场环境下工业产品激烈竞争的发展形势，为应对人力资源成本不断提升、产品需求规模庞大的生产现状，提高劳动生产效率，保证产品生产质量，改善劳动条件，提升劳动者素质，已经成为企业生存发展的当务之急。制造系统自动化是企业立足于竞争环境、实现企业发展目标的技术首选。制造系统自动化的水平代表了一个国家制造业的发达程度，其高质量的广泛应用是制造业发展的核心方向。

1.2.1　自动化概述

自动化是指机器设备、系统或过程(生产、管理过程)在无人或少人的直接参与下，根据要求，经过自动检测、信息处理、分析判断、操纵控制，实现预期功能目标的过程。自动化技术广泛用于工业、农业、军事、科学研究、交通运输、商业、医疗、服务和家庭等方面。采用自动化技术不仅可以把人从繁重的体力劳动、部分脑力劳动以及恶劣、危险的工作环境中解放出来，而且能扩展人的器官功能，极大地提高劳动生产率，增强人类认识世界和改造世界的能力。因此，自动化是工业、农业、国防和科学技术现代化的重要条件和显著标志。

制造系统自动化是指在无人或少人的干预下将原材料加工成零件或将零件组装成产品的生产过程，在加工过程中实现管理过程和工艺过程自动化。管理过程包括产品的优化设计、程序的编制及工艺的生成、设备的运行及协调、材料的计划与分配、生产环境的监控等；工艺过程包括工件的工序安排和加工过程、零件装卸储存和输送、刀具的选择安装和调整、切削液的净化处理等。

从功能上讲，制造系统自动化主要是信息化的控制系统对输入的物质、能量与信息按照要求进行处理，输出具有所需特性的物质、能量与信息，如图 1-5 所示。

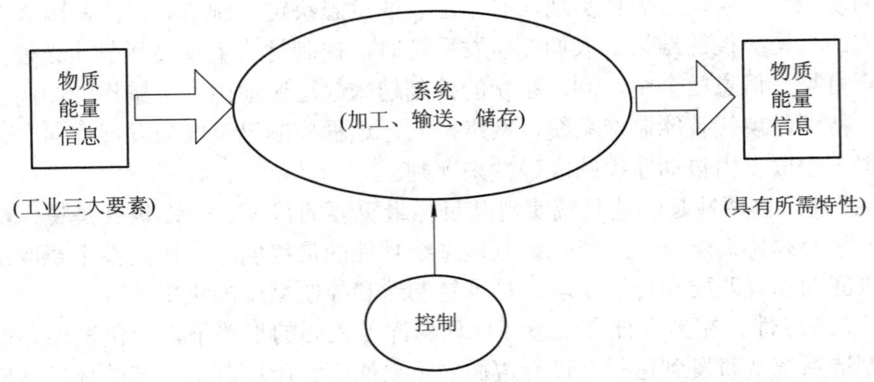

图 1-5 制造系统自动化的功能实现

1.2.2 制造系统自动化的类型及构成

制造系统自动化包括刚性制造系统自动化和柔性制造系统自动化两大类，如图 1-6 所示。刚性是指该生产线只能生产某种产品或工艺相近的某类产品，生产产品具有单一性的特点。刚性制造系统涉及的加工设备包括组合机床、专用机床、刚性自动化生产线等。柔性的含义是灵活多变，是指在制造过程中生产组织形式和生产产品及工艺具有多样性和灵活性的特点，具体表现为机床的柔性、产品的柔性、加工的柔性、批量的柔性等。

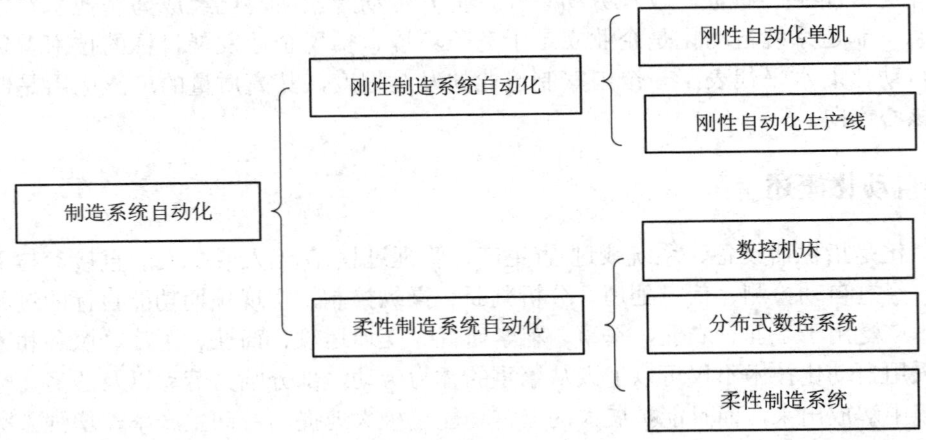

图 1-6 制造系统自动化的类型

1. 刚性自动化单机

除上下料外，机床可以自动地完成单个工艺过程的加工循环，这种机床称为刚性半自动化单机。这种机床一般采用多刀多面加工，如单台组合机床、通用多刀半自动机床。在刚性半自动化单机的基础上增加自动上下料装置就形成了刚性自动化机床，其实现的也是单个工艺过程的全部加工循环，这种机床往往需要定制或在刚性半自动化单机的基础上改装，常用于品种单一、变化很小、但生产批量较大的场合。

2. 刚性自动化生产线

刚性自动化生产线是多工位生产过程，用工件输送系统将各种自动化加工设备和辅助设备按一定的顺序连接起来，在控制系统的作用下完成单个零件加工的复杂系统。在刚性自动化生产线上，被加工零件以一定的生产节拍、顺序通过各个工作位置，自动完成零件预定的全部加工过程和部分检测过程。因此，与刚性自动化单机相比，刚性自动化生产线的结构复杂，任务完成的工序多，所以生产效率也很高，是少品种、大量生产必不可少的加工装备。除此之外，刚性自动化生产线还具有可以有效缩短生产周期、取消半成品的中间库存、缩短物料流程、减少生产面积、改善劳动条件和便于管理等优点。它的主要缺点是投资大、系统调整周期长、更换产品不方便。为了消除这些缺点，人们发展了组合机床自动线，可以大幅度缩短建线周期，更换产品后只需更换机床的某些部件即可(例如可更换主轴箱)，大大缩短了系统的调整时间，降低了生产成本，并能收到较好的使用效果和经济效果。组合机床自动线主要用于箱体类零件和其他类型非回转体的钻、扩、铰、镗、攻螺纹和铣削等工序的加工。刚性自动化生产线目前正在向刚柔结合的方向发展。

3. 数控机床

数控机床即数字控制(Computer Numerical Control，CNC)机床，是一种装有程序控制系统的自动化机床。该控制系统能够逻辑性地处理具有控制编码或其他符号指令规定的程序，通过数控系统软件输入数控装置；经运算处理后由数控装置发出各种控制信号控制机床的动作，按图纸要求的形状和尺寸自动地将零件加工出来。数控机床很好地解决了复杂、精密、小批量、多品种的零件加工问题，是典型的机电一体化产品，是一种柔性、高效能的自动化机床，代表了制造技术和现代机床控制技术的发展方向。

加工中心(Machining Center，MC)是在一般数控机床的基础上，增加刀库自动换刀装置而形成的一类更复杂，但用途更广、效率更高的数控机床。由于具有刀库和自动换刀装置，可以在一台机床上完成车、铣、镗、钻、铰、攻螺丝等多个工序的加工。因此加工中心具有工序集中、可以有效缩短机床调整时间和工件搬运时间、减少制品库存、加工质量高等优点。加工中心常用于复杂、多工序工件的加工。根据加工对象不同，加工中心又可分为铣削加工中心、车削加工中心、车铣复合加工中心等。

4. 分布式数控系统

分布式数控(Distributed Numerical Control，DNC)系统是指系统采用多处理机，借助数字、字符或者其他符号对某一工作过程进行编程控制，以一定的分工方式来承担整个交换机的控制功能的控制方式。分布式数控系统采用一台计算机控制若干台 CNC 机床，因此这种系统强调的是系统的计划调度和控制功能，对物流和刀具的自动化程度要求并不高，主要由操作人员完成。DNC 的主要优点是系统结构简单，灵活性大，可靠性高，投资少，注重对设备的优化利用，是一种简单的人机结合的自动化制造系统。

5. 柔性制造系统

柔性制造系统(Flexible Manufacturing System，FMS)是指由一个传输系统联系起来的一些设备，传输装置把工件放在其他连接装置上送到各加工设备，实现工件精确、快速和自动化加工，如图 1-7 所示。可以看出，柔性制造系统由数控加工设备、自动化搬运设备、物料运储装置和计算机控制系统等组成，包括自动化立体仓库，自动化输送线系统，柔性制造并联加工机器人，上下料搬运机器人，CCD 形状颜色、孔深与材质检测，自动化喷涂系统，系统总线控制等多个柔性制造单元，它能根据制造任务或生产环境的变化迅速进行调整，以适宜于多品种、中小批量生产。它通过简单地改变软件的方法能够制造出多种零件中任何一种。

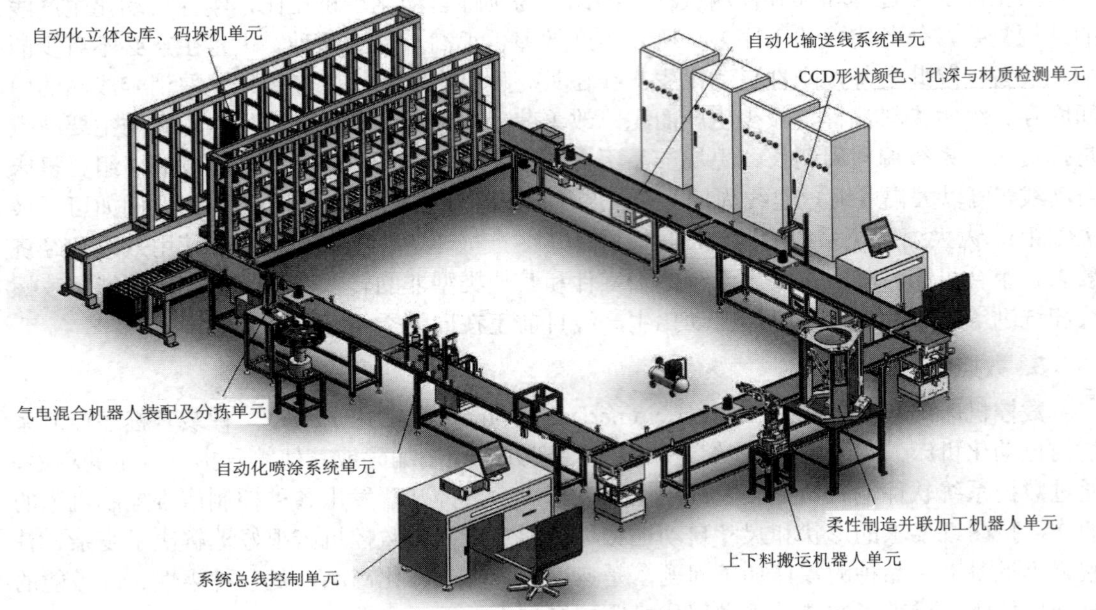

图 1-7 柔性制造系统

柔性制造系统包含中央计算机控制系统和传输系统，有时可以同时加工几种不同的零件。FMS 是由统一的信息控制系统、物料储运系统和一组数字控制加工设备组成的且能适应加工对象变换的自动化机械制造系统。系统为一组按次序排列的设备，由自动装卸及传送装置连接并经计算机控制系统集成为一体，待加工零件在零件传输系统上装卸，一台机器上加工完毕后传到下一台机器，每台机器接受操作指令，自动装卸所需工具，无需人工参与。

1.2.3 机电一体化系统设计

具有自动化功能的制造系统均为机电一体化系统。机电一体化又称机械电子学，英文称为 Mechatronics，它是由英文机械学 Mechanics 的前半部分与电子学 Electronics 的后半部分组合而成的。机电一体化最早出现在 1971 年日本《机械设计》杂志的副刊上，随着机电一体化技术的快速发展，机电一体化的概念被人们广泛接受和普遍使用。1996 年出版的 WEBSTER 大词典收录了这个日本造的英文单词，这不仅意味着 “Mechatronics” 这个单词得到了世界各国学术界和企业界的认可，而且还意味着“机电一体化”的思想为世人所接受。

一般认为，机电一体化是以机械学、电子学和信息科学为主的多门技术学科在机电产品发展过程中相互交叉、相互渗透而形成的一门新兴边缘性技术学科。这里面包含了三重含义：首先，机电一体化是机械学、电子学与信息科学等学科相互融合而形成的学科。其次，机电一体化是一个发展中的概念，早期的机电一体化就像其字面所表述的那样，主要强调机械与电子的结合，即将电子技术“溶入”到机械技术中而形成新的技术与产品。随着机电一体化技术的发展，以计算机技术、通信技术和控制技术为特征的信息技术融合到机械技术中，丰富了机电一体化的含义；现代的机电一体化不仅仅指机械、电子与信息技术的结合，还包括光(光学)机电一体化、机电气(气压)一体化、机电液(液压)一体化等。最后，机电一体化表达了技术之间相互结合的学术思想，强调各种技术在机电产品中的相互协调，以达到系统总体最优。换句话说，机电一体化是多种技术学科有机结合的产物，而不是它们的简单叠加。

现实生活中的机电一体化产品比比皆是。手机、自动洗衣机、空调、全自动照相机等，都是典型的机电一体化产品；汽车更是机电一体化技术成功应用的典范，目前汽车上成功应用和正在开发的机电一体化系统达数十种之多，特别是发动机电子控制系统、汽车防抱死制动系统、全主动和半主动悬架等机电一体化系统在汽车上的应用，使得现代汽车的乘坐舒适性、行驶安全性及环保性能都得到了很大的改善；在机械制造领域中广泛使用的各种数控机床、工业机器人、三坐标测量机及全自动仓储等，也是典型的机电一体化产品。一些常见的机电一体化产品如图 1-8 所示。

图 1-8　常见的机电一体化产品

一般而言，一个较完善的机电一体化系统包括以下几个基本组成部分：机械本体、检测传感部分、计算机控制单元、驱动装置和动力源，各要素之间通过接口相联系，如图 1-9 所示。

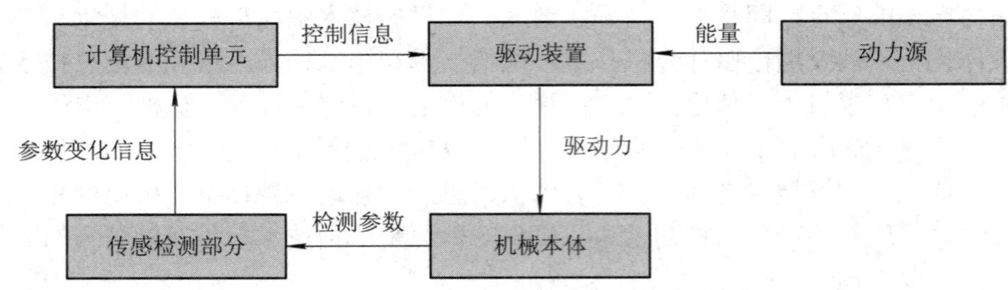

图 1-9　机电一体化产品的构成

机电一体化系统的单元技术主要包括以下几方面：

1. 机械技术

机械技术是机电一体化的基础。机电一体化系统中的主功能往往是以机械技术为主体实现的。在机械与电子相互结合的实践中，不断对机械技术提出更高的要求，使现代机械技术相对于传统机械技术而发生了很大变化。新机构、新原理、新材料、新工艺等不断出现，现代设计方法不断发展和完善，以满足机电一体化产品对减轻质量、缩小体积、提高精度和刚度、改善性能等多方面的要求。机电一体化系统的机械系统与一般的机械系统相比，除要求较高的制造精度外，还应具有良好的动态响应特性，即快速响应和良好的稳定性。在实际构成中，机电一体化系统的机械系统主要包括三种机构，即执行机构、传动机构和导向机构。

2. 传感检测技术

在机电一体化系统中，传感器起着非常重要的作用，它相当于系统感受器官，能够快速、准确地获取信息，是机电一体化产品实现其功能的重要保证。

传感器是能够感受规定的被测量，并按照一定的规律转换成可用的输出信号的器件或装置。传感器与人的感官一一对应，相当于人眼(视觉)的光传感器，如光敏元件、电荷耦合器件(CCD)、图像传感器和光敏二极管等；相当于人耳(听觉)的音响传感器，如传声器、压电元件等；相当于人皮肤(触觉)的振动传感器、温度传感器和压力传感器，其中振动传感器有应变片、半导体压力传感器等，温度传感器有热敏电阻、铂电阻、热电偶和热释电传感器等，压力传感器有膜片、力敏聚合物等；相当于人舌头(味觉)的味觉传感器，如铂、氧化物、离子传感器等；相当于人鼻(嗅觉)的嗅觉传感器，如生物化学元件等。此外，还有检测位移量的差动变压器、检测转速的编码器、磁性传感器等。

传感器一般由敏感元件、转换元件、变换电路和辅助电源组成，如图 1-10 所示。

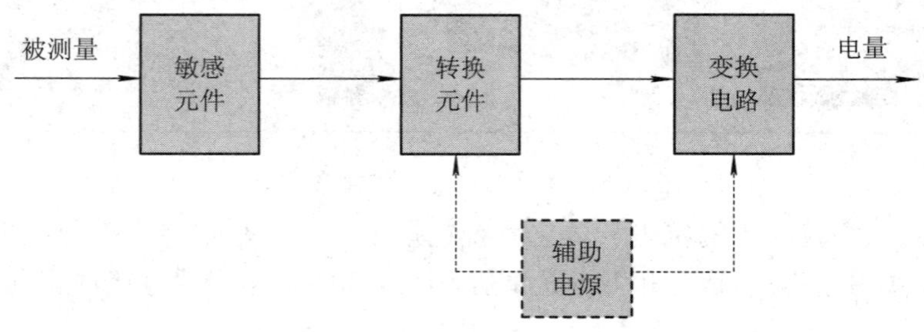

图 1-10　传感器的组成

3. 伺服驱动技术

伺服(Servo)的含义即“伺候服侍”，就是在控制指令下，控制驱动元件，使机械系统的运动部件按照指令要求进行运动。伺服的主要任务是按控制命令的要求，对功率进行放大、变换与调控等处理，使驱动装置输出的力矩、速度和位置控制得非常灵活方便。伺服系统是指使物体的位置、方位、状态等输出，能够跟随输入量的任意变化而变化的自动控制系统，主要用于机械设备位置和速度的动态控制。

伺服系统的结构类型繁多，其组成和工作状况也不尽相同。一般说来，伺服系统的基本组成包括控制器、功率放大器、执行机构和检测装置四部分，如图 1-11 所示。

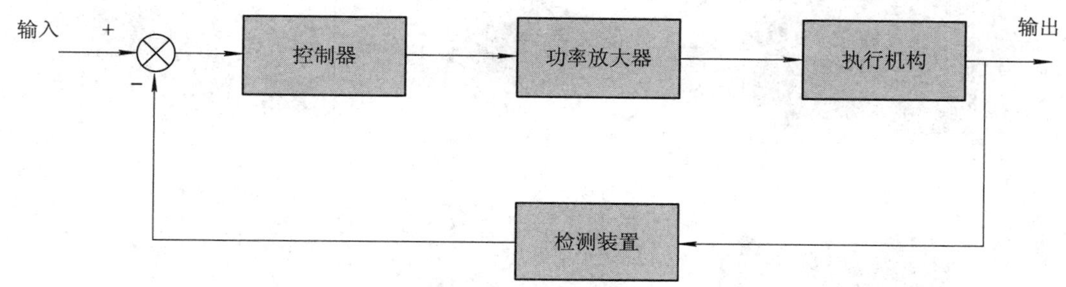

图 1-11　伺服系统的组成

伺服驱动技术作为数控机床、工业机器人等产业的关键技术之一，在国内外普遍受到关注。20 世纪 90 年代，微处理器技术、电力电子技术、网络技术、控制技术的发展为伺服驱动技术的进一步发展奠定了良好的基础。

4. 自动控制技术

随着微电子技术和计算机技术的发展，计算机在速度、存储量、位数、接口等方面的性能都有了很大的提高。批量生产、技术进步又使计算机的成本大幅度下降。计算机因其优越的特性广泛地应用于工业、农业、国防及日常生活的各个领域，例如，我们所熟悉的数控机床、工业机器人、电气传动装置的控制等。计算机控制技术是自动控制理论和计算机技术相结合的产物，计算机强大的信息处理能力使控制技术提高到一个全新的水平，计算机的引入对控制系统的性能、结构以及控制理论都产生了深远的影响。

单片机控制技术的应用十分广泛，可以说遍布工业生产和人们生活的各个领域，如图 1-12 所示。例如，在智能仪器仪表方面，由于单片机具有体积小、功耗低、控制功能强、扩展灵活、微型化和使用方便等优点，在仪器仪表中，结合不同类型的传感器，可实现诸如电压、功率、频率、湿度、温度、流量、速度、厚度、角度、长度、硬度、元素、压力等物理量的测量。采用单片机控制使得仪器仪表数字化、智能化、微型化，且功能比起采用电子或数字电路更加强大。例如精密的测量设备(功率计、示波器、各种分析仪)；在工业控制方面，用单片机可以构成多种多样的控制系统和数据采集系统，如工厂流水线的智能化管理，电梯智能化控制，各种报警系统，与计算机联网构成二级控制系统等；在家用电器方面，可以说，现代家用电器基本上都采用了单片机控制，包括电饭煲、洗衣机、电冰箱、空调机、彩电、数码产品等。除此之外，在计算机网络、通信、医疗等领域，单片机也发挥着重要的作用。

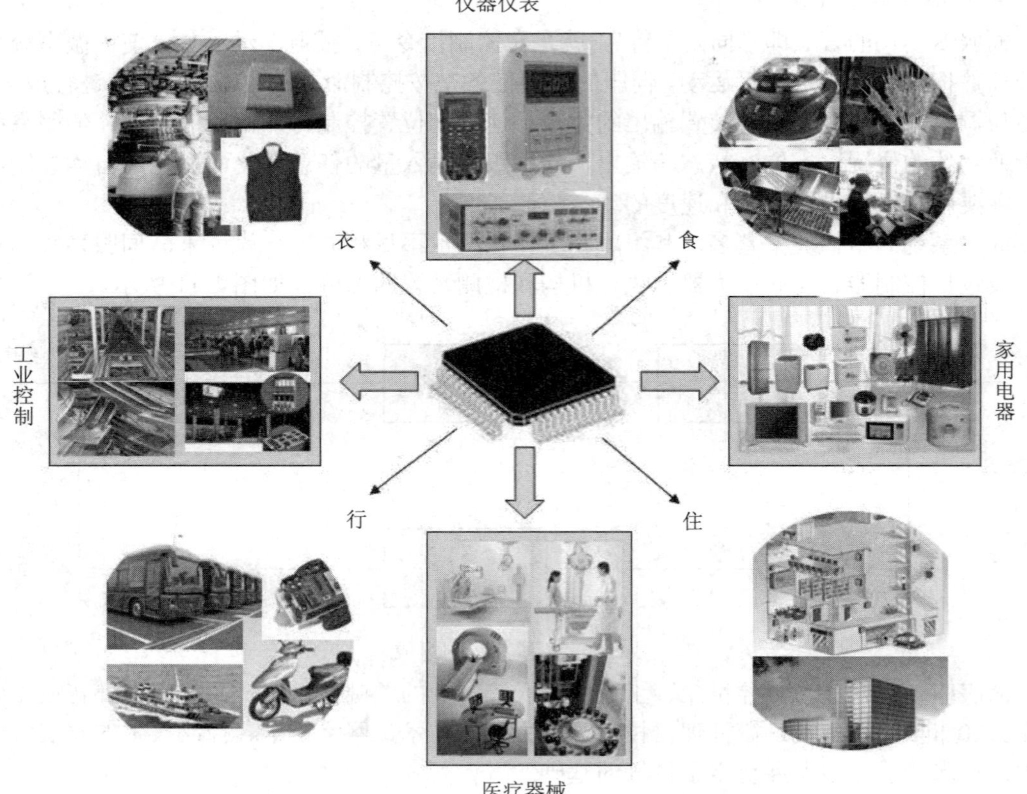

图 1-12　单片机的应用领域

在现代化的生产过程中，许多自动控制设备、自动化生产线，均需要配备电气控制装置。如电动机的启动与停止控制、液压系统的控制、机床的自动控制以及机器人的自动控制等。以往的电气控制主要采用继电器、接触器或电子元器件来实现，这种控制方式的电气装置体积大、接线复杂、故障率高、稳定性差、适应性也差。早期的可编程控制器称作可编程逻辑控制器(Programmable Logic Controller，PLC)，它主要用来代替继电器实现逻辑控制。PLC 实质是一种专用于工业控制的计算机，其硬件结构基本上与微型计算机相同，如图 1-13 所示。

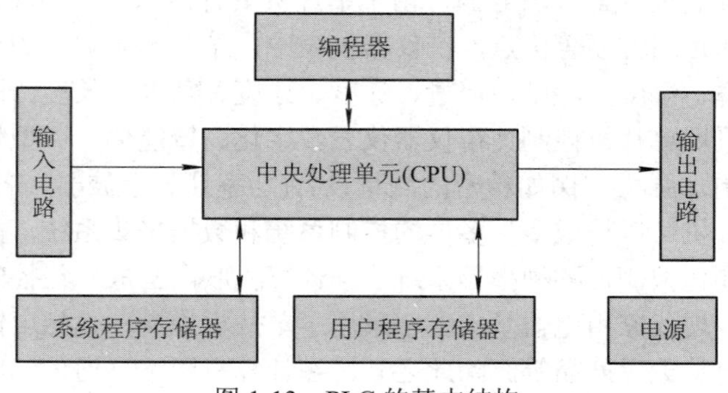

图 1-13　PLC 的基本结构

1.3　制造系统信息化

制造系统信息化是指将信息技术用于产品的制造和管理过程，使制造过程更加高效、敏捷、柔性。在制造过程中采用计算机网络信息技术，可以实现对制造系统运行过程的监控和管理，提高加工效率和保证加工精度，完成对复杂大型零件的加工，实现制造过程的自动化、信息化和集成化。制造系统信息化包括数控技术、柔性制造单元和柔性制造系统、分布式数字控制、快速成型制造技术、自动化物流技术和制造执行系统等内容。

1.3.1　信息技术概述

信息技术正在颠覆着传统，信息革命带来的冲击是全方位的，产业结构、生产方式、管理组织、营销策略，以及意识形态、社会生活、工作学习、休闲娱乐，在时光的流转中这些东西无不被镌刻上越来越深的信息革命的印迹。视频电话、即时通信、随意点播，在并不遥远的过去还是奢谈，现在已经成为生活平常；流量、网购、在线、点赞，这些词汇曾经并不存在，现在已经耳熟能详。信息社会，大数据时代，人们可以在网络时空中陶醉漫游。

信息技术(Information Technology，IT)是指利用计算机、网络、广播电视、媒体等各种硬件设备及软件工具与科学方法，对文图声像各种信息进行获取、加工、存储、传输与使用的技术之和。人类从起源开始，就在与大自然的搏击中努力提高着信息表达的能力，不断拓展着信息交流的方式。在劳动实践中产生了语言，发明了文字。烽火台、纸张印刷、书籍、图形、电报、电话、音像、磁盘……与信息相关的发明创造在人类智慧的光芒中产生，又在为人类生存发展、追求美好生活迸发着永世不竭的力量。

第二次世界大战末期，两次工业革命带来的工业文明消失殆尽，一些曾经的繁华景象变得满目疮痍。战争的反思，促使每一个国家对军事装备技术的发展都不敢怠慢。其中信息技术尤以为甚。人们深深认识到，不仅军事领域，谁占有信息高地，谁就能立于不败之地。故此，作为信息技术的重要载体和信息处理传播的执行器，计算机的研发倍加引人瞩目。1946 年诞生的世界第一台计算机是为军事相关的计算技术而研发的。尽管与现代计算机不可同日而语，但那是一个时代的标志，是计算机信息技术的起始。

20 世纪 50 年代以来，高新技术领域非常活跃，研发成果及其应用促使产业经济加速发展。如核技术，除了军事应用外，在核电、医疗、探测等和平领域得到了广泛推广。作为高科技和国家实力的象征，核技术可以看作触发又一次工业革命的重要引擎。此外，空间技术、生物技术、新能源技术、新材料技术、海洋技术等在技术研发和产业应用方面同样得到快速发展。所以，在机电应用的基础上，新工业革命是以高科技的突飞猛进为引领，来实现生产力又一次质的飞跃的。而所有高科技的发展，是以信息技术为基础的。

如图 1-14 所示，信息技术深刻地改变着人们的思维方式和生活方式。人工智能，作为信息技术发展的一个新的坐标，已经以不同的方式出现在我们周围，惊奇感慨之余又会习以为常，因为信息技术的发展已经预示了这个趋势。物联网概念的出现仅仅几十年，如今已经成为信息技术的重要发展方向，它所要实现的“物物相联”也使人感到惊奇并充满了期待。

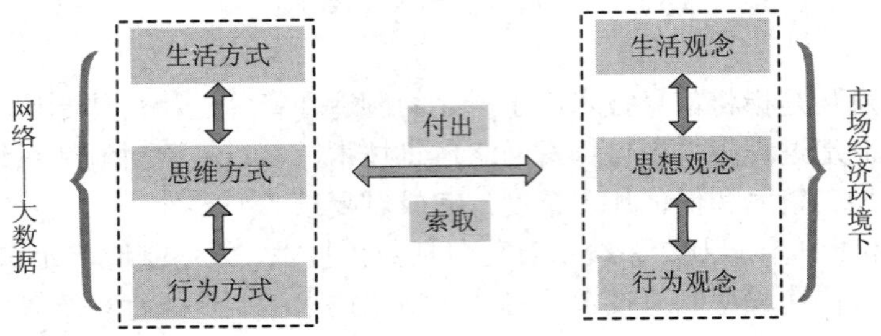

图 1-14　信息技术对行为和观念的影响

当今世界，信息技术革命的浪潮席卷全球。以信息技术为引领，实现经济持续、健康、快速发展的新经济已经深入人心。互联网的普及带来了社会政治、经济、文化、民生等领域深刻的社会变革。高科技产品的层出不穷使人们的生活方式、思维方式都在悄然改变(见图 1-15)。生产力水平是度量社会现状及发展的关键指标。历史上两次工业革命带来生产力水平质的飞跃。而信息技术革命以及由此形成的连锁反应将会给人类社会带来生产力水平提升的效果可能超乎想象。

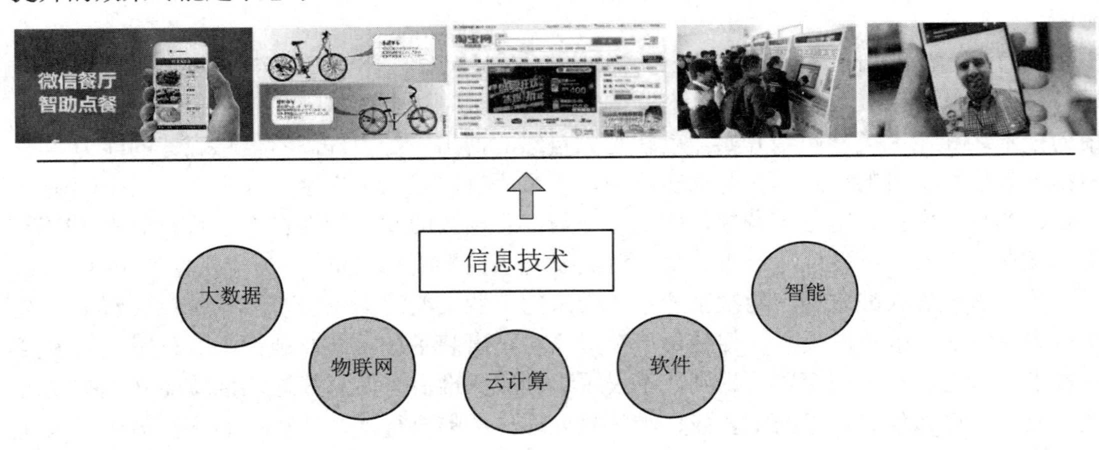

图 1-15　信息技术与生活

以大数据信息技术为依托的网络资源具有以下三方面的突出特征：

(1) 无限海量的资源。信息的海洋，无穷无尽，辽阔无比。人们可以在网上随心所欲地获取大量的信息资源。当然，网络资源鱼龙混杂，良莠不齐，需要人们用清醒的头脑去选择，去辨识。

(2) 信息碎片化。快餐式、条目式、海量的短信息即为碎片化信息。铺天盖地的碎片化信息常常割裂了知识的系统性，对人们的学习提高无益。人们沉湎于无用的信息中，实际也阻碍了创新思维的发展。

(3) 共享经济。这是信息时代个体间暂时转移物品使用权以获取报酬的经济模式。许多诸如共享单车之类的共享商品给人们的生活带来了便捷，使人们享受到了网络时代新生活的快乐。

1.3.2　制造系统常用的信息管理系统

在现代企业生产体系中，制造系统诸多要素之间的协调以及制造系统的高效运行在很大程度上取决于信息化管理的先进程度。从产品生产质量和安全保障的角度看，先进的信息化管理方法得到有效运用，也是企业在安全生产的环境中不断提升产品质量和竞争力的重要途径。制造系统常用的信息管理系统软件有许多，这里简要介绍一下企业资源计划(ERP)和制造执行系统(MES)。

1. 企业资源计划(ERP)

企业资源计划(Enterprise Resource Planning，ERP)是指建立在信息技术基础上，集成信息技术与先进管理理念，以系统化的管理思想，为企业员工及决策层提供决策手段的管理平台。ERP 是从物料需求计划(MRP)发展而来的新一代集成化管理信息系统，它扩展了MRP 的功能，其核心思想是供应链的管理模式。ERP 系统跳出了传统企业边界，从供应链的广阔范围去优化企业的资源和现代化的企业运行模式，反映了市场对企业合理调配资源的要求。ERP 系统的主要宗旨是对企业所拥有的人、财、物、信息、时间和空间等综合资源进行综合平衡和优化管理，协调企业各管理部门，围绕市场导向开展业务活动，提高企业的核心竞争力，从而取得最好的经济效益。所以，作为一种管理软件，同时是一个高效管理工具，ERP 系统是 IT 技术与管理思想的融合体，也就是先进的管理思想借助电脑，来达成企业的管理目标。ERP 系统对于改善企业业务流程、提高企业核心竞争力具有显著作用。

ERP 系统包括以下主要功能：供应链管理、制造过程管理、库存管理、销售与市场管理、客户服务、财务管理、工厂与设备维护、人力资源管理、工作流服务和企业信息系统等。此外，还包括金融投资管理、质量管理、物流管理、项目管理、政策法规、过程控制等补充功能。系统供应链管理如图 1-16 所示。ERP 系统是将企业所有资源进行整合集成管理，也就是说，将企业的三大流即物流、资金流和信息流进行全面一体化管理的信息管理系统，它的功能模块不同于以往的 MRP 或 MRPⅡ模块，不仅可用于生产企业的管理，而且在许多其他类型的企业(如一些非生产和公益事业的企业)，也可以导入 ERP 系统进行资源计划和管理。

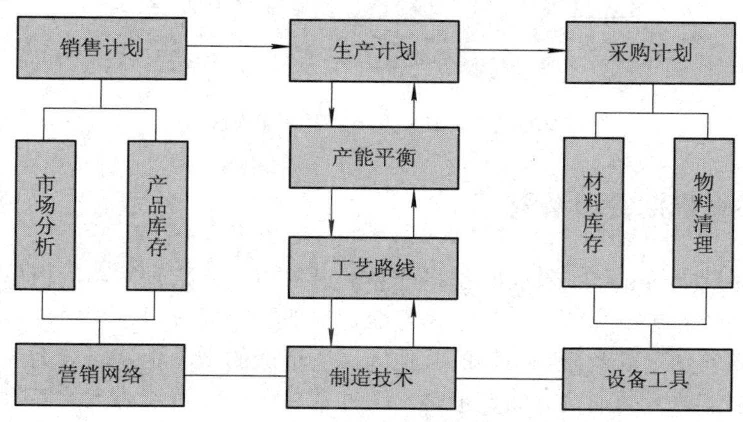

图 1-16　ERP 系统供应链管理

2. 制造执行系统(MES)

制造执行系统(Manufacturing Execution System，MES)是位于上层的计划管理系统与下层的工业控制之间的面向生产车间层的管理信息系统，它为操作及管理人员提供计划的执行、跟踪以及所有资源包括人、设备、物料、客户需求等的当前状态。

MES 系统能通过信息传递对从订单下达到产品完成的整个生产过程进行优化管理。在企业生产过程中，MES 能对各生产环节及时做出反应，提供报告，并用当前的准确数据对出现的问题进行处理。这种对状态变化的快速响应使 MES 能够减少企业内部冗余的活动，有效地指导企业的生产运行过程，从而使其既能提高企业及时交货能力、改善物料的流通性能，又能提高生产效率。MES 还通过双向的直接通信在企业内部和整个产品供应链中提供有关产品行为的关键任务信息。

MES 是 ERP 系统计划层与车间现场自动化执行层之间的关键纽带，其主要作用是保证车间生产调度管理有效进行。MES 可以高效地涵盖生产调度、产品跟踪、质量控制、设备故障分析、网络报表等诸多管理环节。通过数据库和互联网，MES 能向生产部门、质检部门、工艺部门、物流部门及时反馈数据管理信息并有机综合协调整个企业的闭环精益生产过程，从而为企业运行提供关键的信息技术支撑保障。MES 系统的主要功能模块如图 1-17 所示。

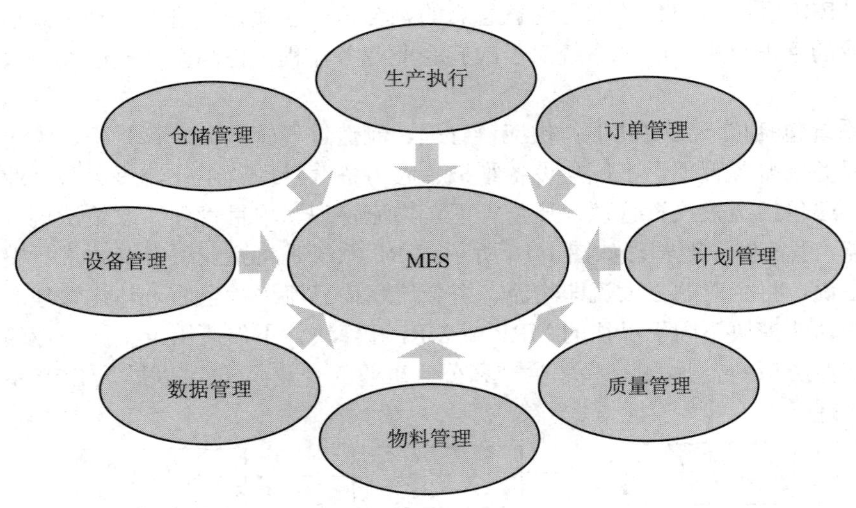

图 1-17　MES 系统主要功能模块

1.3.3　产品生命周期管理系统

产品生命周期(Product Lifecycle)是指产品从进入市场开始到被淘汰退出市场为止的全部运营过程，是产品在市场活动中的经济寿命，也即在市场流通过程中，由于消费者的消费观念变化、需求变化以及影响市场的其他因素所造成的产品由盛转衰的经营周期。产品生命周期决定于消费者的消费方式、消费水平、消费结构和消费心理的变化，一般分为导入期、成长期、成熟期和衰退期四个阶段。产品生命周期曲线如图 1-18 所示。

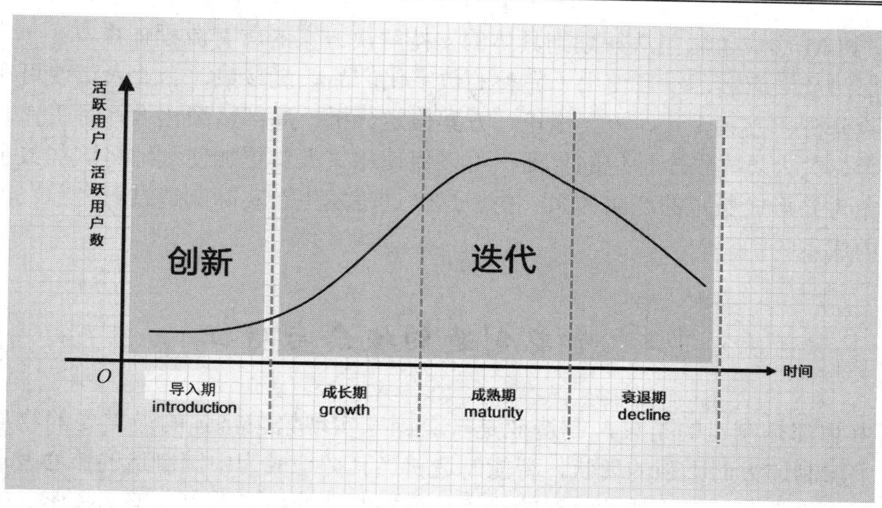

图 1-18　产品生命周期

产品生命周期管理(Product Lifecycle Management，PLM)是一种应用于在单一地点的企业内部、分散在多个地点的企业内部，以及在产品研发领域具有协作关系的企业之间的、支持产品全生命周期的信息的创建、管理、分发和应用的一系列应用解决方案，它能够集成与产品相关的人力资源、流程、应用系统和信息。

PLM 是一种理念，即对产品从创建到使用、到最终报废等全生命周期的产品数据信息进行管理的理念。在 PLM 理念产生之前，PDM 主要是针对产品研发过程的数据和过程的管理。而在 PLM 理念之下，PDM 的概念得到延伸，成为 cPDM，即基于协同的 PDM，可以实现研发部门、企业各相关部门，甚至企业间对产品数据的协同应用，如图 1-19 所示。软件厂商推出的 PLM 软件是 PLM 第三个层次的概念。这些软件部分地覆盖了 CIMDATA 定义中 cPDM 应包含的功能，即不仅针对研发过程中的产品数据进行管理，同时也包括产品数据在生产、营销、采购、服务和维修等部门的应用。

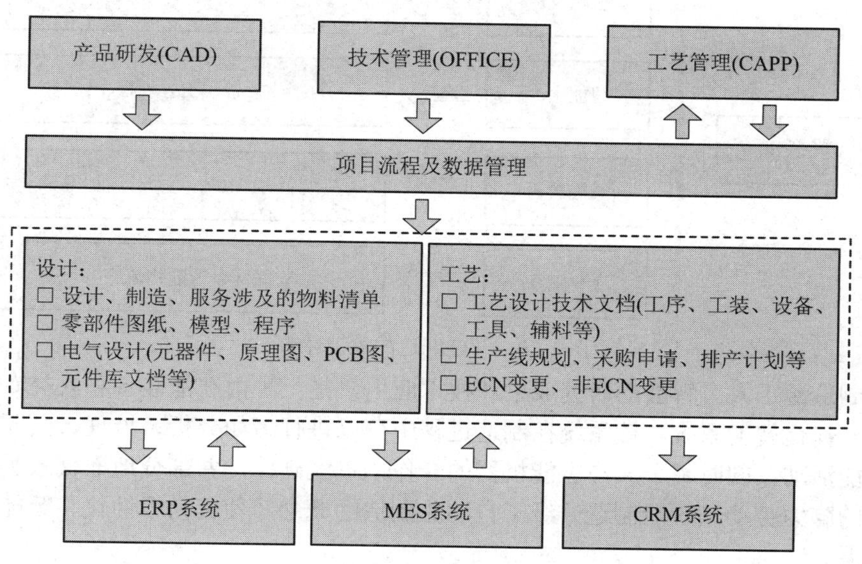

图 1-19　PLM 系统功能流程

目前，PLM 形成了涵盖从规划到具体的支持解决方案的所有流程体系，这一体系涉及整个企业部门及供应链，一旦使用了完整的数字化产品关键参数，企业人员便可在此基础上进行试验分析、方案设计、方案修正、方案假定分析、局部精细化设计等工作。在此基础上为所有相关人员提供个性化的界面，可以促使相关人员更加便利地将这些数字化产品性能逐渐完善并形成稳定的产品体系。由于这一过程发生在实际制造过程之前，因此节省了不必要的成本。

1.4 智能制造的概念与特征

世间万物都是制造的结果，制造业是一个国家实现繁荣富强的最重要的物质发展基础。针对中国制造大而不强的现状，智能制造首当其冲地成为中国制造的核心发展方向。信息化、智能化是全球工业技术发展的热点。把握制造业技术前沿，努力探索、突破工业领域的关键核心技术，是中国制造业跻身世界强国的必经之路。建立在一系列高新技术基础上的人工智能将引领制造业跨入一个崭新的历史阶段。中国制造瞄准的最新前沿就是人工智能在制造业的广泛应用。从设计、材料、工艺、检测等制造流程信息化发展来看，人工智能首当其冲应成为制造业发展的核心技术。由此，智能制造将成为中国制造业阔步向前的核心方向。

1.4.1 智能制造概述

智能制造是一种集自动化、智能化、信息化于一体的先进制造模式，是信息技术、网络技术与制造业的深度融合。目前智能制造技术的研究和应用主要集中在智能设计、智能生产、智能管理和智能服务四个关键环节，如图 1-20 所示。

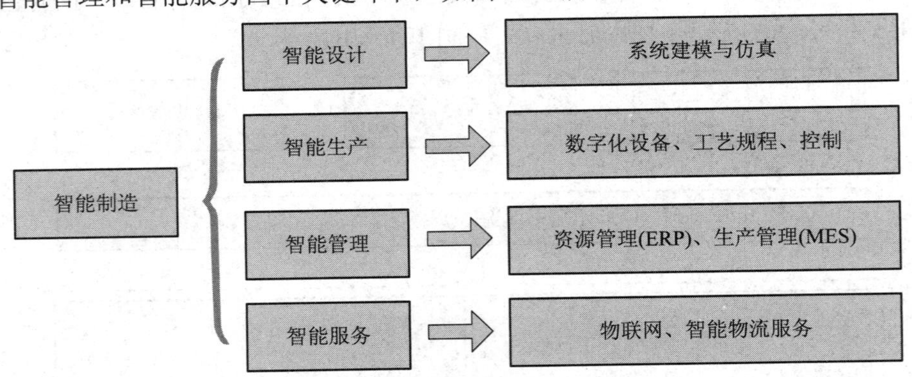

图 1-20 智能制造的关键环节

智能制造源于人工智能的研究成果和技术应用，是一种由智能装备和人类专家共同组成的人机一体化智能系统，该系统在制造过程中可以进行诸如分析、推理、判断、构思和决策等智能活动，同时基于人与智能机器的合作，扩大延伸，并部分地取代人类专家在制造过程中的脑力劳动。智能制造升级了自动化制造的概念，使其向柔性化、智能化和高度集成化扩展。

智能化是制造自动化的发展方向。在制造过程的各个环节几乎都广泛应用人工智能技术。专家系统技术可以用于工程设计、工艺过程设计、生产调度、故障诊断等，神经网络和模糊控制技术等先进的计算机智能方法也可以应用于产品配方、生产调度等，实现制造过程智能化。人工智能技术尤其适合于解决特别复杂和不确定的问题，但同样显然的是，要在企业制造的过程中全部实现智能化，还有很长的一段路要走。如果只是在企业的某个局部环节实现智能化，而无法保证全局的优化，则这种智能化的意义是有限的。

1.4.2　智能制造系统的典型特征

智能制造系统(Intelligent Manufacturing System，IMS)是指基于制造技术，综合运用人工智能技术、信息技术、自动化技术、现代管理技术和系统工程理论方法，在国际标准化和互换性的基础上，使得制造系统中的经营决策、产品设计、生产规划、制造装配和质量保证等各个子系统分别实现智能化的网络集成的高度自动化制造系统及智能制造系统。

智能制造系统就是把人的智力活动变为机电设备的智能活动，具体来说，智能制造系统就是要通过集成知识工程、制造软件系统、机器人视觉与机器人控制等来对制造技术的技能与专家知识进行模拟，使智能机器在没有人工干预的情况下进行生产。智能制造系统的基础是智能机器，它包括具有各种程序的智能加工机床工具和材料传送准备装置、检测和试验装置，以及安装装配装置等。智能制造系统是通过设备柔性和计算机人工智能控制自动地完成设计加工、控制管理过程的，旨在解决适应环境高度变化的制造的有效性。

与传统的制造相比，智能制造系统具有以下特征：

1. 自律能力

自律能力即搜集与理解环境信息和自身的信息，并进行分析判断和规划自身行为的能力。具有自律能力的设备称为“智能机器”，“智能机器”在一定程度上表现出独立性、自主性和个性，甚至相互间还能协调运作与竞争。强有力的知识库和基于知识的模型是自律能力的基础。

2. 人机一体化

智能制造系统不单纯是“人工智能”系统，而是人机一体化智能系统，是一种机电一体化的综合智能。基于人工智能的智能机器只能进行机械式的推理、预测、判断，它只能具有逻辑思维(专家系统)，最多做到形象思维(神经网络)，完全做不到灵感思维，只有人类专家才真正同时具备以上三种思维能力。因此，要想以人工智能全面取代制造过程中人类专家的智能，独立承担起分析、判断、决策等任务是不现实的。人机一体化一方面突出人在制造系统中的核心地位，同时在智能机器的配合下，更好地发挥出人的潜能，使人机之间表现出一种相互协作的关系，二者在不同的层次上各显其能，相辅相成。因此，在智能制造系统中，高素质、高智能的人将发挥更好的作用，机器智能和人的智能将真正地集成在一起，互相配合，相得益彰。

3. 虚拟现实技术

虚拟现实技术是实现虚拟制造的支持技术，也是实现高水平人机一体化的关键技术之一。虚拟现实(Virtual Reality)技术是以计算机为基础，融合建模技术、信号处理技术、动画技术、智能推理、预测、仿真和多媒体技术，借助各种音像和传感装置，虚拟展示现实生活中物体实现功能的各种过程，从感官和视觉上使人获得感同身受的效果。VR 技术可以按照人们的意愿任意变化，这种人机结合的新一代智能场景，是智能制造的一个显著特征。

4. 自组织超柔性

智能制造系统中的各组成单元能够依据工作任务的需要，自行组成一种最佳结构，其柔性不仅突出在运行方式上，而且突出在结构形式上，所以称这种柔性为超柔性，如同一群人类专家组成的群体，具有生物特征。

5. 学习与维护

智能制造系统能够在实践中不断地充实知识库，具有自学习功能。同时，在运行过程中自行诊断故障，并具备对故障自行排除、自行维护的能力。这种特征使智能制造系统能够自我优化并适应各种复杂的环境。

新一代智能制造系统最本质的特征是其信息系统增加了认知和学习的功能，信息系统不仅具有强大的感知、计算分析与控制能力，更具有了学习提升、产生或更新知识的能力。在这一阶段，新一代人工智能技术将使“人-信息系统-物理系统”发生质的变化，形成新一代“人-信息-物理系统”，如图 1-21 所示，其主要变化在于：

(1) 人将部分认知与学习型的脑力劳动转移给信息系统，因而信息系统具有了“认知和学习”的能力，人和信息系统的关系发生了根本性的变化，即从“授之以鱼”发展到“授之以渔”。

(2) 人机深度融合将从本质上提高制造系统处理复杂性、不确定性问题的能力，极大地优化制造系统的性能。

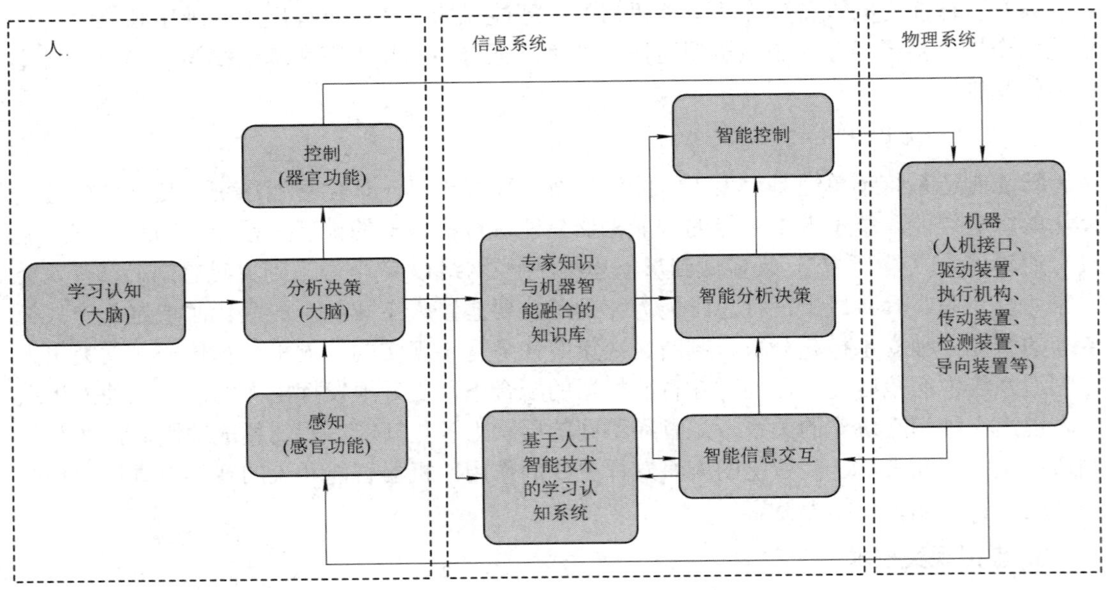

图 1-21　智能制造的关键环节

1.5　智能制造系统的支撑技术

1.5.1　技术体系

在智能制造系统的关键技术中，智能产品与智能服务可以帮助企业带来商业模式的创新；由智能装备、智能生产线构成的智能生产车间，可以帮助企业实现生产模式的创新；智能研发、智能管理、智能物流可以帮助企业实现运营模式的创新；智能决策则可以帮助企业实现科学决策。智能制造的各项技术之间是密切关联的，统筹协调应用好这些技术，是现代制造企业谋求发展的重要途径。

在工业和信息化部与国家标准化管理委员会联合颁发的《国家智能制造标准体系建设指南(2018 年版)》中，智能制造标准体系被划分为 A 基础共性、B 关键技术、C 行业应用三个部分，主要反映标准体系各部分的组成关系、智能制造标准、体系结构。具体而言，基础共性标准包括通用、安全、可靠性、检测、评价五大类，位于智能制造标准体系结构图的最底层，支撑着标准体系关键技术标准和行业应用标准。智能制造标准体系结构如图 1-22 所示。

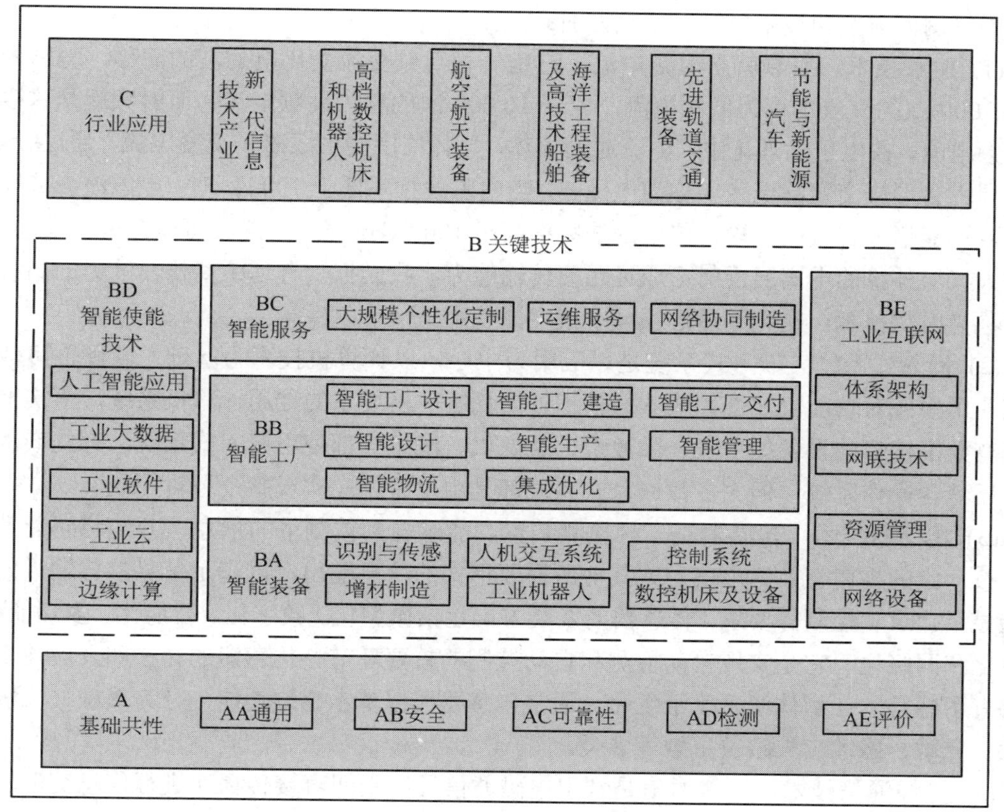

图 1-22　智能制造标准体系结构

从图 1-22 可以看出，智能制造系统包括智能装备、工业互联网、智能使能技术、智能工厂和智能服务等五类关键技术。

1.5.2　物联网技术

物联网技术(Internet of Things)通过信息传感设备，按约定的协议，将任何物体与网络相连接，物体通过信息传播媒介进行信息交换和通信，以实现智能化识别、定位、跟踪、监管等功能。物联网是指射频识别红外感应器、全球定位系统、激光扫描器等信息传感设备，通过物联网域名将任何物品与互联网相连接，进行信息交换和通信，以实现智能化识别定位跟踪监控和管理的一种网络概念。

物联网有以下三个基本特性：

(1) 全面感知：通过射频识别传感器二维码、GPS 卫星定位等相对成熟技术感知、采集测量物体信息。

(2) 可靠传输：通过传感器获取信息，利用移动通信网络与互联网的融合，实现物体信息快速准确地分发和共享。

(3) 智能处理：通过分析和处理采集到的物体信息，针对具体应用提出新的服务模式，实现决策和智能控制。

物联网所涉及的技术包括以下几方面：

(1) 射频技术。射频就是射频电流，它是一种高频交流变化电磁波的简称，每秒变化小于 1000 次的交流电称为低频电流，大于 10 000 次的称为高频电流，而射频就是这样一种高频电流。在电子学理论中，电流通过导体，导体周围会形成磁场交变电流，通过导体，导体周围会形成交变的电磁场称为电磁波，当电磁波频率低于 100 Hz 时，电磁波会被地表吸收，不能形成有效的传输，但电磁波频率高于 1000 kHz 时，电磁波可以在空气中传播，并经大气层外缘的电离层反射形成远距离传输能力，我们把具有远距离传输能力的高频电磁波称为射频技术，在无线通信领域中被广泛使用。

(2) 嵌入式系统。嵌入式系统是以应用为中心，以计算机技术为基础，软硬件可裁剪适应应用系统对功能可靠性、成本、体积、功耗等严格要求的专用计算机系统，事实上所有带有数字接口的设备如手表、微波炉、录像机、汽车等都使用嵌入式系统，有些嵌入式系统还包含操作系统，但大多数嵌入式系统都是由单个程序实现整个逻辑控制。

(3) 传感器技术。传感器是一种检测装置，能感受到被测量的信息，并能将感受到的信息按一定的规律变换为电信号或其他所需要形式的信息输出，以满足信息的传输，处理存储显示记录和控制等要求。传感器的发展方向包括微型化、数字化、智能化、多功能化、系统化和网络化，它是实现自动检测和自动控制的首要环节。传感器的存在和发展让物体仿佛有了感官，让物体似乎有了生命，通常传感器根据基本感知功能，分为热敏、光敏、气敏、立敏、磁敏、失敏及生敏等多类。

(4) 无线通信技术。无线通信是利用电磁波信号在空间直接传播而进行信息交流的通信技术，进行通信的两端无需有形的媒体连接。常见的无线通信方式有蜂窝无线连接、Wi-Fi

连接，还有一些其他的方式，如可见光通信和量子通信方式等。无线通信技术广泛采用数字信号通信。数字信号通信是模拟数据经量化后得到的离散的值，例如在计算机中用二进制代码表示的字符图形音频与视频数据。

1.5.3　大数据技术

数据是指对客观事件进行记录并可以鉴别的符号，是对客观事物的性质、状态以及相互关系等进行记载的物理符号或这些物理符号的组合。在计算机科学中，数据是指所有能输入计算机并被计算机程序处理的符号的总称。数据和信息是不可分离的，信息依赖数据来表达，数据则生动具体表达出信息。

数据按性质可分为以下几类：

(1) 定位数据，如各种坐标数据；

(2) 定性数据，表示事物属性的数据，如颜色、大小、软硬等；

(3) 定量数据，反映事物数量特征的数据，如长度、面积、体积等几何量或重量、速度等物理量；

(4) 定时数据，反映事物时间特性的数据，如年、月、日、时、分、秒。

2020 年 4 月，中共中央、国务院发布《关于构建更加完善的要素市场化配置体制机制的意见》，明确提出加快培育数据要素市场。将数据纳入生产要素，作为与土地、劳动力、资本、技术等并列的生产要素，可以看出数据在经济社会发展中的作用越来越显著和重要。从图 1-23 可以看出，在信息技术飞速发展的时代，以大数据技术为依托，加快培育数据市场，强化数据的生产要素地位，可以全面有效提升数据要素价值，对于发展数据经济，促进产业转型升级，推进高质量发展，具有十分积极的意义。同时，加强数据有序共享，积极推进数据安全应用技术的研究发展，能够快速构建起数字化发展安全环境。

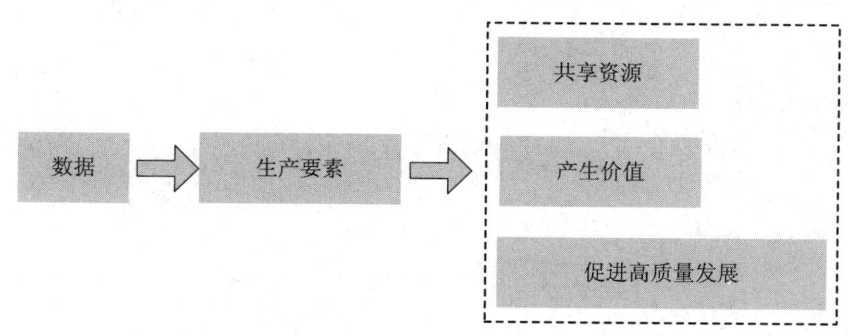

图 1-23　数据与生产要素

大数据(Big data)是一种规模大到在获取、存储、管理、分析方面大大超出了传统数据库软件工具能力范围的数据集合，具有海量的数据规模、快速的数据流转、多样的数据类型和价值密度低四大特征，如图 1-24 所示。大数据技术就是从各种类型的数据中快速获得有价值信息的技术。大数据领域已经涌现出了大量新的技术，它们成为大数据采集、存储、处理和展现的有力武器。适用于大数据的技术，包括大规模并行处理(MPP)数据库、数据挖掘、分布式文件系统、分布式数据库、云计算平台、互联网和可扩展的存储系统。

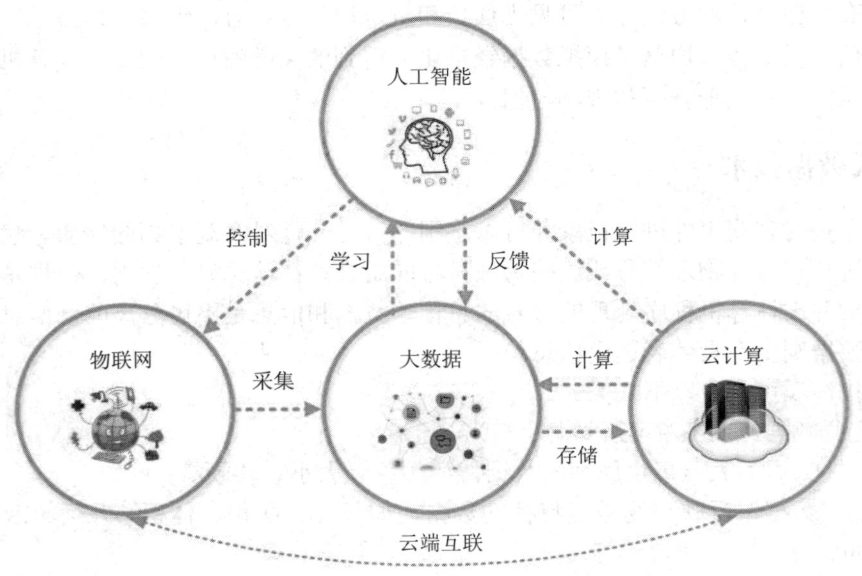

图 1-24　大数据的特征

在信息革命浪潮的推动下，人类社会进入了大数据时代。人们在社会生活的各个方面都体验到了大数据技术应用带来的欣喜与惊奇。伴随衣食住行生活方式的改变，人们的思维模式也进入了崭新的大数据时空，青年一代身心成长发展的一切都与大数据技术深度融合。大数据时代赋予了“数据”全新的内涵，文化、价值、伦理等蕴含哲理的概念都会在“数据”中得到体现，而这种体现，会剧烈地冲击人的思想观念和社会的道德传统，使人们在享受新技术带来的舒适便捷的同时，必须面对传统与现代相互撞击的巨大挑战。

第二章 智能制造架构与装备

2.1 智能制造架构

1. 智能制造的核心要素

智能制造本质上是基于数据(信息、知识、模型)驱动的 C2B 制造模式，涉及用户需求、产品研发、工艺设计、智能生成、产品服务。“智能”体现在两个层面：一是面对 C 端个性化的、复杂的、不稳定、变化的需求如何去合理地根据 B 端已有的资源(组织、能力、原料、设备、库存、供应链)，快速地适配出解决方案，制造高品质的产品。二是基于工厂内部人、设备、物料之间的信息互联、感知、优化、控制、执行。

智能制造是实现整个制造业价值链的智能化和创新，是信息化与工业化深度融合的进一步提升。智能制造融合了信息技术、先进制造技术、自动化技术和人工智能技术。智能制造包括开发智能产品，应用智能装备；自底向上建立智能产线，构建智能车间，打造智能工厂；践行智能研发，形成智能物流和供应链体系；开展智能管理，推进智能服务；最终实现智能决策。

传统的制造系统在前三次工业革命中主要围绕着它的五个核心要素进行技术升级，它包含：

Material——材料，包括特性和功能等；

Machine——机器，包括精度、自动化和生产能力等；

Methods——方法，包括工艺、效率和产能等；

Measurement——测量，包括六西格玛、传感器监测等；

Maintenance——维护，包括使用率、故障率和运维成本等。

这些改善活动都是围绕着人的经验开展的，人是驾驭这 5 个要素的核心。生产系统在技术上无论如何进步，运行逻辑始终是：发生问题→人根据经验分析问题→人根据经验调整 5 个要素→解决问题→人积累经验。而智能制造系统区别于传统制造系统最重要的要素在于第 6 个 M，也就是建模(Modeling——数据和知识建模，包括监测、预测、优化和防范等)，并且通过这第 6 个 M 来驱动其他 5 个 M 的要素，从而解决和避免制造系统的问题。

因此，智能制造运行的逻辑是：发生问题→模型(或在人的帮助下)分析问题→模型调整 5 个要素→解决问题→模型积累经验，并分析问题的根源→模型调整 5 个要素→避免问题。智能制造所要解决的核心问题是知识的产生与传承过程。

2. 智能工厂

美国 ARC 总结：以制造为中心的数字制造、以设计为中心的数字制造、以管理为中心的数字制造，并考虑了原材料、能源供应、产品销售的销售供应，提出用工程技术、生产制造、供应链这三个维度来描述工程师的全部活动。

通过建立描述这三个维度的信息模型，利用适当的软件，能够完整表达围绕产品设计、技术支持、生产制造以及原材料供应、销售和市场相关的所有环节的活动。实时数据的支持，实时下达指令指导这些活动，全面的优化，在三个维度之间交互，称为数字化工厂或智慧工厂。

一方面，“工欲善其事，必先利其器”，实现智能制造的利器就是数字化、网络化的工具软件和制造装备，包括以下类型：

(1) 计算机辅助工具：如 CAD(计算机辅助设计)、CAE(计算机辅助工程)、CAPP(计算机辅助工艺设计)、CAM(计算机辅助制造)、CAT(计算机辅助测试，如 ICT 信息测试、FCT 功能测试)等；

(2) 计算机仿真工具：如物流仿真、工程物理仿真(包括结构分析、声学分析、流体分析、热力学分析、运动分析、复合材料分析等多物理场仿真)、工艺仿真等；

(3) 工厂/车间业务与生产管理系统：如 ERP(企业资源计划)、MES(制造执行系统)、PLM(产品全生命周期管理)/PDM(产品数据管理)等；

(4) 智能装备：如高档数控机床与机器人、增材制造装备(3D 打印机)、智能炉窑、反应釜及其他智能化装备、智能传感与控制装备、智能检测与装配装备、智能物流与仓储装备等；

(5) 新一代信息技术：如物联网、云计算、大数据等。

在智能工厂中，借助于各种生产管理工具/软件/系统和智能设备，打通企业从设计、生产到销售、维护的各个环节，实现产品仿真设计、生产自动排程、信息上传下达、生产过程监控、质量在线监测、物料自动配送等智能化生产。下面介绍几个智能工厂中的典型“智能”生产场景。

场景 1：设计/制造一体化

在智能化较好的航空航天制造领域，采用基于模型定义(MBD)技术实现产品开发，用一个集成的三维实体模型完整地表达产品的设计信息和制造信息(产品结构、三维尺寸、BOM 等)，所有的生产过程包括产品设计、工艺设计、工装设计、产品制造、检验检测等都基于该模型实现，这打破了设计与制造之间的壁垒，有效解决了产品设计与制造一致性问题。制造过程某些环节，甚至全部环节都可以在全国或全世界进行代工，使制造过程性价比最优化，实现协同制造。

场景 2：供应链及库存管理

企业要生产的产品种类、数量等信息通过订单确认，这使得生产变得精确。例如：使用 ERP 或 WMS(仓库管理系统)进行原材料库存管理，包括各种原材料及供应商信息。当客户订单下达时，ERP 自动计算所需的原材料，并且根据供应商信息即时计算原材料的采购时间，确保在满足交货时间的同时使得库存成本最低甚至为零。

场景 3：质量控制

车间内使用的传感器、设备和仪器能够自动在线采集质量控制所需的关键数据；生产管理系统基于实时采集的数据，提供质量判异和过程判稳等在线质量监测和预警方法，及时有效发现产品质量问题。此外，产品具有唯一标识(条形码、二维码、电子标签)，可以以文字、图片和视频等方式追溯产品质量所涉及的数据，如用料批次、供应商、作业人员、作业地点、加工工艺、加工设备信息、作业时间、质量检测及判定和不良处理过程等。

场景 4：能效优化

采集关键制造装备、生产过程、能源供给等环节的能效相关数据，使用 MES 系统或 EMS(能源管理系统)系统对能效相关数据进行管理和分析，及时发现能效的波动和异常，在保证正常生产的前提下，相应地对生产过程、设备、能源供给及人员等进行调整，实现生产过程能效的提高。

因此，智能工厂的建立可大幅改善劳动条件，减少生产线人工干预，提高生产过程可控性，最重要的是借助于信息化技术打通企业的各个流程，实现从设计、生产到销售各个环节的互联互通，并在此基础上实现资源的整合优化和提高，从而进一步提高企业的生产效率和产品质量。

3. 制造环节智能化

互联网技术的普及使得企业与个体客户间的即时交流成为现实，促使制造业实现从需求端到研发端、服务端的拉动式生产，以及从“生产型”向“服务型”模式转变。因此，企业领先于竞争对手完成数字化、网络化与智能化的转型升级，实现大规模定制化生产来满足个性化需求并提供智能服务，方能在瞬息万变的市场上立于不败之地。

网络化是指使用相同或不同的网络将工厂/车间中的各种计算机管理软件、智能装备连接起来，以实现设备与设备之间、设备与人之间的信息互通和良好交互。将生产现场的智能装备连接起来的网络称为工业控制网络，包括现场总线(如 PROFIBUS、CC-Link、Modbus 等)、工业以太网(如 PROFINET、CC-LinkIE、Ethernet/IP、EtherCAT、POWERLINK、EPA 等)、工业无线网(如 WIA-PA、WIA-FA、WirelessHART、ISA100.11a 等)，对于控制要求不高的应用还可使用移动网络(如 2G、3G、4G 以及未来 5G 网络)。车间/工厂的生产管理系统则可以直接使用以太网连接。对于智能制造，往往还要求工厂网络与互联网连接，通过大数据应用和工业云服务实现价值链企业协同制造、产品远程诊断和维护等智能服务。为了防止窃密，在工厂网络与互联网连接中要设防火墙，特别防止木马、病毒攻击企业网络，注意网络信息安全与功能安全。

数字化是指借助于各种计算机工具，一方面在虚拟环境中对产品物体特征、生产工艺甚至工厂布局进行辅助设计和仿真验证，例如使用 CAD(计算机辅助设计)进行产品二维、三维设计并生成数控程序 G 代码，使用 CAE(计算机辅助工程)对工程和产品进行性能与安全可靠性分析与验证，使用 CAPP(计算机辅助工艺设计)通过数值计算、逻辑判断和推理等功能来制定和仿真零部件机械加工工艺过程，使用 CAM(计算机辅助制造)进行生产设备管理控制和操作过程，使用 CAT(计算机辅助测试)实现集成试验台与各种试验参数的仿真与测试等；另一方面，对生产过程进行数字化管理，例如，使用 CDD(通用数据字典)建立产品全生命周期数据集成和共享平台，使用 PDM 管理产品相关信息(包括零件、结构、配置、文档、CAD 文件等)，使用 PLM 进行产品全生命周期管理(产品全生命周期的信息创建、管理、分发和应用的一系列应用解决方案)等。

智能化可分为两个阶段，当前阶段是面向定制化设计，支持多品种小批量生产模式，通过使用智能化的生产管理系统与智能装备，实现产品全生命周期的智能管理，未来愿景则是实现状态自感知、实时分析、自主决策、自我配置、精准执行的自组织生产。这就要求首先实现生产数据的透明化管理，各个制造环节产生的数据能够被实时监测和分析，从而做出智能决策，并且智能化系统要能接受企业最高领导层的决策(BI)，即有突发情况要能接受人工干预；其次要求生产线具有高度的柔性，能够进行模块化组合，以满足生产不同产品的需求。此外，还应提升产品本身的智能化，如提供友好的人机交互、语言识别、数据分析等智能功能，并且生产过程中的每个产品和零部件是可标识、可跟踪的，甚至了解产品制造的细节以及使用方式。

数字化、网络化、智能化是保证智能制造实现“两提升、三降低”经济目标的有效手段。数字化确保产品从设计到制造的一致性，并且在制样前对产品的结构、功能、性能乃至生产工艺都进行仿真验证，极大地节约开发成本和缩短开发周期。网络化通过信息横纵向集成实现研究、设计、生产和销售各种资源的动态配置以及产品全程跟踪检测，实现个性化定制与柔性生产的同时提高了产品质量。智能化将人工智能融入设计、感知、决策、执行、服务等产品全生命周期，提高了生产效率和产品核心竞争力。

4. 网络互联互通

智能制造的首要任务是信息的处理与优化，工厂/车间内各种网络的互联互通则是基础与前提。没有互联互通和数据采集与交互，工业云、工业大数据都将成为无源之水。智能工厂/数字化车间中的生产管理系统(IT 系统)和智能装备(自动化系统)互联互通形成了企业的综合网络。按照所执行功能不同，企业综合网络划分为不同的层次，自下而上包括现场层、控制层、执行层和计划层。图 2-1 给出了符合该层次模型的一个智能工厂/数字化车间互联网络的典型结构。随着技术的发展，该结构呈现扁平化发展趋势，以适应协同高效的智能制造需求。

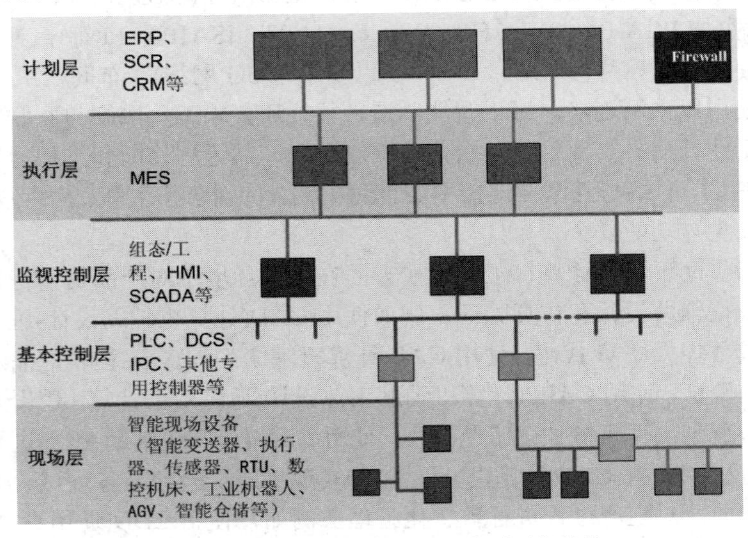

图 2-1　智能工厂/数字化车间典型网络结构

(1) 计划层：实现面向企业的经营管理，如接收订单，建立基本生产计划(如原料使用、交货、运输)，确定库存等级，保证原料及时到达正确的生产地点，以及远程运维管理等。企业资源规划(ERP)、客户关系管理(CRM)、供应链关系管理(SCM)等管理软件都在该层运行。

(2) 执行层：实现面向工厂/车间的生产管理，如维护记录、详细排产、可靠性保障等。制造执行系统(MES)在该层运行。

(3) 监控层：实现面向生产制造过程的监视和控制。按照不同功能，该层次可进一步细分为：

· 监视控制层：包括可视化的数据采集与监控(SCADA)系统、HMI(人机接口)、实时数据库服务器等，这些系统统称为监视系统；

· 基本控制层：包括各种可编程的控制设备，如 PLC、DCS、工业计算机(IPC)、其他专用控制器等，这些设备统称为控制设备；

· 现场层：实现面向生产制造过程的传感和执行，包括各种传感器、变送器、执行器、RTU(远程终端设备)、条码、射频识别，以及数控机床、工业机器人、工艺装备、AGV(自动引导车)、智能仓储等制造装备，这些设备统称为现场设备。

工厂/车间的网络互联互通本质上就是实现信息/数据的传输与使用，具体包含以下含义：物理上分布于不同层次、不同类型的系统和设备通过网络连接在一起，并且信息/数据在不同层次、不同设备间的传输；设备和系统能够一致地解析所传输信息/数据的数据类型甚至了解其含义。前者即指网络化，后者需首先定义统一的设备行规或设备信息模型，并通过计算机可识别的方法(软件或可读文件)来表达设备的具体特征(参数或属性)，这一般由设备制造商提供。如此，当生产管理系统(如 ERP、MES、PDM)或监控系统(如 SCADA)接收到现场设备的数据后，就可解析出数据的数据类型及其代表的含义。

5. 端到端数据流

智能制造要求通过不同层次网络集成和互操作，打破原有的业务流程与过程控制流程相脱节的局面，分布于各生产制造环节的系统不再是“信息孤岛”，数据/信息交换要求从底层现场层向上贯穿至执行层甚至计划层网络，使得工厂/车间能够实时监视现场的生产状况与设备信息，并根据获取的信息来优化生产调度与资源配置，也要涉及协同制造单位(如上游零部件供应商、下游用户)的信息改变，这就需要用互联网实现企业与企业数据流动。按照图 2-1 的智能工厂/数字化车间网络结构，工厂/车间中可能的端到端数据流如图 2-2 所示。

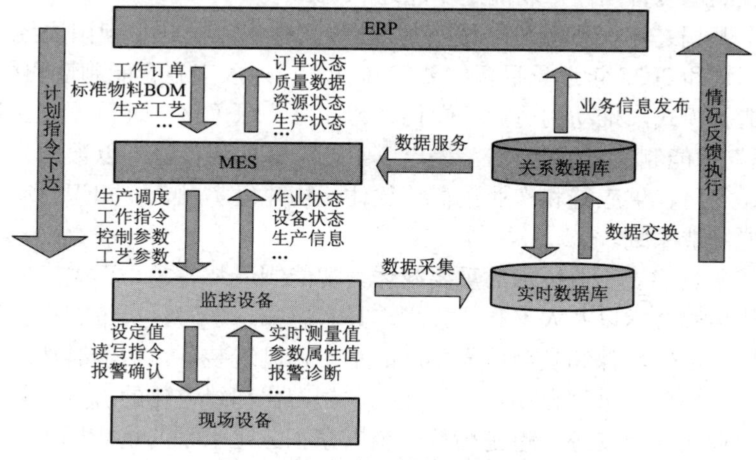

图 2-2　智能制造端到端数据流

现场设备与控制设备之间的数据流包括：交换输入、输出数据，如控制设备向现场设备传送的设定值(输出数据)，以及现场设备向控制设备传送的测量值(输入数据)；控制设备读写访问现场设备的参数；现场设备向控制设备发送诊断信息和报警信息。

现场设备与监视设备之间的数据流包括：监视设备采集现场设备的输入数据；监视设备读写访问现场设备的参数；现场设备向监视设备发送诊断信息和报警信息。

现场设备与 MES/ERP 系统之间的数据流包括：现场设备向 MES/ERP 发送与生产运行相关的数据，如质量数据、库存数据、设备状态等；MES/ERP 向现场设备发送作业指令、参数配置等。

控制设备与监视设备之间的数据流包括：监视设备向控制设备采集可视化所需要的数据；监视设备向控制设备发送控制和操作指令、参数设置等信息；控制设备向监视设备发送诊断信息和报警信息。

控制设备与 MES/ERP 之间的数据流包括：MES/ERP 将作业指令、参数配置、处方数据等发送给控制设备；控制设备向 MES/ERP 发送与生产运行相关的数据，如质量数据、库存数据、设备状态等；控制设备向 MES/ERP 发送诊断信息和报警信息。

监视设备与 MES/ERP 之间的数据流包括：MES/ERP 将作业指令、参数配置、处方数据等发送给监视设备；监视设备向 MES/ERP 发送与生产运行相关的数据，如质量数据、库存数据、设备状态等；监视设备向 MES/ERP 发送诊断信息和报警信息。

2.2　智能制造装备概述

“十三五”以来，我国智能制造整体推进水平明显提升。制造业由数字化向智能化迈进，网络协同制造、大规模个性化定制、远程运维服务等新业态新模式不断涌现，人工智能、工业互联网、大数据、5G、区块链等新技术不断渗透，催生智能工厂加速构建。与此同时，制造业核心能力显著增强，关键技术装备和软件不断突破，工业机器人、3D 打印、智能物流装备、工业软件等新兴产业快速增长。据统计，“十三五”期间，制造业供给能力不断提升，智能制造装备国内市场满足率超过 50%。

“十四五”开局之年，智能制造按下加速键。《中华人民共和国国民经济和社会发展第十四个五年规划和 2035 年远景目标纲要》明确提出，深入实施智能制造和绿色制造工程，发展服务型制造新模式，推动制造业高端化、智能化、绿色化。近日，工业和信息化部发布了《“十四五”智能制造发展规划》，提出以工艺、装备为核心，以数据为基础，依托制造单元、车间、工厂、供应链和产业集群等载体，构建虚实融合、知识驱动、动态优化、安全高效的智能制造系统。

智能制造装备是智能制造技术的重要载体。智能制造装备融合了先进制造技术、数字控制技术、现代传感技术以及人工智能技术，具有感知、学习、决策和执行等功能，是实现高效、高品质、节能环保和安全可靠生产的下一代制造装备。智能制造装备是传统制造产业升级改造，实现生产过程自动化、智能化、精密化和绿色化的有力工具，是培育和发展战略性新兴产业的重要支撑，也是衡量一个国家工业化水平的重要标志。当前，智能装备已形成了完善的产业链，包括关键基础零部件、智能化高端装备、智能测控装备和重大集成装备等环节。数据显示，2018 年我国智能制造装备产值规模达 1.51 万亿元，2020 年达到 2.09 万亿元，2022 年预计达到 2.68 万亿元智能装备产业迎来新增长期。

智能装备产业技术壁垒高、带动能力强，易于形成产业集群，可显著提升一个国家或地区的核心竞争力。近年来，在政策、技术、市场的强力推动下，中国智能装备产业发展势如破竹。地区推进智能装备战略不断涌现。2021 年 4 月，《成都市智能制造三年行动计划(2021—2023 年)》(简称《行动计划》)正式发布。根据《行动计划》，成都将突破一批智能制造核心和共性技术，研发一批智能制造关键装备，培育一批智能制造关键装备及核心部件细分领域的单项冠军，智能制造装备产业规模突破 500 亿元。到 2023 年底，成都市智能制造发展基础和支撑能力显著增强，智能制造关键技术装备实现新突破，系统集成能力进一步增强。智能装备不断进行技术演进。2021 年 4 月，华中数控“华中 9 型新一代人工智能数控系统”产品正式发布，集成 AI 芯片，融合 AI 算法，实现数控系统的自主感知、自主学习、自主决策和自主执行，这是新一代人工智能技术与先进制造技术深度融合的典范，为数控机床智能化构筑开放平台，为先进制造的数字化、网络化和智能化开创路径。

智能装备产业是制造业的核心，是智能制造产业的基础，也是保障国家安全的战略性、基础性和全局性产业。智能制造装备主要包括高端数控机床、工业机器人、智能测控装置、成套自动化生产线、增材制造装备等。大力培育和发展智能装备，有利于提升产业核心竞争力，促进实现制造过程的智能化和绿色化发展。

2.2.1　智能制造装备的特征

和传统的制造装备相比，智能制造装备具有对装备运行状态和环境的实时感知、处理和分析能力；根据装备运行状态变化自主规划、控制和决策能力；对故障的自诊断自修复能力；对自身性能劣化的主动分析和维护能力；参与网络集成和网络协同的能力。

1. 自我感知能力

智能制造装备具有收集和理解工作环境信息、实时获取自身状态信息的能力。智能制造装备能够准确获取表征装备运行状态的各种信息，并对信息进行初步的理解和加工，提取主要特征成分，反映装备的工作性能。自我感知能力是整个制造系统获取信息的源头。

2. 自主规划和决策能力

智能制造装备能够依据不同来源的信息分析、判断和规划自身行为。智能制造装备能根据环境和自身作业状况的信息进行实时规划和决策，并根据处理结果自行调整控制策略至最优运行方案。这种自律能力使整个制造系统具备抗干扰、自适应和容错等能力。

3. 自学习和自维护能力

智能制造装备能够自主建立强有力的知识库和基于知识的模型，并以专家知识为基础，通过运用知识库中的知识，进行有效的推理判断，并进一步获取新的知识，更新并删除低质量知识，在系统运行过程中不断地丰富和完善知识库，通过学习使知识库更加丰富、合理。智能制造装备能够对系统进行故障诊断、排除及修复，并依据专家知识库提供相应的解决维护方案，保持系统在正常状态下运行。这种特征使智能制造装备能够自我优化并适应各种复杂的环境。

4. 自优化能力

相比于传统的制造装备，智能制造装备具有自我优化能力。制造装备在使用过程中不可避免地会存在损耗，传统的机器或系统的性能因此会不断退化，智能制造装备能够依据设备实时的性能，调整本身的运行状态，保证装备系统的正常运行。

5. 容错能力

智能制造装备能够在环境异常或操作错误的情况下正常运行。在允许范围内，智能制造装备能够在一定程度上忽略并修正错误，依据产生的问题进行系统的调整和更新。智能制造装备的容错能力使得制造系统的可靠性得到了提高。

6. 网络集成能力

智能制造装备是智能制造系统的重要组成部分，具备与整个制造系统实现网络集成和网络协同的能力。智能制造系统包括大量功能各异的子系统，而智能制造装备是智能制造系统信息获取和任务执行的基本载体，它与其他子系统集成为一个整体，实现了整体的智能化。

2.2.2 智能制造装备的组成

一个智能装备通常由智能感知系统、智能决策系统、运动控制系统和机械执行系统组成。

1. 智能感知系统

感知是智能的输入和起点，也是智能发挥作用的基础。感知系统模拟智能体的视觉、听觉、触觉等。注意智能装备不是完全仿真人类的智能，而是参考人类的智能去解决实际问题，因此会有所拓展，会发展各种超越人类感知能力的传感器，比如超声、红外等。目前感知系统是智能装备高速发展的一个方向，更新更高精度的传感器是研究学者和业界不懈的追求目标。智能装备常用的传感器有：视觉传感器(如摄像头)、距离传感器(如激光测距仪)、射频识别 RFID 传感器、声音传感器、触觉传感器等。

2. 机械执行系统

装备的执行系统，也就是机械执行机构，是机械工具的进一步延伸。现阶段的装备机械执行系统，是包括产生特定运动的机构和驱动机构运动的电机、发动机、气动马达等驱动设备。

通过装备执行系统，可以进行高于人类的高精度、高稳定性的操作。目前执行系统最需要突破的是各类能实现复杂功能的末端执行器，由于需要和大量的感知传感器配合交互，且期望尺寸较小，末端执行器的研制是集成商最关注的方向。

3. 运动控制系统

控制系统是智能发挥作用的桥梁。控制系统可以使执行系统按照给定的指令进行复杂的操作。控制系统为智能提供了基础，通过感知系统进行反馈控制为装备提供了初级的“智能”。工业上用的精密控制，除了各种感知技术外，主要依靠计算机的计算、存储能力，在已知的抽象和逻辑(算法)下，为执行机构提供“智能”的指令，使人类从烦琐的人机交互中脱离出来，极大地提高了效率、降低了出错的可能性。

4. 智能决策系统

决策系统是真正的智能。决策系统根据各种感知系统收集的信息，进行复杂的决策计算，优化出合理的指令，指挥控制系统来驱动执行系统，从而实现复杂的智能行为。

2.2.3 典型智能制造装备

智能制造装备目前涉及领域众多，在各个领域中的应用和需求逐渐增多，其重要性也随着制造产业的发展逐渐凸显。现阶段几种典型的智能制造装备主要包括智能机床、智能机器人、增材制造装备、智能成型制造装备、特种智能制造装备等。

1. 智能机床

智能机床是能够自主决策制造过程的机床。智能机床了解整个制造过程，能够监控、诊断和修复在生产过程中出现的各类偏差，为加工生产提供最优化的解决方案。智能机床能够计算并预报切削刀具、主轴、轴承和导轨的剩余寿命，提供剩余使用时间和更换时间以及当前状态。

2. 智能机器人

智能机器人能根据环境与任务的变化，实现主动感知、自主规划、自律运动和智能操作，可用于搬运材料、零件、工具的操作机，或是为了执行不同的任务，具有可改变和可编程动作的专门系统，是一个在感知—思维—效应方面全面模拟人的机器系统。与传统的工业机器人相比，智能机器人具备感知环境的能力、执行某种任务而对环境施加影响的能力和把感知与行动联系起来的能力。

3. 增材制造装备

增材制造不采用一般意义上的模具或刀具加工零件，而是采用分层叠加法，即用 CAD 造型生成 STL 文件，通过分层切片等步骤进行分层处理，借助计算机控制的成型机，将一层一层的材料堆积成实体原型。不同于传统制造将多余的材料去除掉，增材制造技术可以精确地控制物料成型，提高材料利用率，能够生产传统工艺无法加工的复杂零件。

4. 智能成型制造装备

智能成型制造装备是在铸造、焊接、塑形成型、增材制造等成型加工装备上，应用人工智能技术、数值模拟技术和信息处理技术，以一体化设计与智能化过程控制方法，取代传统材料制备与加工过程中的“试错法”设计与工艺控制方法，以实现材料组织性能的精确设计与制备加工过程的精确控制，获得最佳的材料组织性能与成型加工质量。

5. 特种智能制造装备

特种智能制造装备是基于科学发现的新原理、新方法和专门的工艺知识，为适应超常加工尺度、精度、性能、环境等特殊条件而产生的装备，常使用于超精密加工、难加工材料加工、巨型零件加工、多工序复合加工、高能束加工、化学抛光加工等特殊加工工业。

2.3 智能机床

2017 年底，中国工程院提出了智能制造的三个基本范式：数字化制造、数字化网络化

制造、数字化网络化智能化制造——新一代智能制造，为智能制造的发展统一了思想，指明了方向。

依照智能制造的三个范式和机床的发展历程，机床从传统的手动操作机床向智能机床演化同样可以分为三个阶段：数字化+机床(Numerical Control Machine Tool，NCMT)，即数控机床；互联网+数控机床(Smart Machine Tool，SMT)，即互联网机床；新一代人工智能+互联网+数控机床，即智能机床(Intelligent Machine Tool，IMT)。

第一个阶段是数控机床。其主要特征是：在人和手动机床之间增加了数控系统，人的体力劳动交由数控系统完成。

第二个阶段是互联网+机床。其主要特征是网络化等信息技术与数控机床的融合，赋予机床感知和连接能力，人的部分感知能力和部分知识赋予型脑力劳动交由数控系统完成。

第三个阶段是智能机床。其主要特征是：新一代人工智能技术融入数控机床，赋予机床学习的能力，可生成并积累知识。人的知识学习型脑力劳动交由数控系统完成。

智能机床或智能加工中心应具有如下行为能力：① 能够感知自身状态和加工能力并能够进行自我标定；② 能够监视和优化加工行为；③ 能够对工件的加工质量进行评估；④ 具有自学习能力。智能机床能够实现人与机床的互动通信，进而将大量的加工信息提供给操作人员，并能够提供多种工具辅助操作人员优化加工过程；同时，智能机床可以检查自身状态并独立优化工艺，进而提高工艺可靠性和工件加工质量。智能机床能够进行自我监控，对与机床、加工状态、环境等相关信息进行综合分析，并采取应对措施来保证最优化的加工。尽管学术界及工业界尚未给出智能机床的标准定义，但一般认为智能机床应具有自感知、自分析、自适应、自维护、自学习等能力，并能够实现加工优化、实时补偿、智能测量、远程监控和诊断等功能，从而能够支持加工过程的高效运行。

2.3.1　机床到智能机床的演化

手动机床(Manually Operated Machine Tool，MOMT)是机床的最初形态，它是人和机床物理系统的融合。操作者通过人脑的感知和决策，用双手操控机床，完成零件加工。手动机床的加工过程完全由人完成信息感知、分析、决策和操作控制，构成了典型的“人机系统”(Human Physical Systems，HPS)。手动机床控制原理的抽象描述如图 2-3(a)所示，手动机床构成的“人机系统”(HPS)如图 2-3(b)所示。

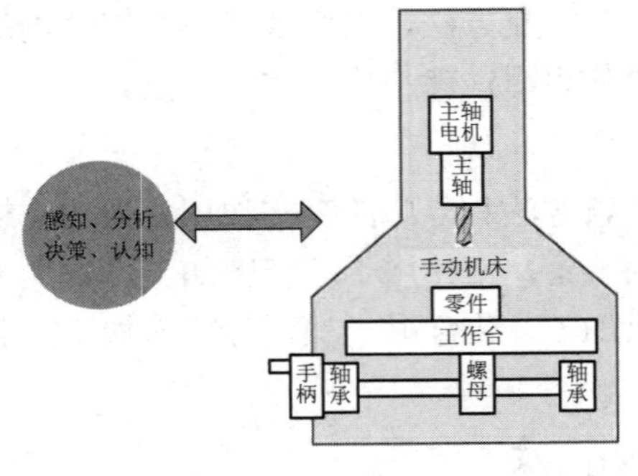

(a) 手动机床控制原理

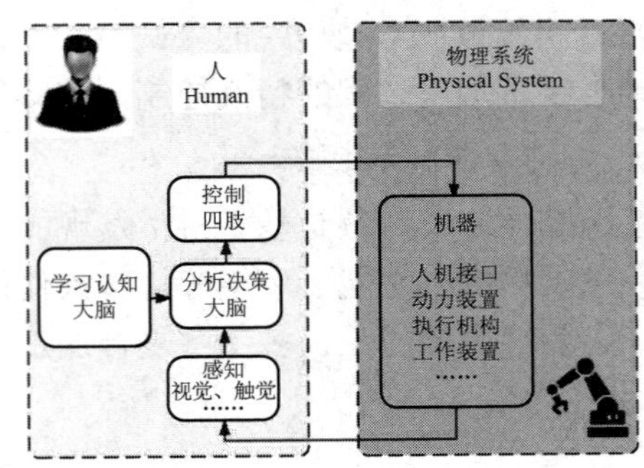

(b) 手动机床构成的“人机系统”(HPS)

图 2-3　手动机床控制系统

机床从手动机床发展到智能机床可分为三个阶段：数控机床、互联网+机床和智能机床。

1. 数控机床

随着数字控制技术的发展，手动机床发展成为数控机床。通过在人和机床之间增加数控系统，加工信息通过 G 代码输入到数控系统中，由数控系统替代人操控机床，实现对机床的运动控制。数控机床是“人-信息-机系统”(Human-Cyber-Physical Systems，HCPS)，即在“人”(Human)和“机”(Physical)之间增加了一个信息系统(Cyber System，即数控系统)。数控机床控制原理的抽象描述如图 2-4(a)所示，数控机床的“人-信息-机系统”(HCPS)如图 2-4(b)所示。与手动机床相比，数控机床发生的本质变化是：在人和机床物理实体之间增加了数控系统。数控系统在机床的加工过程中发挥着重要作用。数控系统替代了人的体力劳动，控制机床完成加工任务。但由于数控机床只是通过 G 代码来实现刀具、工件的轨迹控制，缺乏对机床实际加工状态(如切削力、惯性力、摩擦力、振动、切削力、热变形，以及环境变化等)的感知、反馈和学习建模的能力，导致实际路径可能偏离理论路径等问题，影响了加工精度、表面质量和生产效率。因此，传统的数控机床的智能化程度并不高。

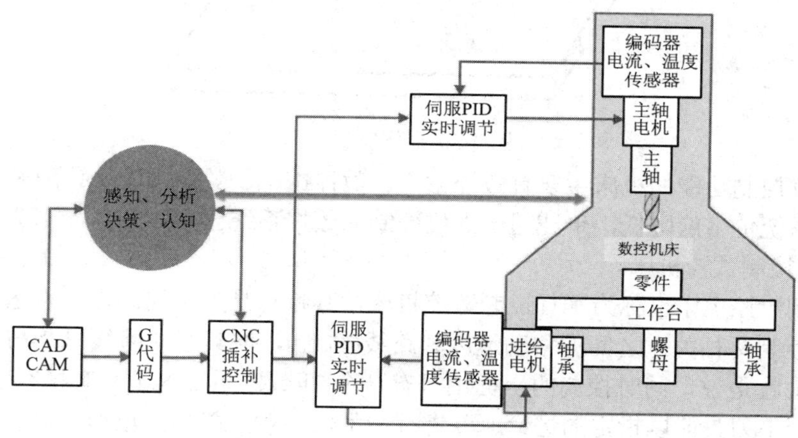

(a) 数控机床控制原理

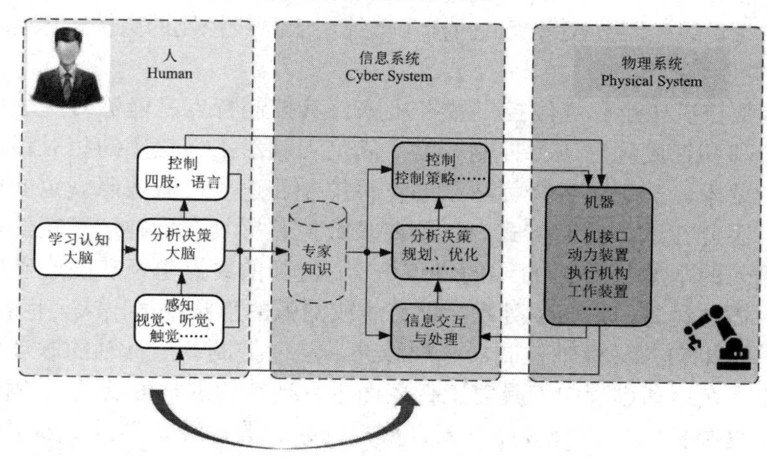

(b) 数控机床的“人-信息-机系统”(HCPS)

图 2-4　数控机床控制系统

数控机床种类众多，按照不同的情况分类如下：

1) 按机床运动的控制轨迹分类

(1) 点位控制的数控机床。

点位控制只要求控制机床的移动部件从一点移动到另一点的准确定位，对于点与点之间的运动轨迹的要求并不严格，在移动过程中不进行加工，各坐标轴之间的运动是不相关的。为了实现既快又精确的定位，两点间位移的移动一般先快速移动，然后慢速趋近定位点，以保证定位精度，图 2-5 所示为点位控制运动轨迹。

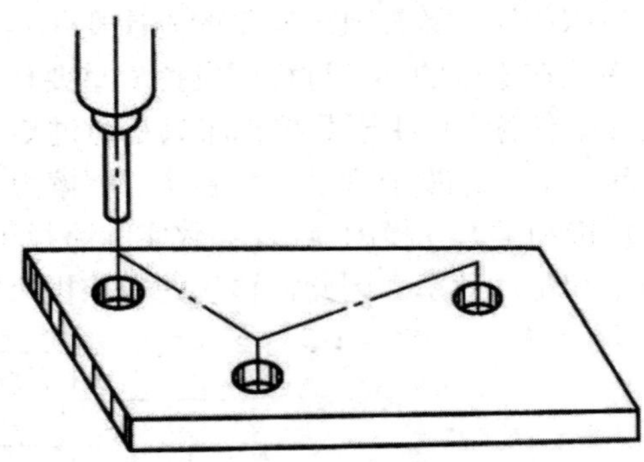

图 2-5　点位控制图

具有点位控制功能的机床主要有数控钻床、数控铣床、数控冲床等。随着数控技术的发展和数控系统价格的降低，单纯用于点位控制的数控系统已不多见。

(2) 直线控制数控机床。

直线控制数控机床也称为平行控制数控机床，其特点是除了控制点与点之间的准确定位外，还要控制两相关点之间的移动速度和路线(轨迹)，但其运动路线只是与机床坐标轴平行移动，也就是说，同时控制的坐标轴只有一个(即数控系统内不必有插补运算功能)，在移位的过程中刀具能以指定的进给速度进行切削，一般只能加工矩形、台阶形零件。其有直线控制功能的机床主要有比较简单的数控车床、数控铣床、数控磨床等。这种机床的数控系统也称为直线控制数控系统。同样，单纯用于直线控制的数控机床也不多见。

(3) 轮廓控制数控机床。

轮廓控制数控机床也称连续控制数控机床，其控制特点是能够对两个或两个以上的运动坐标的位移和速度同时进行控制。为了满足刀具沿工件轮廓的相对运动轨迹符合工件加工轮廓的要求，必须将各坐标运动的位移控制和速度控制按照规定的比例关系精确地协调起来。因此在这类控制方式中，就要求数控装置具有插补运算功能。所谓插补就是根据程序输入的基本数据(如直线的终点坐标、圆弧的终点坐标和圆心坐标或半径)，通过数控系统内插补运算器的数学处理，把直线或圆弧的形状描述出来，也就是一边计算，一边根据计算结果向各坐标轴控制器分配脉冲，从而控制各坐标轴的联动位移量与要求的轮廓相符合。在运动过程中刀具对工件表面进行连续切削，可以进行各种直线、圆弧、曲线的加工。这类机床主要有数控车床、数控铣床、数控线切割机、加工中心等，其相应的数控装置称为轮廓控制数控系统。根据它所控制的联动坐标轴数不同，又可以分为下面几种形式：

① 二轴联动：主要用于数控车床加工旋转曲面或数控铣床加工曲线柱面。

② 二轴半联动：主要用于三轴以上机床的控制，其中两根轴可以联动，而另外一根轴可以作周期性进给。

③ 三轴联动：一般分为两类，一类就是 X、Y、Z 三个直线坐标轴联动，多用于数控铣床、加工中心等。另一类是除了同时控制 X、Y、Z 中两个直线坐标外，还同时控制围绕其中某一直线坐标轴旋转的旋转坐标轴。如车削加工中心，它除了纵向(Z 轴)、横向(X 轴)两个直线坐标轴联动外，还需同时控制围绕 Z 轴旋转的主轴(C 轴)联动。

④ 四轴联动：同时控制 X、Y、Z 三个直线坐标轴与某一旋转坐标轴联动。

⑤ 五轴联动：除同时控制 X、Y、Z 三个直线坐标轴联动外，还同时控制围绕这些直线坐标轴旋转的 A、B、C 坐标轴中的两个坐标轴，同时控制五个轴联动，这时刀具可以被定在空间的任意方向。比如控制刀具同时绕 X 轴和 Y 轴两个方向摆动，使得刀具在其切削点上始终保持与被加工的轮廓曲面成法线方向，以保证被加工曲面的光滑性，提高其加工精度和加工效率，减小被加工表面的粗糙度。

2) 按伺服控制的方式分类

(1) 开环控制数控。

这类机床的进给伺服驱动是开环的，即没有检测反馈装置，一般它的驱动电动机为步进电机，步进电机的主要特征是控制电路每变换一次指令脉冲信号，电动机就转动一个步距角，并且电动机本身就有自锁能力。数控系统输出的进给指令信号通过脉冲分配器来控制驱动电路，它以变换脉冲的个数来控制坐标位移量，以变换脉冲的频率来控制位移速度，以变换脉冲的分配顺序来控制位移的方向。因此这种控制方式的最大特点是控制方便、结构简单、价格便宜。数控系统发出的指令信号流是单向的，所以不存在控制系统的稳定性问题，但由于机械传动的误差不经过反馈校正，故位移精度不高。早期的数控机床均采用这种控制方式，只是故障率比较高，目前由于驱动电路的改进，使其仍得到了较多的应用。尤其是在我国，一般经济型数控系统和旧设备的数控改造多采用这种控制方式。另外，这种控制方式可以配置单片机或单板机作为数控装置，使得整个系统的价格降低。

(2) 闭环控制机床。

这类数控机床的进给伺服驱动是按闭环反馈控制方式工作的，其驱动电动机可采用直流或交流两种伺服电机，并需要配置位置反馈和速度反馈，在加工中随时检测移动部件的实际位移量，并及时反馈给数控系统中的比较器，它与插补运算所得到的指令信号进行比较，其差值又作为伺服驱动的控制信号，进而带动位移部件以消除位移误差。按位置反馈检测元件的安装部位和所使用的反馈装置的不同，它又分为全闭环和半闭环两种控制方式。

① 全闭环控制，其位置反馈装置采用直线位移检测元件(目前一般采用光栅尺)，安装在机床的床鞍部位，即直接检测机床坐标的直线位移量，通过反馈可以消除从电动机到机床床鞍的整个机械传动链中的传动误差，从而得到很高的机床静态定位精度，如图 2-6 所示。但是，由于在整个控制环内，许多机械传动环节的摩擦特性、刚性和间隙均为非线性，并且整个机械传动链的动态响应时间与电气响应时间相比又非常大。这为整个闭环系统的稳定性校正带来很大困难，系统的设计和调整也都相当复杂，因此，这种全闭环控制方式主要用于精度要求很高的数控坐标镗床、数控精密磨床等。

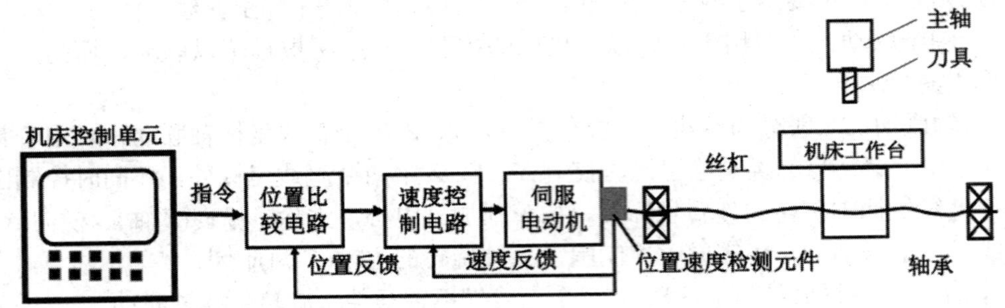

图 2-6　闭环控制机床工作原理示意图

② 半闭环控制，其位置反馈采用转角检测元件(目前主要采用编码器等)，直接安装在伺服电动机或丝杠端部。由于大部分机械传动环节未包括在系统闭环环路内，因此能获得较稳定的控制特性。丝杠等机械传动误差不能通过反馈来随时校正，但是可采用软件定值补偿方法来适当提高其精度。目前，大部分数控机床采用半闭环控制方式。混合控制数控机床将上述控制方式的特点有选择地集中，可以组成混合控制的方案。如前所述，由于开环控制方式稳定性好、成本低、精度差，而全闭环稳定性差，所以为了互为弥补，以满足某些机床的控制要求，宜采用混合控制方式。采用较多的有开环补偿型和半闭环补偿型两种方式。按数控系统的功能水平分类，通常把数控系统分为低、中、高三类。这种分类方式，在我国用得较多。低、中、高三档的界限是相对的，不同时期，划分标准也会不同。就目前的发展水平看，可以根据一些功能及指标，将各种类型的数控系统分为低、中、高档三类。其中中、高档一般称为全功能数控或标准型数控。

3) 按加工方式分类

(1) 金属切削类：采用车、铣、撞、铰、钻、磨、刨等各种切削工艺的数控机床。它又可被分为以下两类。

① 普通型数控机床，如数控车床、数控铣床、数控磨床等。

② 加工中心，其主要特点是具有自动换刀机构的刀具库，工件经一次装夹后，通过自动更换各种刀具，在同一台机床上对工件各加工面连续进行铣(车)键、铰、钻、攻螺纹等多种工序的加工，如(幢 / 铣类)加工中心、车削中心、钻削中心等。

(2) 金属成型类：采用挤、冲、压、拉等成型工艺的数控机床，常用的有数控压力机、数控折弯机、数控弯管机、数控旋压机等。

(3) 特种加工类：主要有数控电火花线切割机、数控电火花成型机、数控火焰切割机和数控激光加工机等。

(4) 测量、绘图类：主要有三坐标测量仪、数控对刀仪和数控绘图仪等。

2. 互联网+机床

近年来，随着“互联网+”技术的不断推进，以及互联网和数控机床的融合发展，互联网、物联网、智能传感技术开始应用到数控机床的远程服务、状态监控、故障诊断、维护管理等方面，国内外机床企业开展了一定的研究和实践。Mazak 公司、Okuma(大隈)公司、DMG-MORI(德玛吉)公司、FANUC 公司、沈阳机床股份有限公司等纷纷推出了各自的互联网+机床。“互联网+传感器”为互联网+机床的典型特征，它主要解决了数控机床感知能力不够和信息难以连接互通的问题。

与数控机床相比，互联网+机床增加了传感器，增强了对加工状态感知能力；应用工业互联网进行设备的连接互通，实现机床状态数据的采集和汇聚；对采集到的数据进行分析与处理，实现机床加工过程的实时或非实时的反馈控制。互联网+机床控制原理的抽象描述如图 2-7(a)所示，数字化网络化制造系统“人-信息-机系统”如图 2-7(b)所示。

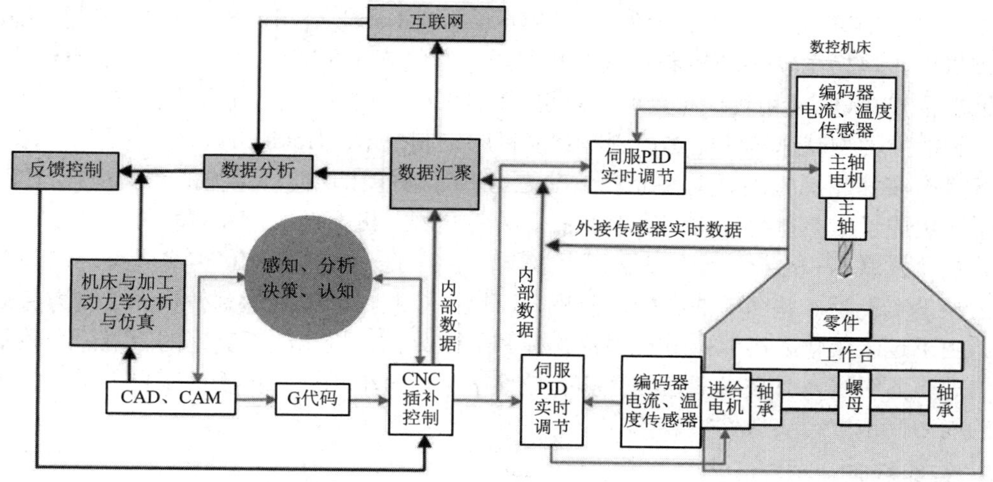

(a) 互联网+机床控制原理

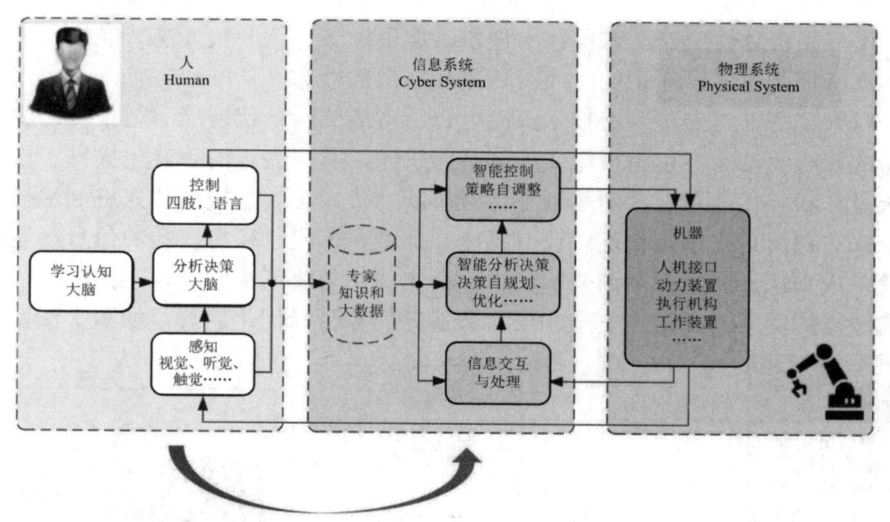

(b) 数字化网络化制造系统“人-信息-机系统”

图 2-7 互联网+机床控制原理系统

互联网+机床具有一定的智能化水平，主要体现在：

(1) 网络化技术和数控机床不断融合。2006 年，美国机械制造技术协会(AMT)提出了 MT-Connect 协议，用于机床设备的互联互通。2018 年，德国机床制造商协会(VDW)基于通信规范 OPC 统一架构(UA)的信息模型，制定了德国版的数控机床互联通信协议 Umati。华中数控联合国内数控系统企业，提出数控机床互联通信协议 NC-Link，实现了制造过程中工艺参数、设备状态、业务流程、跨媒体信息以及制造过程信息流的传输。

(2) 制造系统开始向平台化发展。国外公司相继推出大数据处理的技术平台。GE 公司推出面向制造业的工业互联网平台 Predix，西门子发布了开放的工业云平台 Mindsphere；华中数控率先推出了数控系统云服务平台，为数控系统的二次开发提供标准化开发和工艺模块集成方法。当前，这些平台主要停留在工业互联网、大数据、云计算技术层面上，随着智能化技术的发展，其呈现出应用到智能机床上的潜力与趋势。

(3) 智能化功能初步呈现。国外，2006 年，日本 Mazak 公司展出了具有四项智能功能的数控机床，包括主动振动控制、智能热屏障、智能安全屏障、语音提示。DMG MORI 公司推出了 CELOS 应用程序扩展开放环境。FANUC 公司开发了智能自适应控制、智能负载表、智能主轴加减速、智能热控制等智能机床控制技术。Heidenhain 公司的 TNC640 数控系统具有高速轮廓铣削、动态监测、动态高精等智能化功能。国内的华中数控 HNC-8 数控系统集成了工艺参数优化、误差补偿、断刀监测、机床健康保障等智能化功能。

尽管“互联网+机床”已经发展了十多年，取得了一定的研究和实践成果，但到目前为止，只是实现了一些简单的感知、分析、反馈、控制，远没有达到替代人类脑力劳动的水平。由于过于依赖人类专家进行理论建模和数据分析，机床缺乏真正的智能，导致知识的积累艰难而缓慢，且技术的适应性和有效性不足。其根本原因在于机床自主学习、生成知识的能力尚未取得实质性突破。

3. 智能机床

21 世纪以来，移动互联网、大数据、云计算、物联网等新一代信息技术日新月异、飞速发展，形成了群体性跨越。这些技术进步，集中汇聚在新一代人工智能技术的战略性突破，其本质特征是具备了知识的生成、积累和运用的能力。

新一代人工智能与先进制造技术深度融合所形成的新一代智能制造技术，成为新一轮工业革命的核心驱动力，也为机床发展到智能机床，实现真正的智能化提供了重大机遇。智能机床是在新一代信息技术的基础上，应用新一代人工智能技术和先进制造技术深度融合的机床，它利用自主感知与连接获取机床、加工、工况、环境有关的信息，通过自主学习与建模生成知识，并能应用这些知识进行自主优化与决策，完成自主控制与执行，实现加工制造过程的优质、高效、安全、可靠和低耗的多目标优化运行，如图 2-8 所示。

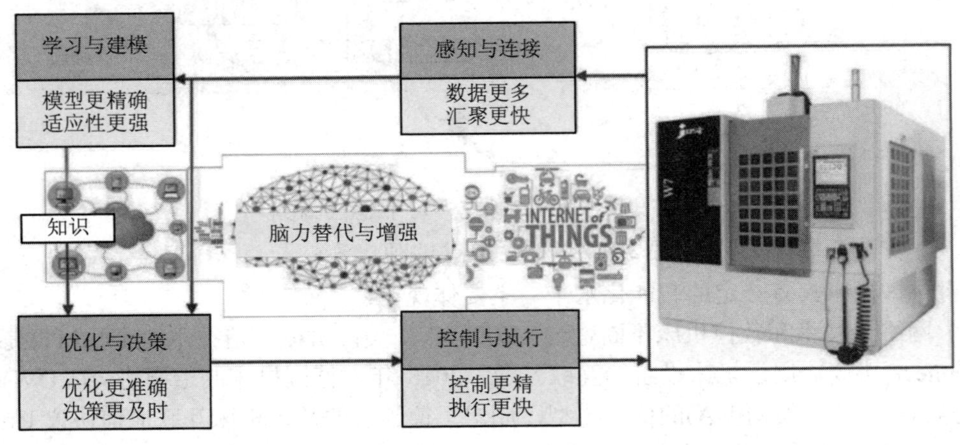

图 2-8　智能机床

利用新一代人工智能技术赋予机床知识学习、积累和运用能力，人和机床的关系发生根本性变化，实现了从“授之以鱼”到“授之以渔”的根本转变。

2.3.2　基于新一代人工智能的智能机床

1. 智能机床的控制原理

依据智能机床的定义，智能机床的控制原理包括自主感知与连接、自主学习与建模、自主优化与决策和自主控制与执行，如图 2-9 所示。

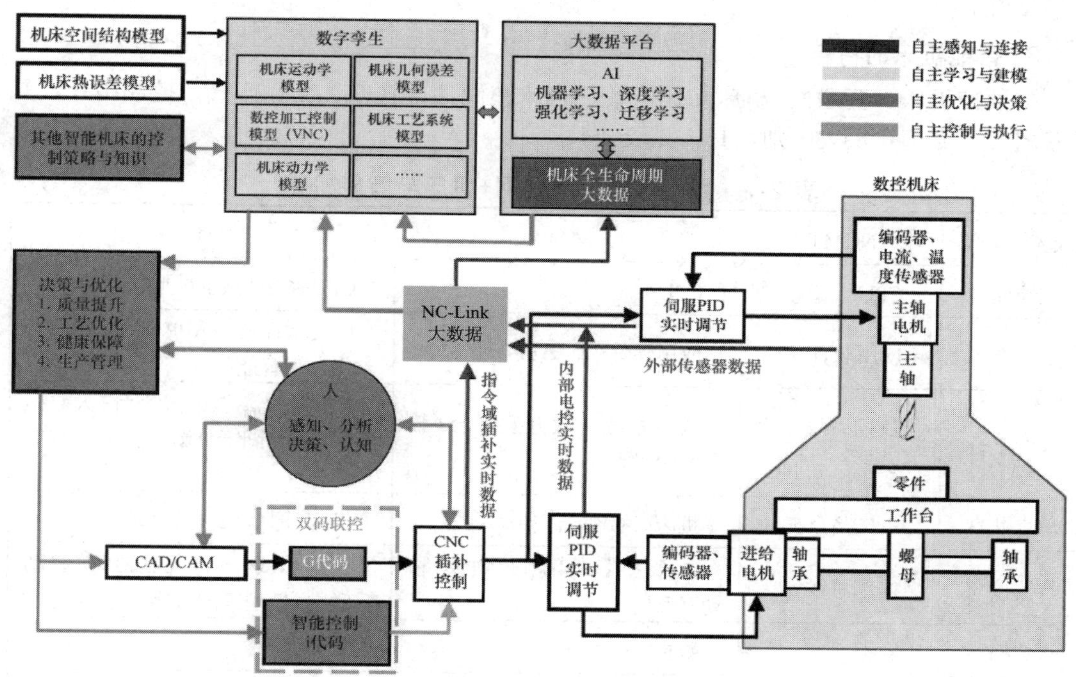

图 2-9　智能机床控制原理

2. 自主感知与连接

数控系统由数控装置、伺服驱动、伺服电机等部件组成，是机床自动完成切削加工等工作任务的核心控制单元。在数控机床的运行过程中，数控系统内部会产生大量由指令控制信号和反馈信号构成的原始电控数据，这些内部电控数据是对机床的工作任务(或称为工况)和运行状态的实时、定量、精确的描述。因此，数控系统既是物理空间中的执行器，又是信息空间中的感知器。

数控系统内部电控数据是感知的主要数据来源，它包括机床内部电控实时数据，如零件加工 G 代码插补实时数据(插补位置、位置跟随误差、进给速度等)、伺服和电机反馈的内部电控数据(主轴功率、主轴电流、进给轴电流等)。通过自动汇聚数控系统内部电控数控与来自外部传感器采集的数据(如温度、振动和视觉等)，以及从 G 代码中提取的加工工艺数据(如切宽、切深、材料去除率等)，实现数控机床的自主感知。

智能机床的自主感知可通过“指令域示波器”和“指令域分析方法”来建立工况与状态数据之间的关联关系。利用“指令域”大数据汇聚方法采集加工过程数据，通过 NC-Link

实现机床的互联互通和大数据的汇聚，形成机床全生命周期大数据。

智能机床就是在制造过程中能够根据加工环境做出正确决策的机床，它能够监控、诊断和调整生产过程中出现的各类偏差，并且能为生产的最优化提供方案。此外，它还能预测出所使用的切削刀具、主轴等的剩余寿命，让用户清楚其替换时间。

总的来说，智能机床具有下述的优点：降低加工时间，提高加工效率；提高工件加工精度；判断加工工艺的合理性，提高工艺安全性及自动运行时的可靠性；降低机床负荷，延长机床使用寿命；减少工人劳动强度；根据加工环境实时优化加工参数，提高加工经济性。

3. 智能机床的特点

与数控机床、互联网+机床相比，智能机床在硬件、软件、交互方式、控制指令、知识获取等方面都有很大区别，具体见表 2-1。

表 2-1　数控机床、互联网+机床与智能机床

技术、方法	NCMT	SMT	IMT
硬件	CPU	CPU	CPU+GPU 或 NPU(AI 芯片)
软件	应用软件	应用软件+云+APP 开发环境	应用软件+云+APP 开发环境+新一代人工智能
开发平台	数控系统二次开发平台	数控系统二次开发平台+数据汇聚平台	数控系统二次开发平台+大数据汇聚与分析平台+新一代人工智能算法平台
信息共享	机床信息孤岛	机床+网络+云+移动端	机床+网络+云+移动端
数据接口	内部总线	内部总线+外部互联协议+移动互联网	内部总线+外部互联协议+移动互联网+模型级的数字孪生
数据	数据	数据	大数据
机床功能	固化的功能	固化功能+部分 APP	固化功能+灵活扩展的智能 APP
交互方式	机床 Local 端	Local、Cyber、Mobile 端	Local、Cyber、Mobile 端
分析方法		时域信号分析+数据模板	指令域大数据分析+新一代人工智能算法
控制指令	G 代码：加工轨迹几何描述	G 代码：加工轨迹几何描述	G 代码+智能控制代码
知识	人工调节	人赋知识	自主生成知识，人-机、机-机知识融合共享

4. 智能机床主要的智能化功能特征

不同智能机床的功能千差万别，但其追求的目标是一致的：高精、高效、安全与可靠、低耗。机床的智能化功能也围绕上述四个目标，可分为质量提升、工艺优化、健康保障、生产管理四大类。

(1) 质量提升：提高加工精度和表面质量。提高加工精度是驱动机床发展的首要动力。为此，智能机床应具有加工质量保障和提升功能，可包括机床空间几何误差补偿、热误差

补偿、运动轨迹动态误差预测与补偿、双码联控曲面高精加工、精度/表面光顺优先的数控系统参数优化等功能。

(2) 工艺优化：提高加工效率。工艺优化主要是根据机床自身物理属性和切削动态特性进行加工参数自适应调整(如进给率优化、主轴转速优化等)以实现特定的目的，如质量优先、效率优先和机床保护。其具体功能可包括自学习/自生长加工工艺数据库、工艺系统响应建模、智能工艺响应预测、基于切削负载的加工工艺参数评估与优化、加工振动自动检测与自适应控制等。

(3) 健康保障：保证设备完好、安全。机床健康保障主要解决机床寿命预测和健康管理问题，目的是实现机床的高效可靠运行。智能机床具有机床整体和部件级功能可包括主轴/进给轴智能维护、机床健康状态检测与预测性维护、机床可靠性统计评估与预测、维修知识共享与自学习等。

(4) 生产管理：提高管理和使用操作效率。生产管理类智能化功能主要实现机床加工过程的优化及整个制造过程的低耗(时间和资源)。智能机床的生产管理类智能化功能主要分为机床状态监控、智能生产管理和机床操控这几类。其具体功能可包括加工状态(断刀、切屑缠绕)智能判断、刀具磨损/破损智能检测、刀具寿命智能管理、刀具/夹具及工件身份ID与状态智能管理、辅助装置低碳智能控制等。

2.4 工业机器人

随着我国制造业的持续发展，对工业机器人的需求不断增加，而需求的增长自然拉动了工业机器人行业的迅猛发展。相关数据显示，2020年我国工业机器人产量达23.71万套，同比增长19.1%；2021年1～4月我国工业机器人产量达13.64万套，同比增长73.2%。如此庞大的生产量，意味着工业机器人的应用领域十分广阔，目前在我国的金属加工、化工、食品制造等领域都能够看到工业机器人的身影，而从市场销售额的情况来看，工业机器人在生产中也颇受欢迎。当然，随着我国高水平对外开放的不断推进，工业机器人的进口量也不断增加，这丰富了市场选择，也优化了工业机器人的供需格局，推动了我国国产工业机器人的不断发展。

作为典型的机电一体数字化装备——工业机器人，它占据着智能制造的核心地位，具有很高的技术附加值，在工业领域应用范围很广。工业机器人代表着先进制造业的支撑技术，现已发展成为信息化社会的新兴产业，该产业的发展将会进一步促进社会生产的发展。我国工业机器人起步于20世纪70年代初期，但经过50多年的努力发展，机器人产业现已初具规模。目前，我国自主研发并生产的工业机器人完全能够达到工业化的应用水平，并且在越来越多的行业中得到了广泛的应用。继计算机、汽车之后，专家预测机器人产业是近年来兴起的具备大型规模的高技术产业。因此机器人市场前景被看好。我国工程院的一项市场调查显示，被调查的企业中，64.2%的企业具有强烈意愿，有14.5%的企业正在做“机器换人”的准备。2019年，据统计我国工业机器人产业达到了57.3亿美元的市场规模。到2020年底，国内市场规模进一步扩大，已突破60亿美元。如今，机器人工业的发展进一步受到了国家重视，同时机器人的研究与开发也吸引了越来越多的企业参与其中。

2.4.1　工业机器人的结构

工业机器人作为借助现代高新技术研发出来的一个系统工程，其主要结构包括人机操作界面、运动控制器及驱动器，同时还包括机器人机械本体。

其中，人机界面的作用是指挥系统功能，负责将操作人员意志转化为机器人实际操作动作，也就是命令指挥中心；运动控制器的功能是在接到人机界面发出指令后，负责协调各个构件执行具体动作，确保机器人正确按照人机界面发出的指令和要求工作，是执行运动机构；驱动器的功能主要是为运动控制器提供动力的装置，也就是动力源；机械本体就是动作执行机构，负责执行人机界面发出的指令，是完成各种动作的最直接部件，包括各种动作执行机构。

另外，还有传感器等一些能够协助机器人机械本体检测机位、受力、温度、光照等周边工作环境的辅助装置。这些部件之间是紧密联系、相互协作，最终形成一个闭环的系统工程。因此，工业机器人在完成相关指令操作时，各个构件之间就是一个相互协调配合的复杂系统，最终通过人机协调实现操作人员意愿，共同发挥出应有的功能。

2.4.2　工业机器人的分类

从传统实践来看，工业机器人的分类主要依据关键技术的发展和承载力的高低。从关键技术特点方面来划分，通常将工业机器人划分为 3 代机器人：智能机器人、示教再现工业机器人和离线编程机器人。

不断更新换代的工业机器人能够带来更多功能方面的丰富和优化，从而在生产、生活中为人们提供更多优质的服务。针对工业机器人能够承担工作能力来划分，可以将其划分为超大型机器人、大型机器人、中型机器人、小型机器人和微型机器人。

在使用过程中，要正确分析工作中需要承担的最大标称重量，再根据说明书载明的最大荷载力来选取合适型号的机器人，避免造成资源浪费或者是机器损伤。在当前国家对智能机器人的研发高度重视的背景下，工业机器人即将迎来更多好的政策发展和机遇，也会给智能机器人的推广应用带来很大的空间，给各领域和行业的发展注入新动能。在研究发展工业机器人时，应重点从其基本属性方面考虑，比如分析应用范围、关键核心技术、最大承担工作载荷能力等，这些都是应该用作划分参考依据的。

如果把应用领域作为划分工业机器人的依据，就不难发现，工业机器人在社会经济、生活等诸多领域应用十分广泛，比如医学、采矿、装卸等。在军事领域其应用更为广泛，在战场上可以代替军人完成一些危险的军事任务。

2.4.3　工业机器人的应用

1. 工业机器人在汽车行业中的应用

汽车行业是最早应用工业机器人的行业之一，也是目前世界上应用工业机器人最多的领域。例如日本丰田、德国宝马已经配套了近乎 100%的自动化生产线，其中必不可少的是工业机器人“站位”的应用。在汽车生产中，工业机器人主要完成的工作任务有搬运、焊接、喷漆、涂胶和部分器件的安装，如图 2-10 所示。其中搬运任务主要是由工业机器人将汽车上的某些部件，搬运至下一生产环节中进行使用。焊接是工业机器人在汽车生产环节中最为典型的应用，由于焊接是特殊工种，以往人工操作往往会带来各种危险；焊接也是熟练和富含技术的工种，焊接点的完整程度决定汽车车身强度和运行安全，因此汽车生产中的焊接环节尤为重要。喷漆主要是使用工业机器人对车身部分零部件进行喷涂处理，对比人工喷涂，工业机器人操作可以免去油漆对人体的伤害，同时喷涂效果均匀，一经调试，可以批量喷涂生产，并且生产一致性极高。涂胶机器人主要是汽车部分玻璃的黏合操作，其特点是涂胶均匀、一次成型、无过多废胶。此外，工业机器人在汽车生产中几乎无处不在，可以说工业机器人改变了汽车生产的格局。

图 2-10　工业机器人在汽车领域的应用

2. 工业机器人在电子产品装配中的应用

在电子产品装配中，如图 2-11 所示，例如，手机的装配生产，工业机器人发挥了重要作用，主要表现在精度高、速度快、产品一致性好。在电子产品装配生产中，常采用并联机器人，其特点是操作范围小，但是速度极快。某一特定生产线的数据表明，对比传统人工操作，采用机器人生产后，次品率下降了超过 75%，操作速度提升近 300%。因此工业机器人在电子行业中贡献极为突出。此外，在电子配件检测、搬运和包装中，工业机器人也起到了明显作用。

图 2-11　工业机器人在电子产品装配中的应用

3. 工业机器人在化工、食品生产中的应用

在化工生产中，工业机器人可以运送一些人类无法直接接触的化学原料，并且可以进行原料的混合、化工运作等。化工生产本是危险性极高的行业之一，也是对人体伤害较大的行业。工业机器人的应用有效改变了化工生产格局，降低人受到危害的同时，还提高了生产效率。在食品生产中，通过不同工业机器人在食品生产线上的安装和运作，替代了传统生产线人工站位，如图 2-12 所示。减少食品生产和包装过程中的人工参与，能够有效提升食品安全质量，降低人工生产带来的不健康因素。

图 2-12　食品行业中机器人的应用

4. 工业机器人在军事中的应用

无人机、无人探测车、自动排爆车等是工业机器人在军事中最典型的应用。军事环境较为复杂，危险程度高。工业机器人在军事活动的某些方面可以有效替代人类操作，从而降低牺牲率，提高军事效果。

2.5　增材制造装备

增材制造(Additive Manufacturing，AM)技术(也称为 3D 打印技术)是 20 世纪 80 年代后期发展起来的新型制造技术。2013 年美国麦肯锡咨询公司发布的“展望 2025”报告中，将增材制造技术列入决定未来经济的十二大颠覆技术之一。目前，增材制造成型材料包含了金属、非金属、复合材料、生物材料甚至是生命材料，成型工艺能量源包括激光、电子束、特殊波长光源、电弧以及以上能量源的组合，成型尺寸从微纳米元器件到 10 m 以上大型航空结构件，为现代制造业的发展以及传统制造业的转型升级提供了巨大契机。增材制造以其强大的个性化制造能力充分满足未来社会大规模个性化定制的需求，以其对设计创新的强力支撑颠覆高端装备的传统设计和制造途径，形成前所未有的全新解决方案，使大量的产品概念发生革命性变化，成为支撑我国制造业从转型到创新驱动发展模式的转换。增材制造已经从开始的原型制造逐渐发展为直接制造、批量制造；从 3D 打印到随时间或外场可变的 4D 打印；从以形状控制为主要目的模型、模具制造，到形性兼具的结构功能一体化的部件、组件制造；从一次性成型的构件的制造到具有生命力活体的打印；从微纳米

尺度的功能元器件制造到数十米大小的民用建筑物打印，增材制造作为一项颠覆性的制造技术，其应用领域不断扩展。经过近40年的发展，增材制造技术面向航空航天、轨道交通、新能源、新材料、医疗仪器等战略新兴产业领域，已经展示了重大价值和广阔的应用前景，是先进制造的重要发展方向，是智能制造不可分割的重要组成部分。增材制造技术是满足国家重大需求、支撑国民经济发展的“国之重器”，已成为世界先进制造领域发展最快、技术研究最活跃、关注度最高的学科方向之一。发展自主创新的增材制造技术是我国由“制造大国”向“制造强国”跨越的必由之路，对建设创新型国家、发展国民经济、维护国家安全、实现社会主义现代化具有重要的意义。

2.5.1 增材技术的种类

1. 激光增材制造技术

激光增材制造技术具有柔性好、工艺工序少、生产周期短、节省材料等特点。该技术可分为两大类：一类是基于堆焊原理的激光直接沉积增材制造零件毛坯，然后通过后续数控加工确保零件净尺寸，这类技术以激光直接沉积(LMD)技术为代表；另一类是基于细粉末扫描熔化的激光选区熔化技术，这类技术以激光选区熔化(SLM)、激光选区烧结(SLS)为代表。

激光增材制造技术的优点在于其热源能量密度很高，熔池的热影响区很小，沉积过程产生的残余应力相比于其他增材制造方式小，成型件表面质量好，适合精密零部件的加工。但激光功率必须要与所沉积的金属材料的物理性质匹配。当功率过大时，会容易在成型件内部因匙孔效应而出现气孔缺陷。功率过小会产生未熔和缺陷。激光增材制造技术的主要优势在于激光热源适用材料范围广、能量密度高、成型精度高和加工柔性好等。未来激光增材制造将向更大尺寸的金属成型和更高成型精度方向发展。

2. 电子束增材制造技术

电子束增材制造技术根据材料形式和送进方式，可分为基于熔化同步送进丝材的电子束自由成型制造技术(Electron Beam Free Forming Fabrication，EBF3)和基于预铺粉末的电子束选区熔化技术(Electron Beam Selective Melting，EBSM)。基于熔化丝材的电子束自由成型技术适用于大型结构的快速近净成型。电子束选区熔化技术(EBSM)适合小型复杂结构的精密成型，以及钛合金高效成型和高熔点金属间化合物的成型，已被广泛用于航空航天、汽车及医疗等行业。电子束增材制造技术的主要优势是真空环境成型质量好、能量输入大和沉积速度高等。电子束熔丝沉积成型技术逐渐向同轴沉积方向发展，提高沉积过程的各向扫描自由度和沉积各向一致性。电子束选区熔化技术主要面向高温材料的直接成型，维持更高的成型预热温度，解决难熔难加工材料的成型问题。

3. 电弧增材制造

电弧增材制造技术是以电弧作为热源的电弧增材制造技术(Wire Arc Additive Manufacturing，WAAM)，其成型设备简单且设备成本低，材料利用率及成型过程的沉积效率较高，适合大尺寸构件的快速成型加工。电弧增材成型路径按预先设定的成型路径在底板上沉积熔融的金属，以类似于堆焊的原理和过程逐层累积，最终得到预定形状和结构的金属零部件。WAAM 技术为金属零件的直接制造提供了低成本、高效率的研究和设计思路。类似前文所述的激光与电子束增材制造技术，WAAM 技术在成型过程中，金属同样是以高温液态金属的熔滴过渡的方式进行的，且随着堆积层数的增加(如果为了提高效率，层间间隔时间一般会设定得较短)，堆积零件热积累严重，金属构件的散热方式会逐渐改变至不利于散热，进而导致散热速率低，金属熔池在过热的状态下，熔融金属难于凝固，堆积层形状难于控制，例如黏度较小的金属会在狭窄的熔池范围内流动，特别是在零件边缘堆积时，零件侧壁会不时地出现金属熔滴，呈现凹凸不平的形貌，使得边缘形态与成型尺寸的控制变得更加困难，这些都会直接影响零件的冶金结合强度、堆积尺寸精度和表面质量。所以，成型形貌的控制是金属零件电弧增材制造技术的主要应用瓶颈之一。电弧等离子弧沉积成型技术主要特点是设备成本低和沉积效率高等。

4. 固相增材制造

以高能束流为热源的金属熔化增材制造技术在制备钛合金、高温合金等材料方面有很大的技术优势，但对铝合金、铜合金等材料存在一个技术壁垒，即能量的吸收率极低，这限制了高能束增材制造技术在铝合金、铜合金制造领域的应用。为了满足这一类材料的需要，研究者结合固相焊接技术方法，提出了固相增材制造技术。

5. 超声增材制造

超声增材制造作为一种固态金属成型加工方式，运用超声波焊接方法，通过周期性的机械操作，将多层金属带加工成三维形状，最后成型为精确的金属部件。滚轴式超声焊接系统由两个超声传感器和一个焊接触角组成，传感器的振动传递到磁盘型焊接触角上，能够在金属带与基板之间进行周期性超声固态焊接，进而通过触角的连续滚动将金属带焊在基板上。这种技术能够使铝合金、铜、不锈钢和钛合金达到高密度的冶金结合。将超声增材制造技术与切削加工做比较，超声增材制造技术可以加工出深缝、空穴、格架和蜂巢式内部结构，以及其他传统切削加工无法加工的复杂结构。

2.5.2 增材制造的应用

1. 航空领域

结合已有技术成果及航空发动机零部件的特点，增材制造技术在航空发动机中的应用主要有以下几方面：① 成型传统工艺制造难度大的零件；② 制造生产准备周期长的零件，通过减少工装，缩短制造周期，以降低制造成本；③ 制造高成本材料零件，通过提高材料利用率来降低原材料成本；④ 高成本发动机零件维修；⑤结合拓扑优化实现减重，以及提高冷却性能等；⑥ 整体设计零件，提高产品可靠性；⑦ 异种材料增材制造；⑧ 发动机研制过程中的快速试制响应；⑨ 打印树脂模型进行发动机模拟装配。

航空航天领域的机器零件，外形复杂多变，材料硬度、强度和性能较高，难以加工且零件加工成本较高，而新生代飞行器正在向长寿命、高可靠性、高性能及低成本的方向发展，采用整体结构模式，复杂大型化是其发展趋势。正是基于此发展趋势，增材制造技术中的电子束或激光熔融沉积及选择性烧结成型等加工技术越来越受到航空航天业加工制造商的青睐。

2. 汽车领域

汽车零件领域增材制造在汽车领域的技术要求，没有像航空航天领域那么苛刻，市场前景更为宽广。从模型设计到复杂模具的制造加工，再到复杂零部件的轻量化直接成型，增材制造技术正在深入汽车领域的方方面面。汽车工业是我国国家经济发展的支柱产业，汽车零件同样也是形状复杂、加工制造难度大，增材制造技术同样也能应用于其中。

3. 生物医学领域

生物医学领域与人类生活和健康息息相关，随着技术的进步，传统生物医学治疗手段和治疗器械也在发生不断变革，例如，增材制造技术融入生物医学领域，带来前所未有的变化。目前，三维打印技术已经在牙齿矫正、脚踝矫正、医学模型快速制造、 组织器官替代、脸部修饰和美容等方面得到应用与发展。在生物医疗行业飞速发展的今天，生物增材制造技术不可避免地受到越来越多的关注和研究。依据材料的发展及生物学性能，可以将生物增材制造技术分为三个应用层次：一是医疗模型和体外医疗器械的制造，主要应用增材制造技术设计、制造三维模型或体外医疗器械，如三维打印胎儿模型、假肢等；二是永久植入物的制造，主要应用增材制造技术来制造永久植入物，如为患者打印牙齿或下颌等；三是细胞组织打印，主要应用增材制造技术来构建生物结构体，如肾脏、人耳等，但目前尚处于实验室研究阶段。

4. 装备制造工业领域

在传统加工方式十分成熟的工业装备制造领域，增材制造技术的出现无疑带来了一种新型加工方式，充分利用增材制造技术的优势，可以有效地增强工业装备制造水平。

5. 模具领域

增材制造技术在模具制造方面有广泛应用，目前，最为先进的快速模具制造方法有树脂基复合材料快速制模、中或低熔点合金铸造制模、金属电弧喷涂制模等，其中，金属电弧喷涂成型快速制模技术在模具成本、寿命、制造周期、精度等方面具有综合优势，并且模具工作表面具有较好的强度、硬度和耐磨性，模具表面摩擦学特性更接近于钢质模具，是一种较为理想的快速制模方法。

6. 船舶领域

增材制造技术发展日新月异，科技工作者们一致认为增材制造技术必将广泛应用于船舶制造业，对造船业产生深远的影响。许多发达国家已将增材制造技术应用于船舶制造领域以提高制造能力，具体包括船舶辅助设计、船体及配套设施制造、船舶专用装备制造、船舶再制造和实时维修等领域。在船体辅助建造、大型复杂零件快速铸造、船舶电子设备冷却装置制造、舰载无人机设计与制造、船舶再制造与实时维修、船舶动力装置制造、船舶结构功能一体化材料制备和构件制造、水下仿生机器人设计和制造等方面，增材制造技术均有用武之地。

7. 建筑领域

建筑设计师因为传统建造技术的束缚无法将具有创意性和艺术效果的作品变为现实，而增材制造技术却能让建筑设计师的创意实现。2014 年 3 月，荷兰建筑师利用三维打印技术打印出了世界上第一座三维打印建筑。2015 年 9 月，第一座三维打印酒店在菲律宾落成。

在我国，2014 年 4 月，10 幢三维打印建筑成功建成于上海。

8. 军事领域

现代化军事的特点不仅是机械化、信息化，而且还有快速损伤修复能力。修复战场机械，需要辅助工具的帮助，而零件和辅助工具在机动性强、变化迅速的战场中会成为负担，并且损伤零件的不确定性和辅助工具的不通用性，都会制约战场的作战效率。增材制造技术可以有效解决这些问题，因为采用三维打印技术，只要有零件的模型数字数据，加上合适的材料，就能打印出所需要的零件和工具，完成机器的修复。

2.5.3 方向与发展

目前增材制造研究覆盖了增材制造新原理、新方法、控形控性原理与方法、材料设计、结构优化设计、装备质量与效能提升、质量检测与标准、复合增材制造等全系统，成为较为完整的学科方向。我国增材制造的发展要基于科学基础的研究，面向国家战略性产品和战略性领域的重大需求，瞄准世界先进制造技术与产业发展的制高点，抓住我国历史性发展机遇，从而为我国 2035 年成为世界制造强国的重大战略目标提供支撑。为此，要以增材制造的多学科融合为核心，通过多制造技术融合、多制造功能融合，向制造的智能化、极端化和高性能化发展，必须通过自主创新重点掌握如下制造技术与装备。

由于增材制造技术的发展历史较短，随着技术的发展，很多传统的机理研究理论无法应用于增材制造的物理环境和成型机制。从基础科学入手加强增材制造新问题的研究是首先需要面对的科研方向。在近期内需要解决的科学问题主要有：

(1) 金属成型中的强非平衡态凝固学。由于增材制造过程中的材料与能量源交互作用时间极短，瞬间实现熔化—凝固的循环过程，尤其是对于金属材料来说，这样的强非平衡态凝固学机理是传统平衡凝固学理论无法完全解释的，因此建立强非平衡态下的金属凝固学理论是增材制造领域需要解决的一个重要的科学问题。

(2) 极端条件下增材制造新机理。随着人类越来越迫切的探索外太空的需求，增材制造技术被更多地应用于太空探索领域，人们甚至希望直接在外太空实现原位增材制造，这种情况及类似极端条件下的增材制造机理以及增材制造制件在这种服役环境下的寿命和失效机理的研究将是相关研究人员关注的问题。

(3) 梯度材料、结构的增材制造机理。增材制造是结构功能一体化实现的制造技术，甚至可以实现在同一构件中材料组成梯度连续变化、多种结构有机结合，实现这样的设计对材料力学和结构力学提出了挑战。

(4) 组织器官个性化制造及功能再生原理。具有生命活力的活体及器官个性化打印是增材制造在生物医疗领域中最重要的应用之一，但无论是制造过程的生命体活力的保持，还是在使用过程中器官功能再创机理的研究，都还处于初期阶段，需要多个学科和领域的专家学者共同努力。

解决形性可控的智能化技术与装备：增材制造过程是涉及材料、结构、多种物理场和化学场的多因素、多层次和跨尺度耦合的极端复杂系统，在此条件下，“完全按照设计要求实现一致的、可重复的产品精度和性能”以及“使以往不能制造的全新结构和功能器件变为可能”是增材制造发展的核心目标。结合大数据和人工智能技术来研究这一极端复杂系统，在增材制造的多功能集成优化设计原理和方法上实现突破，发展形性主动可控的智能化增材制造技术，将为增材制造技术的材料、工艺、结构设计、产品质量和服役效能的跨越式提升奠定充分的科学和技术基础。在此基础上，发展具有自采集、自建模、自诊断、自学习、自决策的智能化增材制造装备也是未来增材制造技术实现大规模应用的重要基础。同时，重视与材料、软件、人工智能、生命与医学的学科交叉研究，开展重大技术原始创新研究，注重在航空航天航海、核电等新能源、医疗、建筑、文化创意等领域拓展增材制造技术的应用，是我国增材制造技术可望引领世界的关键之所在。突破制造过程跨尺度建模仿真及材料物性变化的时空调控技术：增材制造过程中材料的物性变化、形态演化以及组织转化极大地影响了成型的质量和性能，是增材制造实现从“结构”可控成型到“功能”可控形成的基础和关键核心。开展增材制造熔池强非平衡态凝固动力学理论研究、“制造过程的纳观-微观-宏观跨尺度建模仿真”技术研究，以及“微米-微秒介观时空尺度上材料物性变化的时空调控”研究，是提高我国增材制造领域竞争力、突破技术瓶颈的重要基础。注重发展未来颠覆性技术：太空打印、生物打印(生物增材制造)是增材制造两个具有颠覆性引领性质的重大研究方向，它们既关系到我们的航天科技及生命科学前沿，又直接关系到我们的国防安全及健康生活。

2.6 智能生产线

智能制造生产线是指利用智能制造技术实现产品生产过程的一种生产组织形式。

1. 智能制造生产线的特点

(1) 覆盖自动化设备、数字化车间、智能化工厂三个层次；贯穿智能制造六大环节(智能管理、智能监控、智能加工、智能装配、智能检测、智能物流)；

(2) 融合“数字化、自动化、信息化、智能化”四化共性技术；

(3) 包含智能工厂与工厂控制系统、在制品与智能机器、在制品与工业云平台(及管理软件)、智能机器与智能机器、工厂控制系统与工厂云平台(及管理软件)、工厂云平台(及管理软件)与用户、工厂云平台(及管理软件)与协作平台、智能产品与工厂云平台(及管理软件)等工业互联网八类连接的全面解决方案。

2. 智能制造生产线的构成

在大规模数字化商业转型的推动下，制造业正在进入一个新的阶段。人工智能(AI)正被用于支持甚至改变人类劳动力在实际工作场所中的角色。这项技术引人注目的影响是使制造业的许多复杂的工艺和流程简单高效。智能制造生产线由智能控制器、机器人、伺服电机、传感器、逆变器、电磁阀、工业相机、仪表、自动化软件和控制柜等组件构成。

智能制造生产线上的控制器指的是依照预定顺序改变主电路或控制电路，改变电路或智能电路。其由程序计数器、指令寄存器、控制指令译码器、时序发生器和实际操作控制器组成。传出指令的是其决策机构，即协调和指挥整个计算机系统的运作。自动化装置中比较常用的控制器是PLC、工控计算机等。

智能制造生产线上的机器人起着非常关键的作用，机器人是一种自动执行工作的机器。它可以接受人类命令、运行预先编程的程序或根据基于人工智能技术的原则行事。它的使命是协助或替代人类的工作，例如生产、建筑等危险工作。机器人一般由电动执行器、驱动器、检验装置、自动控制系统和复杂的机械设备组成。

伺服电机是在控制伺服系统中作为机械部件运行的发动机组件，其辅助电机间接传动。伺服电机能够准确地控制智能制造生产线的生产速度和产品位置精度，且还能将电压信号转换成扭矩和速度来驱动调节目标。伺服电机转子转速由输入数据信号调节，反应迅速。在自动控制系统中用作电动执行器，拥有机电时间常数小、线性度高以及运行电压高等特性。

第三章　智能制造关键技术

3.1　智能制造的技术体系

3.1.1　智能制造技术的发展

20 世纪 50 年代诞生的数控技术，以及随后诞生的机器人技术和计算机集成制造技术开启了数字化技术用于制造活动的先河，加速了制造技术与信息技术的融合。从此，信息和数据成为制造技术发展的重要驱动力之一，推动了数字制造技术的发展。人工智能技术自 1956 年问世以来，在研究者的努力下，60 多年来无论在理论和实践方面都取得了重大进展。1965 年，斯坦福大学计算机系的 Feigenbaum 提出为了使人工智能走向实用化。必须把模仿人类思维规律的解题策略与大量专门知识相结合，基于这种思想，他与遗传学家 J.Lederberg、物理化学家 C.Djerassi 等人合作研制出了根据化合物分子式及其质谱数据来帮助化学家推断的计算机程序系统 DENDRAL。此系统解决问题的能力已达到专家水平，某些方面甚至超过同领域的专家。DENDRAL 系统的出现，标志人工智能的一个新的研究领域——专家系统的诞生。随着专家系统的成熟和发展，其应用领域迅速扩大，20 世纪 70 年代中期以前的专家系统多属于数据信号解释型和故障诊断型，20 世纪 70 年代以后专家系统的应用开始扩展到其他领域，如设计、规划、预测、监视、控制等领域。20 世纪 80 年代，将人工智能技术引入到制造领域，对于制造业来说无疑是一场革命性的变革，专家系统、模式识别、神经网络等成为当时学术领域探讨的重点，出现了“智能制造”的概念，并形成了智能制造技术的基本概念，即：在数字化、自动化装置及系统应用的基础上，将人工智能引入到制造过程中，形成以存储、计算、逻辑、推理为特征的机器智能所驱动的产品制造技术。在制造过程的各个环节，通过计算机模拟人类专家的智能活动，进行分析、判断、推理、构思和决策，取代或延伸制造中人的脑力劳动，并对人类专家的制造智能进行收集、存储、完善、共享、继承与发展。相较于传统的工具、设备，智能制造技术延伸了人的四肢能力，拓展了人的大脑能力。

智能制造技术是现代制造技术、人工智能技术与计算机科学发展的必然结果，也是三者结合的产物。计算机技术和人工智能技术是推动智能制造技术形成与发展的重要因素。

人工智能技术中的数据分析、知识表示、机器学习、自动推理、实例推理、规则推理、智能计算等与制造技术相结合，不仅为生产数据和信息的分析和处理提供了新的有效方法，而且直接推动了对生产知识与智慧的研究与应用，促进了智能控制理论与技术的发展及其在制造工程中的应用，为制造技术增添了智慧的翅膀。

随着专家系统、知识推理、神经网络、遗传算法等人工智能技术在制造系统及其各个环节的广泛应用，使得制造信息及知识的获取、表示、传递、存储和推理成为可能，出现了智能制造的新型生产模式。制造中的智能主要表现在智能设计、智能工艺规划、智能加工、智能测量、机器人、智能控制、智能调度、智能服务和智能运维等方面。

互联网技术、物联网技术、传感器技术的发展及其与智能制造技术的融合，产生了制造业大数据，促进了分布智能制造技术的发展，扩展了智能制造的研究领域。分布智能控制和集散智能控制理论推动了离散与连续制造技术的进步。网络技术使制造企业拥有了广阔的全球市场、丰富多样的客户群、数量庞大的合作资源，以及来自产品和过程的制造业大数据。快速组织个性化产品设计、生产、销售和服务，实现合作企业之间的共享、共创、共赢等制造业发展的新需求，既为智能制造技术提出了更高要求，也为其提供了广阔的发展空间。

3.1.2　智能制造技术的特征

智能制造技术是智能技术与制造技术不断融合、发展和应用的结果。通过将智能制造技术应用于各个制造子系统，实现制造过程的智能感知、智能推理、智能决策和智能控制，可显著提高整个制造系统的自动化程度。在智能制造技术基础上构建的智能制造系统，其主要特征如下：

(1) 智能感知。智能制造系统中的制造装备具有对自身状态与环境的感知能力，通过对自身工况的实时感知分析，支撑智能分析和决策。

(2) 智能决策。智能制造系统具有基于感知搜集信息进行分析判断和决策的能力，强大的知识库是智能决策能力的重要支撑。

(3) 智能学习。智能制造系统能基于制造运行数据或用户使用数据进行数据分析与挖掘，通过学习不断完善知识库。

(4) 智能诊断。智能制造系统能基于对运行数据的实时监控，自动进行故障诊断和预测，进而实现故障的智能排除与修复。

(5) 智能优化。智能制造系统能根据感知的信息自适应地调整组织结构和运行模式，使系统性能和效率始终处于最优状态。

3.1.3　智能制造的关键技术

智能制造在制造业中的不断推进发展，对制造业中从事设计、生产、管理和服务的应用型专业人才提出了新的挑战。他们必须掌握智能工厂制造运行管理等信息化软件，不但要会应用，还要能根据生产特征、产品特点进行一定的编程、优化。智能制造要求在产品全生命周期的每个阶段实现高度的数字化、智能化和网络化，以实现产品数字化设计、智能装备的互联与数据的互通、人机的交互以及实时的判断与决策。智能制造的关键技术主要分为计算机技术、信息技术、工业电子技术、工业制造技术。

计算机技术自从问世以后，迅速在制造业中得到广泛的应用，在软件方面的应用是实现智能制造的核心与基础，这些软件主要有计算机辅助设计(CAD)、计算机辅助制造(CAM)、计算机辅助工艺(CAPP)、制造执行系统(MES)等。除工业软件外，新一代信息技术、工业电子技术和工业制造技术都是构建智能工厂、实现智能制造的基础。

信息技术主要解决制造过程中离散式分布的智能装备间的数据传输、挖掘、存储和安全等问题，是智能制造的基础与支撑。新一代信息技术包括人工智能、物联网、大数据、云计算、虚拟现实技术等。

工业电子技术集成了传感、计算和通信三大技术，解决了智能制造中的感知、大脑和神经系统问题，为智能制造构建了一个智能化、网络化的信息物理系统。它包括现代传感技术、射频识别技术、制造物联技术，以及现在广泛应用的定时定位技术等。

工业制造技术是实现制造业快速、高效、高质量生产的关键。智能制造过程中，以技术与服务创新为基础的高新化制造技术需要融入生产过程的各个环节，以实现生产过程的智能化，提高产品生产价值。工业制造技术主要包括高端数控加工技术、机器人技术、满足极限工作环境与特殊工作需求的智能材料生产技术、基于3D打印的智能成型技术等。

3.2　工业物联网

3.2.1　物联网概述

物联网(Internet of Things，IoT)可从广义和狭义两方面来考虑：广义物联网可以认为是一个未来环境中所有物体之间都能按需相连，与“未来的互联网”或“泛在网”的愿望相一致，能实现人们在任何时间、地点，使用任何网络与任何人和物的信息交换以及物与物之间的信息交换网；狭义物联网可以认为是指通过信息传感设备，将物体与互联网之间相互链接，进行信息交换和通信，以实现智能化识别、定位、追踪、监控和管理的一种网络技术，其用户端延伸和扩展到了任何物品与物品之间的信息交换和通信。

物联网三个主要特征：

1. 全面感知

全面感知即利用RFID、WSN等随时随地获取物体的信息。物联网接入对象涉及的范围很广，不但包括现在的PC、手机、智能卡等，就如轮胎、牙刷、手表、工业原材料、工业中间产品等物体也因嵌入微型感知设备而被纳入。物联网所获取的信息不仅包括人类社会的信息，也包括更为丰富的物理世界信息，包括压力、温度、湿度等。其感知信息能力强大，数据采集多点化、多维化、网络化，使得人类与周围世界的相处更为智慧。

2. 可靠传递

物联网不仅基础设施较为完善，网络随时随地的可获得性也大大增强，其通过电信网络与互联网的融合，将物体的信息实时、准确地传递出去，并且人与物、物与物的信息系统也实现了广泛的互联互通，信息共享和互操作性达到了很高的水平。

3. 智能处理

智能是指个体对客观事物进行合理分析、判断及进行有目的的行动和有效地处理周围环境事宜的综合能力。物联网的产物是现代传感器技术、射频识别技术、机器视觉技术、网络连接技术不断融合发展的结果，从其自动化、感知化要求来看，它已能代表人、代替人对客观事物进行合理分析、判断及进行有目的的行动和有效地处理周围环境事宜，智能化是其综合能力的表现。

现阶段，从电子信息技术角度来说，物联网是计算机、网络与传感器技术及软件的综合技术。它是将各种物品和需求结合在一起，由一套完整的传感设备所组成的网络，并可按约定的协议，把任何物体与互联网连接起来进行信息交换和通信，以实现智能化识别、定位、跟踪、监控和管理的一种网络，是用以满足人们各种需要的应用技术。物联网从技术架构层次上来看，人们习惯按功能将它分为三层：感知层、网络层和应用层。从物联网基础技术来看，它主要包括两方面的内容：一个是现代传感器技术，将所有物品通过相应的传感器和射频识别(Radio Frequency Identification，RFID)将感知的各种信息变成可以识别的电信号；另一个是网络连接技术，在此技术基础上扩展网络应用，延伸到所有可能的物体和物体之间的通信和信息交换。另外，机器视觉技术通过利用具有感知、通信和计算功能的智能物体来自动地获取现实世界的信息，将这些对象互联，实现全面感知、可靠传输、智能处理，构建人与物、物与物互联的物联网系统。

3.2.2　现代传感技术

无线传感器网络(Wireless Sensor Network，WSN)是一种全新的获取信息的手段，一个被普遍接受的 WSN 的定义为：大规模、无线、自组织、多跳、无基础设施支持的网络，其中节点是同构的，成本较低、体积较小，大部分节点不移动，被随意地散布在监测区域，要求网络系统有尽可能长的工作时间，可以用来实时监测和采集监测区域内的被监测对象的各种信息，并按照一定的方式将这些信息发送到网关节点，以实现目标区域内的对象监测，具有快速展开、抗毁性强等特点，有着广阔的应用前景。

WSN 作为推动物联网发展的主要技术，越来越受到各个行业的青睐，其在物流领域中的应用尤为突出。WSN 的目的是通过传感器节点协作地感知、采集和传输网络覆盖区域内感知对象的信息，并把信息发送给用户。WSN 就是将信息世界与客观物理世界相结合，人们可以通过 WSN 感知世界，极大地扩展现有网络的功能。

1. 基本概念

传感器(Sensor)是由敏感元件和转换元件组成的一种监测装置，它可以感受到被监测对象的温度、湿度等信息，并按照一定规律变换为电信号或者其他所需形式输出，以满足信息的传递、处理、存储、显示、记录和控制等要求。随着微电子、无线通信、计算机与网络技术的发展，推动了低功耗、多功能传感器的快速发展，使其在微小体积内能够集成信息采集、数据处理和无线通信等多种功能。

WSN 是由部署在监测区域内大量微型而又廉价的传感器节点通过无线通信方式组成的一个多跳的具有自组织特性的网络系统，其目的是将覆盖区域中的感知对象的信息进行感知、采集和处理，并最终发送给观测者，WSN 结构如图 3-1 所示。

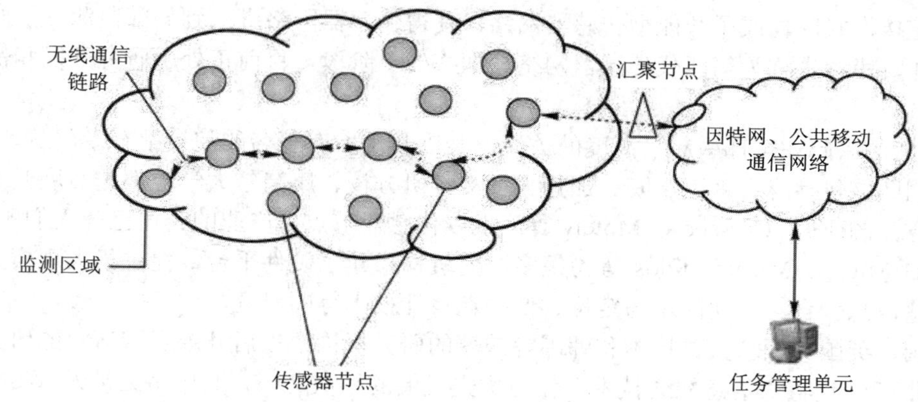

图 3-1　WSN 结构

WSN 的任务是利用监测区域内大量的传感器节点来监测目标区域的对象，收集相关数据，然后通过无线收发装置并采用多跳路由的方式将监测数据发送给汇聚节点，再通过汇聚节点将数据传递到任务管理单元的用户端，从而达到对目标区域的监测。它综合了计算、通信及传感器技术，能够通过各类集成化的微型传感器协作地实时监测、感知和采集各种环境信息，从而实现物理世界、计算机和人类的联通。

传感器、感知对象和观测者共同构成了 WSN 的三个必不可少的要素，WSN 的出现将改变人类和自然界的交互方式，人们可以通过 WSN 直接感知客观世界，扩展现有网络的功能和人类认识世界的能力。WSN 因具有低成本、低功耗、自组网、分布式监测、不需要固定通信设施支持等五大优点，可广泛应用于各行各业。

2. 发展历史

WSN 是信息科学领域中一个全新的发展方向，同时也是新兴学科与传统学科进行领域间交叉的结果。WSN 最初来源于美国先进国防研究项目局(DARPA)的一个研究项目。为了监测敌方潜艇的活动情况，需要在海洋中布置大量的传感器，使用这些传感器所监测的信息来实时监测海水中潜艇的行动。但是由于当时技术条件的限制，使得传感器网络的应用只能局限于军方的一些项目中，难以得到推广和发展。近年来，随着无线通信、微处理器、微机电系统(MEMS)等技术的发展，使得传感器网络的理想蓝图能够得以实现，其应用前景越来越广，国外各个研究机构也兴起了研究热潮。

从 1978 年开始，WSN 历经多年的发展，加上现代微电子、计算机网络、无线通信技术的进步，各种多功能、低功耗的传感器也陆续推出。在这近几十年中，无线传感器网络的发展主要经历了以下四个阶段：

第一阶段：也称为第一代传感器网络，其是由具有点对点信号传输功能的传感器节点所组成的监测系统，初步实现了信息的单向传递，但是存在着抗干扰性差、布线复杂等缺点。

第二阶段：也称为第二代传感器网络，在这一阶段，监测系统由智能传感器和传感控制器所组成，传感器和传感控制器之间采用串/并口相连，使得其相对于第一代监测系统有了显著的综合能力。

第三阶段：也称为第三代传感器网络，这时传感器与传感控制器采用现场总线型的方式相互连接，共同构成了智能型传感器网络，使得传感器网络进入到局部监测的阶段。

第四阶段：也称为第四代传感器网络，即 WSN 阶段，目前正处于研究开发和快速增长期。

WSN 的兴起在全球引起了高度的关注，美国几乎所有著名的院校都有专门从事 WSN 研究的团队，包括麻省理工学院、加州大学洛杉矶分校、康奈尔大学等都先后展开了传感器网络方面的研究。Crossbow、Moteiv 等一批以传感器节点为产业的公司已为人们所熟知，其产品如 Mica2、Micaz、Telos 等为很多研究机构搭建了硬件平台，促进了大规模无线组网、传感信息融合、时间同步与定位、低功耗设计技术等的研究。

德国、英国、加拿大、日本和韩国等国家的研究机构都先后开展了 WSN 的研究。欧盟 6 个框架计划将“信息社会技术”作为优先发展的领域之一，其中多处涉及 WSN 的研究。日本总务省在 2004 年 3 月成立了“泛在传感器网络”调查研究会。韩国信息通信部制定了信息技术 839 战略，其中“3”是指 IT 产业的 3 大基础设施，即宽带融合网络、泛在传感器网络和下一代互联网协议。

我国对 WSN 的研究起步较晚，首次正式启动于 1999 年中国科学院《知识创新工程点领域方向研究》的“信息与自动化领域研究报告”中，第一次出现就被列为该领域的五大重点项目之一。2001 年中国科学院依托上海微系统研究与发展中心，旨在引领中国科学院 WSN 的相关工作。各大高校的学者也相继投入到对 WSN 的研究，北京邮电大学、南京邮电大学和哈尔滨工业大学已经取得了一定的科研成果。国家自然科学基金已经审批了多项与 WSN 相关的课题。

3. 应用领域

WSN 是由大量价格低廉的传感器节点组成的无线网络，它具有分布式处理带来的高监测精度、高容错性、覆盖区域大、可远程监控等优点，同时，随着近年来微型传感器和无线通信技术的不断进步和快速发展，WSN 在各个行业中的应用也逐渐广泛起来，目前 WSN 主要应用于以下几个方面。

1) 军事领域

WSN 因其具有明显的抗毁性和隐蔽性，可以将其应用到作战环境，用于对战场的兵力装备、攻击目标、地形、生物化学和核攻击进行实时监测。众所周知的“智能尘埃”技术已经得到了美国国防部的支持，这些细小如尘埃般的传感器，可以精确感知到金属器械的运动情况和光线、温度、声音的变化情况，并可以及时地将数据传输到作战指挥部。WSN 完全充当了军队的“千里眼”和“顺风耳”，是军队获取敌方情报的重要手段之一。

WSN 已经成为美国网络中心作战体系中面向武器装备的网络系统，是其 C4ISRT (Command, Control, Communication, Computing, Intelligence, Surveillance, Reconnaissanceand, Targeting)系统的重要组成部分，该系统的目标是利用先进的高科技技术，为未来的现代化战争设计一个集命令、控制、通信、计算、智能、监视、侦查和定位于一体的战场指挥系统，因此受到了军事发达国家的普遍重视。

美国科学应用国际公司采用 WSN 构建了一个电子防御系统，为美国军方提供军事防御和情报信息。该系统采用了多个微型磁力计传感器节点来探测监测区域内是否有人携带枪支、是否有车辆行驶，同时系统还可以利用声音传感器节点监测车辆或行人的移动方向。

2) 环境监测和预报

WSN可以用来监测土壤、空气等环境信息，将WSN应用于环境监测和预报中，可以实现对环境条件、水源质量等多种数据的综合采集。例如，将WSN散布到森林中，及时获取森林中的温度信息，在可能达到着火点时及时做好预防工作，从而有效地预防森林火灾的发生。

其中最典型的案例就是2002年大鸭岛的环境监测项目，该项目是由加州大学计算机系和大西洋学院共同设计开发的一个科研项目，主要目的是运用43个传感器监测海岛的生态环境和海燕的生活习性，并远程获取各种监测数据。

3) 精准农业

WSN也可以用来监测土壤的生态特性，包括温度、水分、化学元素、含氧量等状况。比较著名的是英特尔公司的无线葡萄园项目，分布于葡萄园各个角落的WSN节点可以及时监测到土壤的相关状况，从而保障葡萄健康的生长环境，以确保葡萄的正常成长成熟。

4) 智能交通

交通传感网是智能交通系统的重要组成部分，WSN在现代交通系统中得到了很大的应用。上海市重点科技研发计划中的智能交通监测系统就是WSN应用在智能交通中的典型案例。其主要是将传感器节点部署在交叉路口周围，并为路边的立柱、横杠装上汇聚节点，将网关节点集成在路口的信号控制器内，再将终端节点安装在路边或路面下，然后通过传送至交管中心的信息，实现事故避免、交通诱导等功能。

5) 医疗护理

WSN在医疗卫生和健康护理上也具有相当高的研究和应用价值，包括对人体生理数据的无线监测、对医院护理人员和患者进行追踪和监控、医院的药品管理、贵重医疗设备放置场所的监测等。

例如，将具有特殊用途的微小传感器节点安装在病人身上，医生可以随时监测到病人的心率和血压情况，然后给予必要的处理。比较有名的例子就是罗切斯特大学的研究人员创建的WSN智能病房，这种病房可以通过传感器节点来测量病人的血压和脉搏等信息，从而降低了护理难度。

6) 工业方面的应用

在工业环境中，可以利用WSN对生产设备进行实时跟踪和监控，例如英特尔公司通过安装在一家芯片制造厂中的210个传感器，监测40台机器的运转情况，这样不仅降低了用于检查生产设备的成本，而且缩小了机器停机时间，提高了机器运行效率，一定程度上延长了机器的寿命。

7) 空间探索

人类对空间的探索和研究走过了漫长的道路，取得了丰硕的成果。随着人类对空间探索的不断深入，要获取的数据越来越多，成本较低的传感器节点将在其中发挥更加重要的作用。研究人员通过撒播在外星上的WSN节点，就可以监测到该星球的相关信息。例如位于NASA的JPL实验室研制的传感器网络(Sensor Webs)项目，就是为了未来更好地探测火星，目前该系统已经进入测试和完善阶段。

3.2.3　射频识别技术

1. 基本概念

射频识别技术(RFID)是物联网感知层的关键技术之一，射频识别技术是一项利用射频信号通过空间耦合(交变磁场或电磁场)实现无接触信息传递，并通过所传递的信息达到识别目的的技术。它广泛应用于交通、物流、军事、医疗、安全与产权保护等各种领域，可以实现全球范围的各种产品、物资流动过程中的动态、快速地识别与管理。在 RFID 系统中，识别信息存放在电子数据载体中，电子数据载体称为应答器，应答器中存放的识别信息由阅读器读写。读写器与电子标签可按约定的通信协议互传信息，通常的情况下，是由读写器向电子标签发送命令，电子标签根据收到的读写器的命令，将记忆体的标识性数据回传给读写器。这种通信是在无接触方式下，利用交变磁场或电磁场的空间耦合及射频信号调制与解调技术实现的。目前，RFID 技术最广泛的应用是各类 RFID 标签和卡的读写和管理。

2. RFID 的组成

典型的 RFID 系统由 RFID 标签(Tag)、RFID 阅读器(Reader)、天线(Antenna)、计算机四部分组成，如图 3-2 所示。

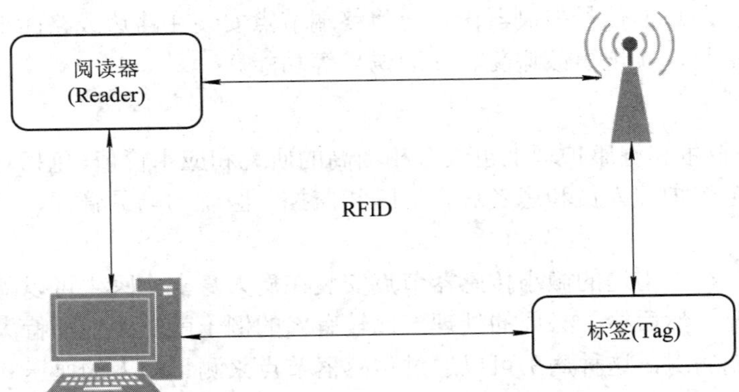

图 3-2　RFID 系统图

RFID 标签又称电子标签、射频卡或应答器，类似货物包装上的条形码功能，记载货物的信息，是 RFID 系统真正的数据载体，用以标识目标对象。RFID 标签是一种集成电路产品，是由耦合器件和专用芯片组成的。RFID 标签芯片的内部结构包括谐振回路、射频接口电路、数字控制和数据存储体四部分。当给移动或非移动物体附上 RFID 标签，意味着把“物”变成了“智能物”，就可以实现对不同物体的跟踪与管理。

RFID 阅读器又称读/写器或读卡器，是读取(或写入)标签信息的设备。RFID 阅读器可以无接触地读取并识别 RFID 标签中所保存的电子数据，从而达到自动识别物体的目的。在 RFID 系统中，射频识别部分阅读器和应答器之间的通信采用无线的射频方式进行耦合。

天线是将 RFID 标签的数据信息传递给阅读器的设备。RFID 天线可分为标签天线和阅读器天线两种类型。这两种天线因工作特性不同，在设计上关注重点也有所不同。对于标签天线，着重考虑天线的全向性、阻抗匹配、尺寸、极化、造价，以及能否提供足够能量驱动 RFID 芯片等方面。对于阅读器天线，考虑更多的是天线的方向性、天线频带等因素。

计算机用作后台控制系统，通过有线或无线方式与阅读器相连，获取电子标签的内部信息，对读取的数据进行筛选和处理并进行后台处理。通常将电子标签、阅读器和天线三者称为前端数据采集系统。

3. RFID 的分类

按照 RFID 电子标签的供电方式可以按照有源标签、无源标签和半有源标签来划分，即有源是指标签内有电池供电，具有读写距离较远，但寿命有限、体积较大、需要定期更换电池的特点，且不适合在恶劣环境下工作；而无源是指标签内没有电池，它将从阅读器接收的电磁波能量转化为电流，电源为标签电路供电，其读写距离相对有源标签短，但寿命长、成本低且对工作环境要求不高；半有源是指其内部自带电池，具有可近距离激活、远距离识别的特点，但标签只能工作在无源状态。

RFID 系统按电子标签的工作方式可分为主动式、半主动式和被动式三种。主动式和半主动式标签内部都携带电源，因此均为有源标签。无源被动式 RFID 标签内部没有电源设备，其内部集成电路通过接收由阅读器发出的电磁波进行驱动，向阅读器发送数据。

RFID 系统按工作频率可以分为低频(LF)、高频(HF)、超高频(UHF)和微波(MF)四种。在实践中，由于对距离、速率及应用的要求不同，需要的射频性能也不尽相同，所以射频识别涉及的无线电频率范围也很广。表 3-1 为 RFID 使用频段对照表，其中低频(Low Frequency，LF)：120～150 kHz，低频标签成本低，但读取的距离近；高频(High Frequency，HF)：13.56 MHz，高频标签具有更高的传输速率和距离，但成本也比低频标签高；超高频(Ultrahigh Frequency,UHF)：433 MHz、860～960 MHz，超高频标签具有更高的传输速率，成本也较其他的高；微波(2.45 GHz、5.8 GHz)的作用范围广，比较耗能。

表 3-1　RFID 使用频段对照表

	频段	优点	缺点	应用
低速(LF)	120～150 kHz	技术简单 成熟可靠	通信速率低 识别距离短(<10 cm)	车辆防盗 动物耳标
高速(HF)	13.56 MHz	较高通信速度 较长通信距离	受金属材料影响 工作距离短(<75 cm)	电子车票 电子身份证
超高速(UHF)	433 MHz 860～960 MHz	识别距离长 无线尺寸小 可同时识别	定向识别 受材料影响大 发射功率受限	集装箱管理 车辆识别
微波(MF)	2.45 GHz、5.8 GHz	高带宽 高通信频率 尺寸更小	定向识别 受材料影响大 发射功率受限 易受干扰 技术复杂	ETC 不停车收费 雷达无线电导航

在射频识别系统工作过程中，空间传输通道中发生的过程可归结为三种事件模型：数据传输、时序和能量。数据交换是目的，时序是数据交换的实现形式，能量是时序得以实现的基础。因此阅读器和应答器之间的交互主要靠能量、时序和数据 3 个方面来完成：

(1) 阅读器产生射频载波为应答器提供工作所需能量。

(2) 阅读器与应答器之间的信息交互通常采用询问—应答的方式进行，所以必须有严格的时序关系，该时序也由阅读器提供。

(3) 阅读器与应答器之间可以实现双向数据交换，阅读器给应答器的命令和数据通常采用载波间隙、脉冲位置调制、编码解调等方法实现传送；应答器存储的数据信息采用对载波的负载调制方式向阅读器传送。

4. RFID 的基本工作原理

电子标签进入磁场后，如果接收到阅读器发出的特殊射频信号，就能凭借感应电流所获得的能量发送出存储在芯片中的产品信息(即无源标签或被动标签)，或者主动发送某一频率的信号(即有源标签或主动标签)，阅读器读取信息并解码后，送至中央信息系统进行有关数据处理。电子标签与阅读器之间通过耦合元件实现射频信号的空间(无接触)耦合，在耦合通道内，根据时序关系，实现能量的传递、数据的交换。

发生在阅读器和电子标签之间的射频信号的耦合类型有两种，分别是电感耦合方式(磁耦合)和电磁反向散射耦合方式(电磁场耦合)两大类。

1) 电感耦合方式

电感耦合方式类似于变压器模型，是阅读器和应答器之间通过磁场(类似变压器)的耦合方式进行射频耦合，通过空间高频交变磁场实现耦合，能量(电源)由阅读器通过载波提供。依据的是电磁感应定律，阅读器产生的磁场强度受到电磁兼容性能的有关限制，因此一般工作距离都比较近，电感耦合方式一般适合于中、低频工作的近距离射频识别系统。阅读器与标签之间的电感耦合方式如图 3-3 所示。

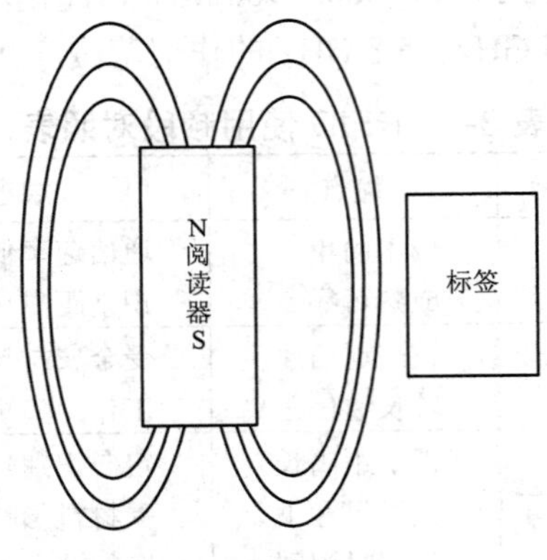

图 3-3　电感耦合方式

2) 电磁反向散射耦合方式

反向散射耦合也称电磁场耦合，依据的是电磁波的空间传播定律。发射出去的电磁波，碰到目标后反射，同时携带回目标信息，其能量的一部分被目标吸收，另一部分以不同的强度被散射到各个方向。在散射的能量中，一小部分反射回了发射天线，并被该天线接收(发射天线也是接收天线)，对接收信号进行放大和处理，即可获取目标的有关信息。电磁反向散射耦合方式一般适合于高频、微波工作的远距离射频识别系统。阅读器与标签之间的电磁反向散射耦合方式如图 3-4 所示。

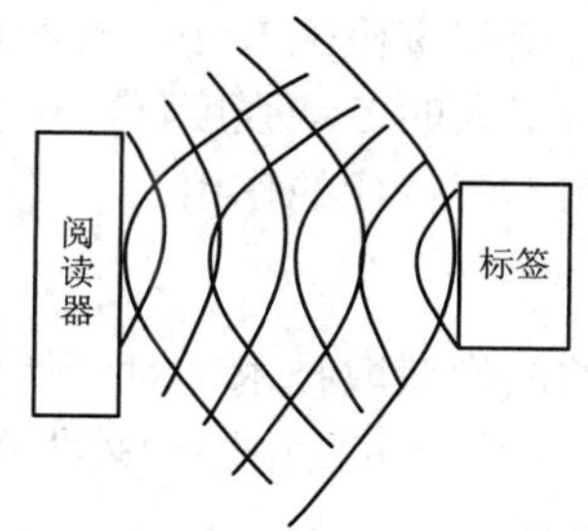

图 3-4　电磁反向散射耦合方式

5. RFID 的特征

射频识别技术作为智能制造中的一种特殊的识别技术，区别于传统的条码、插入式 IC 卡和生物(例如指纹)识别技术，具有下述特征：

(1) 通过电磁耦合方式实现的非接触自动识别技术。

(2) 需要利用无线电频率资源，并且须遵守无线电频率使用的众多规范。

(3) 由于存放的识别信息是数字化的，因此通过编码技术可以方便实现多种应用。

(4) 可以方便地进行组合建网，以完成多种规模的系统应用。

(5) 涉及计算机、无线数字通信、集成电路、电磁场等众多学科。

3.2.4　机器视觉技术

1. 机器视觉的定义

机器视觉是指用计算机实现人的视觉功能，也就是用计算机来实现对客观的三维世界的识别，从客观事物的图像中提取信息，进行处理并加以理解，最终用于实际检测、测量和控制。机器视觉是指用计算机来实现人的视觉功能，也就是用计算机来实现对客观世界的识别。机器视觉系统是指通过机器视觉产品(即图像摄取装置，分 CMOS 和 CCD 两种)将被摄取目标转换成图像信号传输给专用的图像处理系统，根据像素分布和亮度、颜色等信息，转变成数字化信号；图像处理系统对这些信号进行各种运算来抽取目标的特征，进而根据判别结果来控制现场的设备动作。机器视觉是一门学科技术，广泛应用于生产、制造、检测等工业领域，用来保证产品质量、控制生产流程、感知环境等，机器视觉应用示意图如图 3-5 所示。

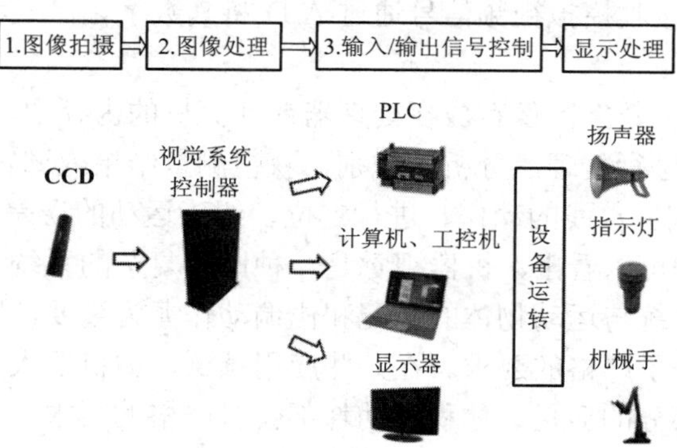

图 3-5　机器视觉应用示意图

在工业生产过程中，相对于传统测量检验方法，机器视觉技术的优点是测量快速、准确、可靠，产品生产的安全性高，工人的劳动强度低，可实现高效、安全生产和自动化管理，对提高产品检验的一致性具有不可替代的作用。

2. 机器视觉系统的构成

机器视觉技术涉及目标对象的图像获取技术，对图像信息的处理技术以及对目标对象的测量、检测与识别技术。机器视觉系统主要由图像采集单元、图像信息处理与识别单元、结果显示单元和视觉系统控制单元组成。

图像采集单元获取被测目标对象的图像信息，并传送给图像信息处理与识别单元。由于机器视觉系统强调精度和速度，因此需要图像采集单元及时、准确地提供清晰的图像，只有这样，图像信息处理与识别单元才能在比较短的时间内得出正确的结果。图像采集单元一般由光源、数字摄像机和图像采集卡等构成。采集过程可简单描述为在光源提供照明的条件下，数字摄像机拍摄目标物体并将其转化为图像信号，最后通过图像采集卡传输给图像信息处理与识别单元。

图像信息处理与识别单元对图像的灰度分布、亮度等信息进行各种运算处理，从中提取出目标对象的相关特征，完成对目标对象的测量、识别和 NG 判定，并将其判定结论提供给视觉系统控制单元。

视觉系统控制单元根据判定结论控制现场设备，实现对目标对象的相应控制操作。

3. 机器视觉系统的工作过程

一个完整的机器视觉系统的主要工作过程如下:

(1) 工件定位检测器探测到物体已经运动至接近摄像系统的视野中心，向图像采集部分发送触发脉冲。

(2) 图像采集部分按照事先设定的程序和延时，分别向摄像机和照明系统发出启动脉冲。

(3) 摄像机停止目前的扫描，重新开始新的一帧扫描，或者摄像机在启动脉冲来到之前处于等待状态，启动脉冲到来后启动一帧扫描。

(4) 摄像机开始新的一帧扫描之前打开曝光机构，曝光时间可以事先设定。

(5) 另一个启动脉冲打开灯光照明，灯光的开启时间应该与摄像机的曝光时间匹配。

(6) 摄像机曝光后，正式开始一帧图像的扫描和输出。

(7) 图像采集部分接收模拟视频信号通过 A/D 将其数字化，或者是直接接收摄像机数字化后的数字视频数据。

(8) 图像采集部分将数字图像存放在处理器或计算机的内存中。

(9) 处理器对图像进行处理、分析、识别，获得测量结果或逻辑控制值。

(10) 处理结果控制流水线的动作、进行定位、纠正运动的误差等。

从上述的工作流程可以看出，机器视觉是一种比较复杂的系统。因为大多数系统监控对象都是运动物体，系统与运动物体的匹配和协调动作尤为重要，所以给系统各部分的动作时间和处理速度带来了严格的要求。在某些应用领域，如机器人、飞行器导航等，对整个系统或者系统的一部分的质量、体积和功耗都会有严格的要求。

4. 机器视觉的应用领域

机器视觉技术伴随计算机技术与现场总线技术的发展已日趋成熟，成为现代加工业和制造业不可或缺的部分，广泛应用于食品和饮料、化妆品、制药、建材和化工、金属加工、电子制造、包装、汽车制造等行业的各个方面。同时，机器视觉技术还能在检测超标准烟尘及污水排放等方面发挥作用。利用机器视觉，能够及时发现机房及生产车间的火灾、烟雾等异常情况。利用机器视觉中的面相检测和人脸识别技术，可以帮助企业加强出入口的控制和管理，提高管理水平，降低管理成本。近年来新兴行业的发展，也为机器视觉拓展了新的市场空间。比如在太阳能领域中，太阳能电池和模块的生产者可以使用机器视觉，装配、检测、识别和跟踪产品。在交通监控领域中可以利用车牌识别技术，发现违章停车、逆行、交通肇事车辆等。在自然灾害领域中，对地震、山体滑坡、泥石流、火山喷发的发现、识别、防范，以及对河流水文状况的监测等方面，机器视觉技术都有巨大应用空间等待发掘。在工业领域中，机器视觉技术根据检测性质和应用范围可分为定量和定性检测两大类，每类又分为不同的子类。在工业在线检测的各个领域，机器视觉技术都十分活跃，如印刷电路板的视觉检查、钢板表面的自动探伤、大型工件平行度和垂直度测量、容器容积或杂质检测、机械零件的自动识别分类和几何尺寸测量等。此外，许多场合使用一些传统方法难以完成检测任务，机器视觉系统则可出色胜任。机器视觉正越来越多地在工业领域代替人类视觉，这无疑很大程度上提高了生产的自动化水平和检测系统的智能水平。

中国机器视觉起步于 20 世纪 80 年代的技术引进，随着 1998 年半导体工厂的整线引进，也带入了机器视觉系统，2006 年以前国内机器视觉产品主要集中在外资制造企业，2006 年开始，工业机器视觉应用的客户群开始扩大到印刷、食品等检测领域，2011 年市场开始高速增长，随着人工成本的增加和制造业的升级需求，加上计算机视觉技术的快速发展，越来越多机器视觉方案渗透到各领域，到 2016 年我国机器视觉市场规模已达近 70 亿元。机器视觉中缺陷检测功能，是机器视觉应用得最多的功能之一，主要检测产品表面的各种信息，缺陷检测系统如图 3-6 所示。在现代工业自动化生产中，连续大批量生产中每个制造过程都存在一定的次品率，单独看虽然比率很小，但相乘后却成为企业难以提高良率的瓶颈，并且在经过完整制造过程后再剔除次品成本会高很多(例如，如果锡膏印刷工序存在定位偏差，且该问题直到芯片贴装后的在线测试才被发现，那么返修的成本将会是初始成本的 100 倍以上)，因此及时检测及次品剔除对质量控制和成本控制是非常重要的，也是智能制造行业进一步升级的重要基石。

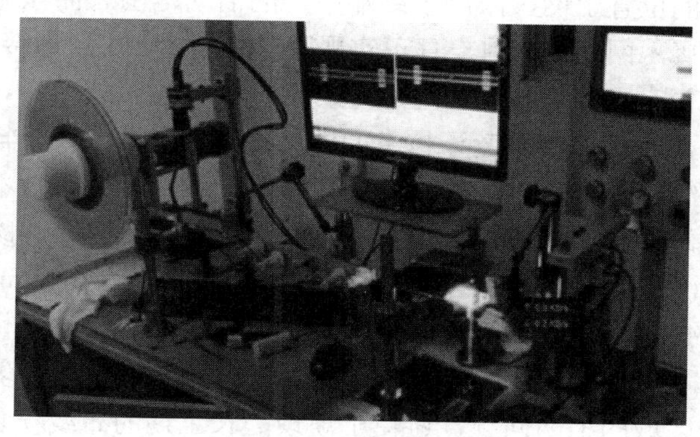

图 3-6 缺陷检测系统

3.2.5　网络连接技术

随着通信技术和微计算机技术的快速发展，无线网络技术得到了爆炸式的发展与应用。无线网络指可以不通过电缆或电线，而是利用无线电技术、红外等传输技术将数据从一个设备传输到另一个设备的网络。无线网络的规模各异，从个域网到局域网和广域网，无线技术也多种多样，包括无线电信号、微波、红外线等。无线网络最显著的优点是可移动性，无线设备不受网络电缆的束缚。与有线网络相比，无线网络也有一定的缺陷，例如同等性能的设备，无线设备要比有线设备价格贵不少，但随着无线技术的流行，它们的价格逐年降低，其速度、覆盖范围、授权以及安全性等方面还有待提高。

1. Wi-Fi

无线通信技术与计算机网络结合产生了无线局域网技术，其中 Wi-Fi 便是 WLAN 的主要技术之一，它是一组在 IEEE 802.11 标准定义的无线网络技术，使用直接序列扩频调制技术在 2.4 GHz/5.8 GHz 频段实现无线传输，这些标准与以太网兼容。同时它也是一个无线通信网络技术的品牌，由 W-iFi 联盟制定。如今 Wi-Fi 已经成为人们日常生活中访问互联网的一种重要方式，Wi-Fi 通过无线电波来连接网络，常见的就是使用无线路由器，在无线路由器的电波覆盖的有效范围都可以采用 Wi-Fi 连接方式上网。如果无线路由器连接了一条 ADSL 线路或者别的上网路线，则可以被称作“热点”(Hotspot)。

网络总体架构主要由无线接入网、数据网和支持网构成。无线接入网由室内型接入点(AP)、室外型 AP、无线网桥等组成，再通过 ADSL、LAN、WiMAX、微波等多种方式接入，汇聚到城域网由网管系统进行管理维护，由认证计费服务器提供认证、计费等服务，在 WLAN 中，每个无线网络用户都需要与一个接入点关联才能获取上层网络的数据，对于特定无线网络用户来说，其所在位置可能被多个 Wi-Fi 接入点覆盖，通常只能选择其中之一建立连接并交换数据。WLAN 还有一种架构模式是自组织模式，在这种模式下不需要接入点这样的基础设施。移动自组织网络(Ad hoc)是一种自治、多跳网络，能够在不能利用或者不便利用现有网络基础设施(如基站、AP)的情况下，提供终端之间的相互通信。由于终端的发射功率和无线覆盖范围有限，因此距离较远的两个终端如果要进行通信就必须借助于其他节点进行分组转发，这样节点之间构成了一种无线多跳网络。

Wi-Fi 与有线接入技术相比，其特点和优势主要体现在用户移动性。在有线接入网络中，用户只能在固定的位置上网，限制了终端用户的活动范围。而在无线网信号覆盖区域内的任何位置都可以接入网络，使用户真正实现随时、随地、随意地接入宽带网络。此外，Wi-Fi 技术还有以下优点：

(1) 覆盖范围广、传输速率快。蓝牙技术的电波覆盖范围非常小，半径大约只有 50ft(约为 15 m)，而 Wi-Fi 的半径则可达 300ft 左右(约为 100 m)，办公室自不用说，就是在整栋大楼中也可使用。最近，Vivat 公司推出了一款新型交换机。据悉，该款产品能够把目前 Wi-Fi 无线网络 300ft(接近 100 m)的通信距离扩大到 4 mile(约为 6.5 km)。Wi-Fi 传输速度非常快，可以达到 54 Mbit/s，适合高速传输业务。

(2) 建设方便性。免去了网络布线等工作，一般只需安装一个或多个无线访问节点设备，就可以解决一个区域的上网问题，避免了烦琐的长工期的布线安装工程。

(3) 投资经济性。有线网络的固有缺点就是缺乏灵活性。在有线接入网规划中考虑到未来的发展，大量的超前投资往往会出现线路利用率低的情况，而在 WLAN 中，只需要增加 AP 设备便可以解决问题。

(4) 健康安全。IEEE 802.11b 规定的发射功率不可超过 100 mW，实际发射功率为 60～70 mW，而手机发射功率为 200 mW～1 W，相对来说，Wi-Fi 辐射更小。

但 Wi-Fi 也存在一些不足，如传输质量的稳定性和安全性。空间的无线电波存在相互影响，特别是同频段、同技术设备之间存在明显影响，会使传输速率明显降低。不仅如此，无线电波传播中遇障碍物会发生不同程度的折射、反射、衍射、信号无法穿透的现象，其传输质量和信号的稳定性都不如有线网络。另外，Wi-Fi 用基于用户的认证加密体系来提高安全性，其安全性和数据的保密性都不如有线接入方式。

2. ZigBee

ZigBee 是一种近距离、低复杂度、低功耗、低数据传输速率、低成本的双向无线通信技术，是为了满足小型廉价设备的无线联网和控制而制定的。作为目前近距离无线通信的主要技术之一，ZigBee 技术在 3C 领域、家庭智能控制、医疗电子、智能交通和工业控制等领域发挥了巨大的作用。

ZigBee 的有效传输距离从几米到几十米，是 IEEE 802 委员会制定的适合无线控制和自动化应用的较低速率的 WPAN 技术之一，遵循 IEEE 802.11.4 标准。类似于码分多址(CDMA)和全球移动通信系统(GSM)网络。ZigBee 数据传输模块类似于移动网络基站。通信距离从标准的 75 m 到几百米、几千米，并且支持无限扩展。ZigBee 是一个由多达 65 000 个无线数据传输模块组成的无线数据传输网络平台，在整个网络范围内，ZigBee 网络数据传输模块之间可以相互通信。对于简单的点到点、点到多点通信(目前有很多这样的数据传输模块)，包装结构比较简单，主要由同步序言、数据、循环冗余校验(CRC)等部分组成。ZigBee 是采用数据帧的概念，每个无线帧包括大量无线包装，包含大量时间、地址、命令、同步等信息，真正的数据信息只占很少一部分，而这正是 ZigBee 可以实现网络组织管理和高可靠传输的关键。同时，ZigBee 采用了媒体访问控制(MAC)技术和直接序列扩频(DSSS)技术，能够实现高可靠、大规模网络传输。ZigBee 的核心协议由 IEEE 802.15.4 工作组制定，高层应用、互联互通测试和市场推广由 ZigBee 联盟负责。ZigBee 联盟是由多个半导体生产商、技术提供者、技术集成商以及最终使用者组成的，主要成员包括英国 Invensys 公司、日本三菱电气公司和荷兰飞利浦半导体公司等。ZigBee 联盟是一个非盈利性业界组织，旨在通过为电子产品加入无线网络功能，为消费者提供更好的服务。ZigBee 相较于其他无线传输技术，主要性能见表 3-2 ，最大特点就是低功耗和低成本。

总的来讲，ZigBee 具备以下技术特点：

(1) 低功耗。ZigBee 传输速率低，发射功率仅为 1 mW，而且采用了休眠模式来降低功耗。据估算，ZigBee 仅靠 2 节 5 号电池就可以维持长达 6 个月到 2 年的使用时间，对于某些占空比[工作时间/(工作时间+休眠时间)]小于 1%的应用，电池寿命甚至可达 10 年，这是其他无线设备所不能比拟的。

(2) 低成本。ZigBee 不仅免专利费而且 ZigBee 模块的初始成本也比较低。

(3) 短时延。通信时延和从休眠激活的时延都非常短，设备搜索时延一般为 30 ms，休眠激活时延为 15 ms，活动设备信道接入时延为 15 ms，相对于 Wi-Fi 需要 3 s 的接入时延更具有优势。

表 3-2　Wi-Fi 技术与 ZigBee 技术性能比较

	Wi-Fi(802.11)	ZigBee(802.15.4)
功耗	大	小
电池寿命	短	长
网络节点	30	256 或者更多
传输距离	100 m	1~100 m
传输速率	11 Mbit/s	20/250 Kbit/s
传输介质	2.4 GHz 射频	2.4 GHz 射频

(4) 网络容量大。一个 ZigBee 的网络最多可以容纳 254 个从属设备和一个主控设备，而且组网方式灵活。

(5) 数据传输可靠。ZigBee 的介质访问控制层采用“talk-when-ready”的碰撞避免机制，每个发送的数据包都必须等待接收方的确认消息，出现问题采取重发机制。

(6) 高安全性。ZigBee 提供了基于循环冗余检验(CRC)的数据包完整性检查功能和鉴权功能，在传输中采用高级加密标准(Advanced Encryption Standard，AES)算法，确保数据的安全性。

3.2.6　物联网的应用

物联网作为一项前沿技术，已经逐步融入生产生活的多个应用场景。近年来，物联网开始广泛应用于交通、物流、家居、医疗健康等领域，人们在潜移默化中受到了物联网的影响。与此同时，智能家居、智慧交通等物联网的行业应用正日益成熟，整个物联网应用市场的细分化特点也日益显现。以下为物联网技术在日常生活中的应用案例。

案例 1：应用 RFID 技术于电子收费系统

电子收费(ETC)系统是智能交通(ITS)系统的重要组成部分。ETC 系统是一种能实现不停车收费的全天候智能型分布式计算机控制、处理系统，是现代传感技术、电子技术、通信技术、计算机技术、自动控制技术、交通工程和系统工程的综合产物，是典型的物联网应用。当车辆通过拥有 ETC 系统的收费站时，ETC 系统自动完成所过车辆的登记、建档、收费的整个过程，在不停车的情况下收集、传递、处理该汽车的各种信息。

使用射频识别技术的 ETC 系统的关键是利用车载电子标签与收费站车辆自动识别系统的无线电收发器之间，通过车道微波天线进行数据交换，获取车辆的类型和所属用户等相关数据，并由计算机系统控制指挥车辆通行，其费用通过计算机网络从用户所在数据库专用账号中自动缴纳。

如图 3-7 所示，ETC 系统的工作流程如下：

(1) 车辆进入通信范围时，首先压到地感线圈上，启动天线。

(2) 天线与车载单元进行通信，判别车载单元是否有效。如有效，则进行交易；如无效(无效卡、无卡、假卡、低值卡等)，则报警(通信信号灯变红)，并保持车道关闭，进行人工收费。

(3) 如交易成功，系统控制栏杆抬升，通行信号灯变绿色，收费额显示牌显示交易信息。

(4) 车辆通过落杆线圈后，栏杆自动回落，通信信号灯变成红色。

(5) 系统保持交易记录，并将交易信息上传至收费站服务器中，等待下一辆车进入。

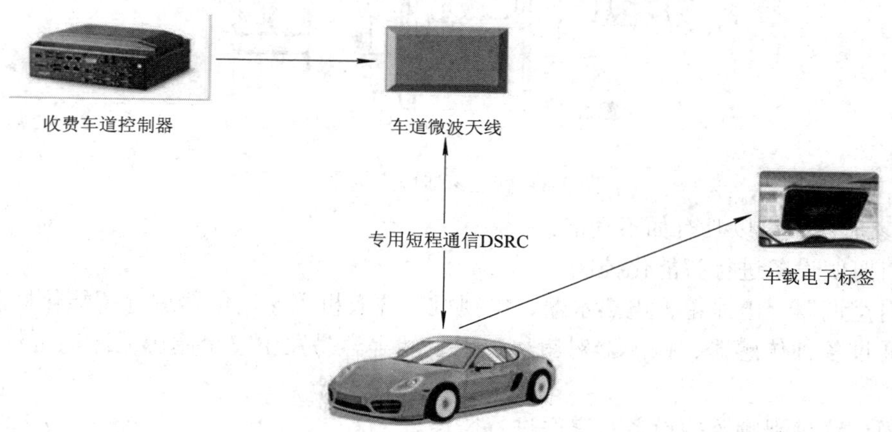

图 3-7　ETC 系统的工作流程

整个 ETC 系统分为数据采集模块、数据传输模块和后台数据处理模块三个部分。

(1) 数据采集模块：采用 RFID 技术，主要由 RFID 车载超高频无源射频标签和电子读头设备、高速长距离超高频读写器组成。RFID 可以采取非接触的射频通信方式，通过读写器与标签的无线通信实现数据采集，识别标签载体的身份等特征。

(2) 数据传输模块：以调整公路光纤网作为基础、以无线网络为补充的数据传输方案。

(3) 后台数据处理模块：负责基础数据的管理、系统安全管理、费用运算、路径运算、通行费拆分、系统相关报表管理等，以及提供与车载电子标签联名卡的办理、代扣通行费等金融方面的服务。

系统的三个模块组合在一起，形成一个完整的物联网，实现 ETC 功能。将先进的信息技术、数据通信传输技术、电子控制技术以及计算机处理技术综合、有效地运用于公路运输管理系统，构成强大的交通“物联网”，将成为 21 世纪现代化运输体系的基本模式和发展方向，也是交通运输现代化的一个重要标志。

案例 2：应用 WSN 技术于智能家居

智能家居最早兴起于国外，进入我国也只有十几年的历史，目前智能家居市场在我国已初具规模，有一定数量的消费人群。物联网技术的应用赋予了智能家居更新的内涵，现在的智能家居主要指物联网技术下的智能家居。

智能家居(Smart Home)又称智能住宅，是以家庭住宅为平台，如图 3-8 所示，利用计算机技术、数字技术、安全防范技术、自动控制技术、音频视频技术、网络通信技术和综合布线技术，将与家庭生活密切相关的防盗报警系统、家电控制系统、网络信息服务系统等各子系统有机地结合在一起，通过中央管理平台，构建高效的住宅设施和家庭日程事务的管理，提升家居安全性、便利性、舒适性、艺术性，并实现环保节能的家居环境。

图 3-8　智能家居应用场景

智能家居系统可以具有如下功能：

(1) 对照明设备进行智能化控制。

(2) 对空调器、电冰箱、电热水器、电视机、洗衣机等家用电器进行智能化控制。

(3) 通过各种传感器、探测器对厨房、卫生间等容易发生安全隐患的区域进行自动监控和报警。

(4) 通过这种视频监控设备对家庭进行监控。

(5) 通过因特网利用 PC 或者各种移动终端对家庭环境下的各种设备进行远程访问和控制。

由于 WSN 具有灵活性、移动性和可扩展性的特征，因此在建筑物内可以灵活、方便地布置各种无线传感器，依靠分布式传感器组成无线网络，获取室内诸多的环境参数，进而实施控制，协调并优化各家居子系统。

将 WSN 技术应用到智能家电子系统中，在不同空间安装检测环境信息的传感器，并与空调控制系统合理联通，构成具有无线传感功能的无线控制网络，分别按照需求调节环境参数，不但节约能源、降低安装成本，更加体现了家居的智能化和人性化。采用 WSN 技术，将安全防范和智能监控子系统中的各种报警与探测传感器组合，构建一个具有 WSN 功能的新型安全防范系统，将大大促进智能家居安全防范系统的网络化、数字化、智能化。WSN 技术也可用于灯光照明控制子系统与智能监控子系统中的各种参数的测量与控制。

另外，WSN 技术在智能家居中有着广阔的前景。智能家居行业发展主要分为三个阶段，单品连接、物物联动和平台集成。当前，各个智能家居类企业正处在从单品向物物联动的过渡阶段。智能家居系统的设计目标是将住宅中的各种家居设备联系起来，随后走向不同单品之间的联动，最后向智能家居系统平台发展，使它们能够自动运行、相互协作，为人类的生活环境提供更多的便利和舒适。

3.3 大 数 据

3.3.1 大数据概述

随着社会的发展，技术的不断进步，人们驾驭和管理的业务范围逐步扩大，特别是互联网出现以后，社交网络、社交商务平台上的数据、图像、声音及视频的数据增长量远远大于传统的管理系统中运行的结构性数据的数量。由于这部分数据的涌现，管理组织中的对象从一般的数据管理发展到大数据管理。一般的数据定义是基于信息技术发展早期的信息系统里数据库中的数据，或管理本地的数据或驾驭远程的数据库。到了近几年，管理模式不断创新，社会网络的出现、跨界数据管理，以及物联网增长，都催生了大数据的出现。

1. 基本概念

大数据技术是一系列面向海量数据进行采集、存储、计算与分析，并从中提取信息和知识的技术总称。产业界普遍认为大数据是指具有 4 V 特征，即 Volume(数据量大)、Variety(类型复杂)、Velocity(速度快)和 Value(价值)的数据集合。大数据的特征如表 3-3 所示。

表 3-3　大数据的特征

方　面	特　征
容量(Volume)	数据量巨大，来源多渠道
种类(Variety)	数据类型的多样性
速度(Velocity)	获得数据的速度
价值(Value)	合理运用大数据，以低成本创造高价值

(1) 在数据量方面，据国际权威机构 IDC 测算，当前全球数据总量正在以每年 20%以上的速度增长，估计 2021 年将达 50.5ZB，其中 1ZB 指十万亿亿字节，约是常用单位 TB 的 10 亿倍，相当于 776 万个中国国家图书馆的数据量。

(2) 在类型复杂方面，数据的主要类型从传统的结构化数据不断向非结构化数据方向转移，预计 2021 年年底我国非结构化数据占比将达到 90%。非结构化数据没有预定义的数据模型或组织方式，实际类型纷繁复杂，常见类型包括文本、图片、视频、音频等。

(3) 在速度方面，伴随着数据应用以及服务形式的改变，数据实时结果开始深刻影响业务反馈。对于数据处理速度的要求，从最初的静态持久化存储以供查询到后来的大规模批处理，如今已转变为实时化数据处理。

(4) 在价值方面，伴随数据量的爆炸性增长和数据处理性能飞速优化，从前难以想象的计算能力应用于庞杂的数据海洋中，各种深藏海底的价值将不断浮现。

2. 发展历史

“大数据”从诞生到发展经历了三个阶段。

(1) 萌芽阶段(20 世纪 90 年代末至 21 世纪初)。1997 年，美国国家航空航天局在数据可视化的研究中首次使用了“大数据”的概念。在这一阶段，大数据只是作为一个设想或概念出现，并未在具体的数据处理技术上有进一步的探索。

(2) 发展阶段(21 世纪初至 2012)。2003—2006 年，Google 的“三驾马车”——分布式文件系统 GFS、分布式计算框架 MapReduce 和数据库 BigTable 提供了一种以分布式方式组织海量数据存储与计算的新思路。受此启发，专门开发维护大数据技术的独立项目 Hadoop 诞生了。Hadoop 是一个分布式系统的软件框架，在此之上，用户可以使用简单的编程模型，跨计算机集群对庞大的数据集进行处理。Hadoop 的两个组件——分布式文件系统 HDFS 和大数据计算引擎 MapReduce 分别负责数据的存储和处理。开源的 Hadoop 推动了大数据的蓬勃发展，一系列建立在 Hadoop 基础之上、用于大规模数据分析和挖掘的工具产品相继出现，大数据技术生态逐渐形成。

(3) 应用阶段(2012 年至今)。基础技术的成熟推动研究深入实际应用。从 2012 年开始，商业、医疗、金融、交通等诸多领域开始涌现大数据应用的成功案例。此时，业务和效率的需求催生技术不断突破。基于内存的计算框架 Spark，突破了运算成本和速度的限制，解决了 MapReduce 迭代计算产生大量无谓消耗的问题；Storm、Flink 等流式计算引擎提供实时计算的能力，为分析的时效性需求提供了有力支撑。大数据迎来了全面兴盛的时期，形成了以 Hadoop 与 Spark 为核心的成熟生态体系，底层技术基本成熟，成为支撑型的信息技术基础设施。

从未来发展趋势来看，大数据技术将与其他技术不断融合，向异构多模、超大容量、超低时延、更低技术门槛和更高智能水平等方向拓展。与此同时，全球也越来越注意到大数据技术给个人信息保护带来的新挑战。数据隐私保护、数据流通与交易、数据资产运营等正在成为大数据领域备受关注的方向。大数据技术体系如图 3-9 所示。

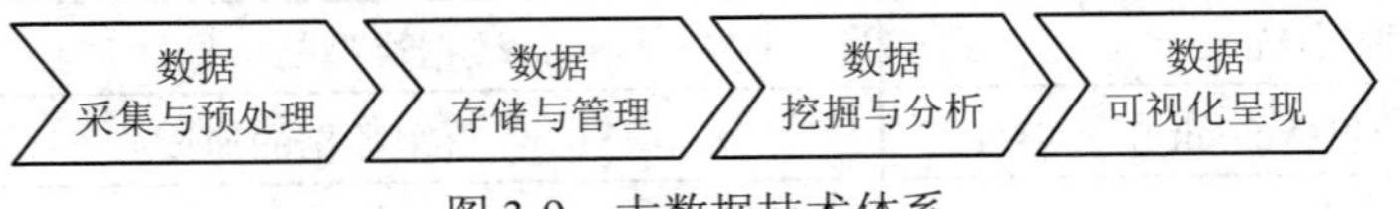

图 3-9　大数据技术体系

当前，大数据在各行各业的深入应用，正改变着人们的生产生活。制造业利用工业大数据分析工艺流程、改进生产工艺、优化生产过程能耗、提升制造水平；金融行业利用大数据在高频交易、社交情绪分析和信贷风险分析三大创新领域中发挥重大作用；互联网行业借助大数据技术分析客户行为，进行商品推荐和针对性广告投放；能源行业中电力公司利用大数据技术分析用户用电模式，合理设计电力需求响应系统，确保电网运行安全；物流行业利用大数据优化物流网络，提高物流效率，降低物流成本；城市管理利用大数据实现智能交通、环保监测、城市规划和智能安防；医学健康领域则利用大数据实现流行病预测、智慧医疗、健康管理，还可以解读 DNA，了解更多的生命奥秘。

除了技术方面的变革外，大数据也改变着人们的思维观念。吉姆 · 格雷(Jim Gray)在“科学方法的革命”演讲中提出将科学研究分为四类范式，依次为实验归纳、模型推演、仿真模拟和数据密集型科学发现(Data-intensive Scientific Discovery)。其中的“数据密集型”就是现在人们所称的“科学大数据”。相对于第三范式的基于某种假设搜集数据进行验证，基于大数据的第四范式，是在有了大量已知数据的基础上，通过计算得出此前未知的理论。维克托 · 迈尔 · 舍恩伯格在《大数据时代》中指出，大数据时代最大的转变，就是放弃对因果关系的渴求，取而代之关注相关关系。也就是说，只要知道“是什么”，而不需要知道“为什么”。这就颠覆了千百年来人类的思维惯例。这也是大数据在方法论和研究理念方面带来的变革。

近年来，我国大数据产业蓬勃发展，融合应用不断深化。我国大数据技术整体发展属于“全球第一梯队”。我国独有的大体量应用场景和多类型实践模式，促进了大数据领域技术创新速度和能力水平，处于国际领先地位。在技术全面性上，我国平台类、管理类、应用类技术均具有大面积落地案例和研究；在应用规模方面，我国已经完成大数据领域的最大集群公开能力测试，达到了上万台节点；在效率能力方面，我国大数据产品在国际大数据技术能力竞争平台上也取得了前几名的好成绩；在知识产权方面，2018 年我国大数据领域专利公开量约占全球的 40%，位居世界第二。但与此同时，缺少自主创新、核心技术竞争力不足也仍是目前我国大数据技术发展的一个短板。我国大数据技术大部分为基于国外开源产品的二次改造，虽然在局部技术实现了单点突破，但大数据领域系统性、平台级核心技术创新仍不多见。

3.3.2　数据采集与预处理

数据采集与预处理是利用大数据进行知识服务的基础。顾名思义，数据采集是从传感器、社交网络、移动互联网等现代信息传递方式中收集、获取数据。由于原始数据往往体量巨大、价值密度低，而且某些记录难免存在遗失和错记，收集到的原始数据可能不够干净整洁，不利于后续信息提取工作的开展。这就需要进行数据预处理，通过对原始数据进行清洗、集成、转换等一系列操作，填补遗漏、消除重复，将数据转换成分类、统一、适合挖掘的形式，提高数据质量。

1. 数据采集的常用方法

1) 系统日志采集方法

很多互联网企业都有自己的海量数据采集工具，多用于系统日志采集，如 Hadoop 的 Flume、Kafka 的 Sqoop 等，这些工具均采用分布式架构，能满足每秒数百 MB 的日志数据采集和传输需求。

2) 网络数据采集方法

网络数据采集是指通过网络爬虫或网站公开 API 等方式从网站上获取数据信息。该方法可以将非结构化数据从网页中抽取出来，将其存储为统一的本地数据文件，并以结构化的方式存储。它支持图片、音频、视频等文件或附件的采集，附件与正文可以自动关联。除了网络中包含的内容之外，对于网络流量的采集可以使用 DPI 或 DFI 等带宽管理技术进行处理。

3) 数据库采集系统

一些企业会使用传统的关系型数据库 MySQL 和 Oracle 等来存储数据。除此之外，Redis 和 MongoDB 这样的 NoSQL 数据库也常用于数据的采集。企业每时每刻产生的业务数据，以数据库一行记录形式被直接写入数据库中。通过数据库采集系统直接与企业业务后台服务器结合，将企业业务后台每时每刻产生的大量业务记录写入数据库中，最后由特定的处理分析系统进行系统分析。由于企业生产经营数据是保密性要求较高的数据，可以通过与企业或研究机构合作，使用特定系统接口等相关方式采集数据。

2. 数据清洗

在大数据环境下，要做好数据分析并以此做出数据判断的基础工作是数据清洗。由于大数据的维度包含了数量、种类、速度和精确性等，在如此大维度的数据中不可避免地存在着粗糙的、不合时宜的数据，如何将这些“脏”数据有效转化成高质量的专家数据，就涉及数据清洗。数据的质量能体现出数据的价值，更是知识服务水平的保障。

数据清洗的主要任务是通过识别缺失值、异常数据、不一致数据和重复数据，为大数据分析接下来的步骤提供高质量的数据，使分析结果更客观、更可靠。

1) 缺失值

对于缺失值的处理一般是想方设法把它补上，或者干脆弃之不用。一般处理方法有忽略元组、人工填写缺失值、使用一个全局变量填充缺失值、使用属性的中心度量填充缺失值、使用与给定元组属同一类的所有样本的属性均值或中位数、使用最可能的值填充缺失值。

2) 异常数据

异常数据，即异常值(离群点)，是指测量数据中的随机错误或偏差造成其偏离均值的孤立点。在数据处理中，异常值会极大地影响回归或分类的效果。数据清洗的一般过程如图 3-10 所示。

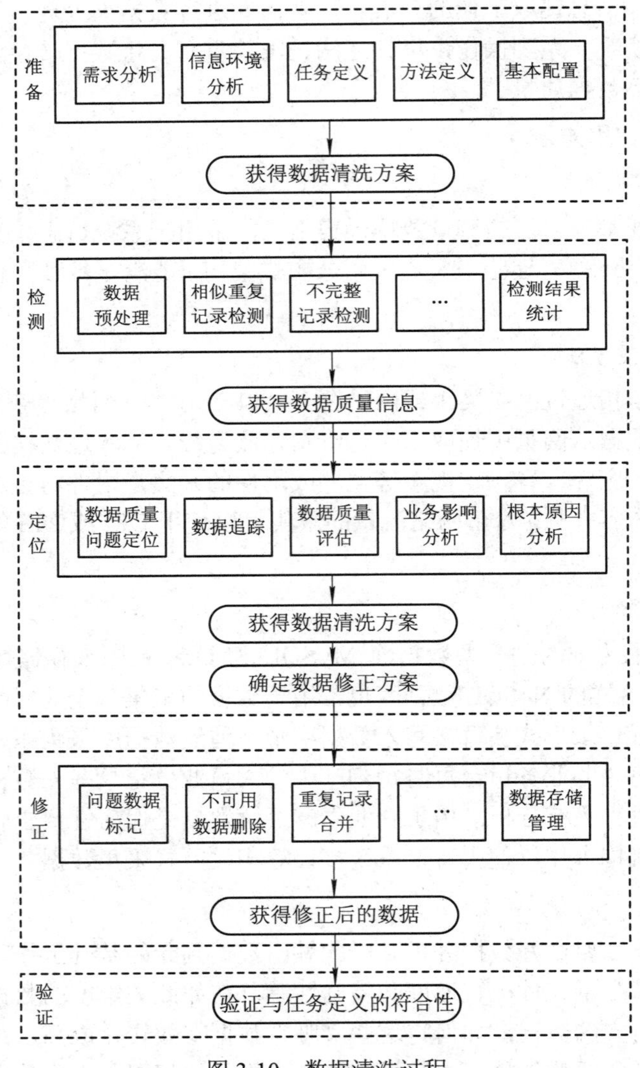

图 3-10　数据清洗过程

3. 数据变换

通常情况下，现实生产中的数据是杂乱的，不同的业务变量代表含义不一，造成变量值千差万别。数据变换是将数据从一种格式或结构转换为另一种格式或结构的过程，将数据进行规范化处理，这对于数据集成和数据管理等活动具有至关重要的作用。数据变换的方法一般包括规范化和函数变换。

数据变换可分为属性类型变换与属性值变换。在数据处理过程中，为了后续工作的方便，往往需要将原始数据的属性转换成目标数据集的属性类型。可以使用数据概化与属性构造等方法进行属性变换。属性值变换，即数据标准化，是指将属性值按比例进行缩放，使之落入一个特定的区间，以消除数值型属性因大小不一而造成的挖掘效果的偏差。数据标准化主要有最大-最小标准化、0-1 标准化、零-均值标准化和小数定标标准化。

3.3.3 数据存储与管理

数据规模的飞速增大，使得非结构化数据的存储需求显著增多。以适当的方式组织和管理数据不仅使得大规模的数据存储成为可能，也利于后续的访问和部署。数据库以记录和字段为单位对数据进行管理，进而实现了数据整体的结构化。最早出现的 SQL 关系型数据库是以关系模型(行和列的二维表结构)来组织数据，虽然结构易于理解，但不够灵活。随后出现的 NoSQL 非关系型数据库则以键值对、列、图等非关系模型存储数据，通过简化数据模型提高数据库的吞吐量和扩展能力。再之后的 NewSQL 新型关系型数据库则在保持传统数据库一些特性的基础上，提高了性能，既能提供 SQL 数据库的数据质量，也能提供 NoSQL 数据库的可扩展性，成为目前数据库领域十分关键的一种形式。

3.3.4 数据挖掘与分析

1. 数据挖掘的定义

数据挖掘又译为资料探勘、数据采矿，就是从大量数据(包括文本)中挖掘出隐含的、未知的、对决策有潜在价值的关系、模式和趋势，并用这些知识和规则建立用于决策支持的模型，提供预测性决策支持的方法、工具和过程；是利用各种分析工具在海量数据中发现模型和数据之间关系的过程。这些模型和关系可以被企业用来分析风险、进行预测。

1) 数据挖掘是个交叉复合领域

数据挖掘不是有限的几种工具或算法，例如聚类、分类和预测等，它是一个目的性导向的学科，目的是从数据中获取知识、规则或其他可直接、间接用以产生效益的信息。广义上的数据挖掘是和概率统计、高等数学、数学分析、离散数学等数学分支无法清楚分割的，也是和数据库、网络、大数据等技术无法分割的，更是和各行各业的专业知识和业务需求无法分割的。

2) 数据挖掘不追求处理方法，只是为了获取知识

数据挖掘的目的是获得知识，至于用了什么手段获得，那只是从愿望到目的的桥梁，重要的是结果。在数据挖掘应用中，不是处理方法越复杂就越好，有时即使是非常简单的方法也可以睿智地理解数据。

3) 数据挖掘是一种探索性的活动

由数据所表达的大量事物中通常可能蕴含了一些规律或知识，但谁也不敢保证一定有。另外，挖掘大量数据中所隐含的知识本身，无论从技术上还是从专业上都是一项极富挑战性的工作。因此，数据挖掘是一种探索性质的活动。探索性质的活动意味着过程可能会很艰辛，结果可能不可预料。所以，如果数据挖掘的结果达不到人们的预期，一种可能是技术、方法不行，另一种可能是数据没有能够真实描绘、反映事物，还有一种可能是事物中没有蕴含想要的东西。但是，由于隐含知识通常比表象知识具有更大的价值，而需要不断地去追求，因此，数据挖掘要不停地探索。

4) 数据挖掘是有目的的活动

数据挖掘的方向是由业务需求所决定的，知识发现是一项目的性很强的工作。不同的数据挖掘目的所涉及的技术、方法，甚至投入的人力、物力都大有不同，要选择恰当的目的，使得数据挖掘工作和成本可控。因此，数据挖掘通常分为评估性初探、计划、评估、实施、再评估、部署、维护等过程。如果数据挖掘目的不明确、缺乏效果评估和风险评估，则项目失败会在所难免。

2. 数据挖掘与分析的常见方法

1) 聚类分析

聚类分析又称群分析，是指对样品或指标进行分类的一种多元统计分析方法。它们讨论的对象是大量的样品，要求能合理地按各自的特性来进行合理的分类。没有任何模式可供参考或依循，即在没有先验知识的情况下进行。聚类分析的目标就是在相似的基础上收集数据然后分类。聚类的计算方法包括分裂法(Partitioning Methods)、层次法(Hierarchical Methods)、基于密度的方法(Density-based Methods)、基于网格的方法(Grid-based Methods)和基于模型的方法(Model-based Methods)。

2) 关联规则

若两个或多个变量的取值之间存在某种规律性就称为关联。关联可分为简单关联、时序关联、因果关联，关联分析的目的是找出数据库中隐藏的关联网。关联规则是指数据之间的简单使用规则，或数据之间的相互依赖关系。关联规则反映了项目集 X 出现的同时，项目集 Y 也会跟着出现，如购买钢笔同时会购买墨水。衡量关联规则有两个标准，一个叫支持度，另一个叫置信度。如果两个都高于阈值，那么叫强关联规则。如果只有一个高于阈值，则称为弱关联规则。

3) 决策树

决策树(Decision Tree)起源于概念学习系统(Concept Learning System，CLS)。决策树是在已知各种情况发生概率的基础上，通过构成决策树来求取净现值的期望值大于等于零的概率、评价项目风险、判断其可行性的决策分析方法，是直观运用概率分析的一种图解法。图 3-11 给出了决策树的结构。由于这种决策分支画成图形很像一棵树的枝干，故称为决策树。决策树是一种通过对历史数据进行测算，实现对新数据进行分类和预测的算法。简单来说，决策树算法就是通过对已有明确结果的历史数据进行分析，寻找数据中的特征，并以此为依据对新产生的数据结果进行预测。决策树由 3 个主要部分组成，分别为决策节点

(根节点)、分支和叶子节点。其中决策树最顶部的决策节点是根决策节点，每一个分支都有一个新的决策节点。决策节点下面是叶子节点。每个决策节点表示一个待分类的数据类别或属性，每个叶子节点表示一种结果。整个决策的过程从根决策节点开始，从上到下。根据数据的分类在每个决策节点给出不同的结果。

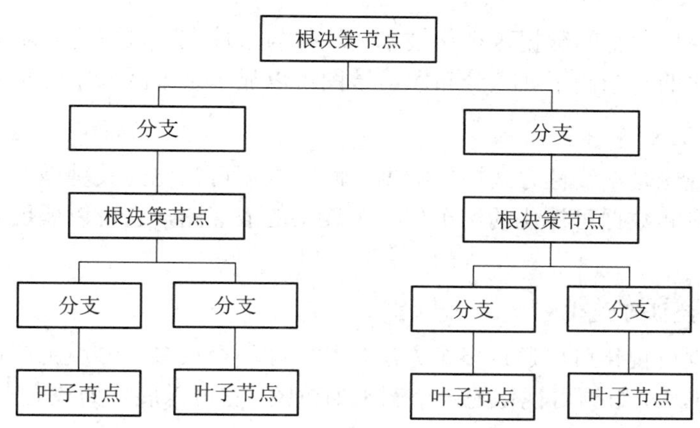

图 3-11　决策树示意图

4) 神经网络

神经网络可以指向两种，一种是生物神经网络，另一种是人工神经网络。生物神经网络一般指生物的大脑神经元、细胞、触点等组成的网络，用于产生生物的意识，帮助生物进行思考和行动。人工神经网络(Artificial Neural Networks，ANNs)也简称为神经网络(NNs)或连接模型(Connection Model)，它是一种模仿动物神经网络行为特征，进行分布式并行信息处理的算法数学模型。这种网络依靠系统的复杂程度，通过调整内部大量节点之间相互连接的关系，从而达到处理信息的目的。数据挖掘的神经网络，正是人工神经网络，指的是一种应用类似于大脑神经突触连接的结构进行信息处理的数学模型。也就是说，神经网络是一种运算模型，由大量的节点(或称神经元)相互连接构成。每个节点代表一种特定的输出函数，称为激励函数(Activation Function)。每两个节点间的连接都代表一个对于通过该连接信号的加权值，称为权重，这相当于人工神经网络的记忆。网络的输出，则依网络的连接方式、权重值和激励函数的不同而不同。而网络自身通常都是对自然界某种算法或者函数的逼近，也可能是对一种逻辑策略的表达。

3.3.5　数据可视化

1. 数据可视化的定义

数据可视化旨在借助于图形化手段，清晰有效地传达与沟通信息。但是这不意味着，数据可视化就一定因为要实现其功能用途而令人感到枯燥乏味，或者是为了看上去绚丽多彩而显得极端复杂。为了有效地传达思想，美学形式与功能需要齐头并进，通过直观地传达关键的方面与特征，从而实现对于相当稀疏而又复杂的数据集的深入洞察。数据可视化与信息图形、信息可视化、科学可视化以及统计图形密切相关。当前，在研究、教学和开发领域，数据可视化乃是一个极为活跃而又关键的方面。“数据可视化”这条术语实现了成熟的科学可视化领域与较年轻的信息可视化领域的统一。

2. 数据可视化的常见方法

1) 地理空间数据可视化

这种方法使用地理空间数据可视化技术，往往与事件在某块特定区域的位置相关。地理空间数据可视化的一个例子如点分布图，该图可以显示某个区域中的犯罪等信息。

2) 时间数据可视化

时间数据可视化是以线性方式展现数据。时间数据可视化的关键是有一个开始和一个结束的时间点。时间数据可视化的例子如一个连接的散点图，它可以展现诸如某一区域的温度等信息。

3) 多维方法数据可视化

多维方法数据可视化可以通过多维方法将数据在两个或多个维度上展现。这是最常用的方法之一。多维方法数据可视化的一个例子如饼图，它可以展示如政府支出之类的信息。

4) 层次化数据可视化

层次化数据可视化被用于呈现多组数据。这些数据的可视化通常在大群体内嵌套小的群体。层次化数据可视化的例子如一个树图，它可以展示语言组团等信息。

5) 网络数据可视化

数据也能以相互关联的网络形式被展现，这是另一种展现大量数据的常见方法。网络数据可视化方法的一个例子如冲积关系图，它可以展示医疗行业的变化等信息。

3.3.6 大数据的应用

大数据研究的主要目标是以有效的信息技术手段和计算方法，获取、处理和分析各种行业的大数据，发现和提取数据的深度价值，为行业提供高附加值的应用和服务。大数据在各行各业特别是公共服务领域具有广阔的应用前景，也会对社会各个领域产生深刻的影响，如今各行各业开始高度关注大数据的研究和应用。在云计算技术和非结构化数据存储技术的助力下，大数据已经成为当前学术界、工业界的热点和焦点。从公司战略到产业生态，从学术研究到生产实践，从城镇管理乃至国家治理，都将发生本质的变化，大数据将成为时代变革的力量。

案例 1：株洲冶炼集团智能工厂

株洲冶炼集团股份有限公司(简称株冶集团)是国家自“一五”期间开始建设的重点企业，铅锌年生产能力达到 60 万吨。其锌产量为中国第一、世界第三，是我国主要的铅锌生产和出口基地、中国铅锌冶炼行业的标杆企业、国家级高新技术企业，也是国家第一批循环经济建设试点企业。株冶集团智能制造以绿色、安全、高效为目标，以大数据分析平台为核心，打通各子系统间的业务流程，对全厂信息进行集成化与可视化；采用大数据分析技术对 MES、ERP、OA 所形成的生产数据、运营数据进行处理和业务建模，通过优化控制、分析预测、安健环管控、供应链优化等大数据应用实现企业智能化生产与管理。株冶集团数字化、网络化、智能化总体架构以扁平化管理、智能化生产为目标，以业务导向性、技术前瞻性、整体一致性、信息集成性为指导，主要特色和亮点为业务系统集成协同优化与大数据驱动的运行优化。

大数据驱动的运行优化。以湿法炼锌全流程的绿色、安全、高效为核心目标，以大数据平台为支撑，对生产装备、工艺参数、能源管理、金属平衡、供应管理等流程的机理和数据进行建模分析，实现大数据驱动的各业务场景运行优化，主要内容如下。

(1) 面向工艺指标优化的装备自动化。针对锌冶炼过程配料、焙烧、浸出、净化、电解五工序，通过生产大数据分析，基于产量、锌浸出率等生产指标对温度、压力、pH 等工艺指标进行分析优化，完成基础自动化到工艺指标自动化的升级改造，最终实现装备自动优化运行。

(2) 全流程高效绿色生产的多工序协调优化。面向锌冶炼工艺流程，考虑全流程能耗指标、物耗指标、生产计划及产量指标，分别构建沸腾焙烧过程智能控制、浸出过程多反应器优化控制、净化过程协调优化控制、能耗最优的电解过程智能控制等系统进行协调优化，实现流程绿色高效生产。

(3) 基于 PDCA 循环的能源全生命周期管理。基于企业能源计划、企业能耗指标及部门能耗指标等数据，对能源平衡、能耗实绩、设备能耗等进行分析，实现能源集中监督调度、能源异常预警及能耗趋势预测，并进行精细管理节能、优化调度节能、设备改造节能实现企业精准实时能源平衡分析及全生命周期优化。

(4) 物料追踪管理与金属平衡。通过对物料数据的大数据分析，实现对物料准确定位跟踪；通过统计层平衡、调度层平衡及工序平衡，生成金属回收率报表，实现对金属流向跟踪及可视化展示；基于物料转运及金属平衡情况，在公司、分厂、班组三个层次进行物流统一调度指挥，敏捷响应生产变化。

(5) 供应链管理优化。从最小净锌需求量确定、价值预测、净锌采购总量确定、供应商选择优化、供应商采购决策五方面出发，基于生产运营大数据构建优化模型，助力解决原料采购成本过高、原料供应不稳定、原料库存安排不当及生产鲁棒性差等问题，降低企业运行成本及风险。

株洲冶炼集团将通过物联网、大数据、人工智能等技术，打造自动、自治、透明的智能工厂，达到生产全流程数据规范化、信息可视化、管控一体化、操作智能化和决策智能化的建设目标。通过生产决策中心直接对各工作岗位进行决策调度，实现扁平化管理，达到减员 70%的目标；人均锌产能达到国际先进水平，实现工业废水零排放，环保指标达到国内领先水平。

株洲冶炼智能制造以绿色、安全、高效为目标，以大数据分析平台为核心，打通各子系统间的业务流程，对全厂信息进行集成化与可视化；采用大数据分析技术对 MES、ERP 所形成的生产数据、运营数据进行处理和业务建模，通过优化控制、分析预测、安健环管控、供应链优化等大数据应用实现企业智能化生产与管理，其相应的智能制造总体框架如图 3-12 所示。

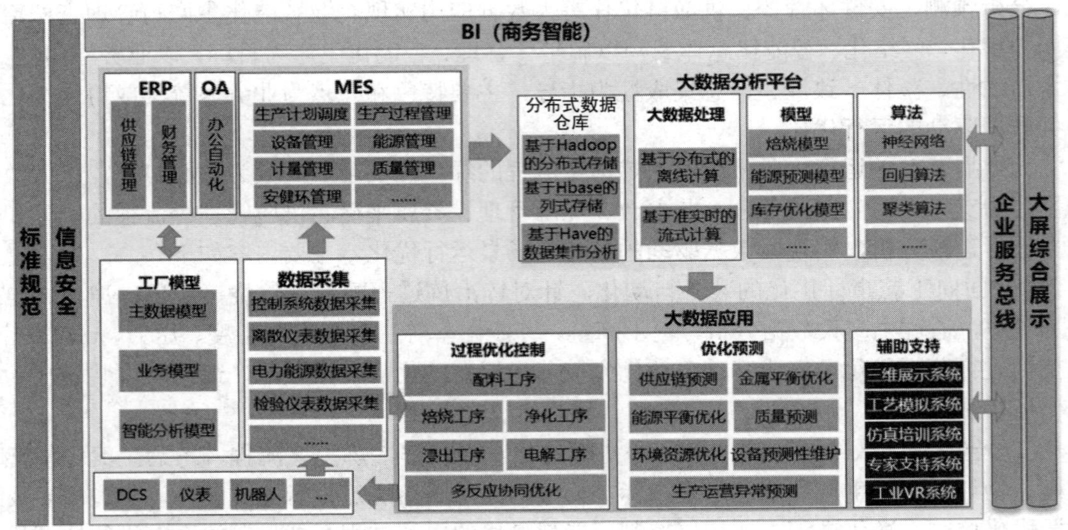

图 3-12　株洲冶炼智能制造总体框架

案例 2：海尔集团基于社群生态的客户需求挖掘和市场创造

海尔集团应用信息技术和快速响应技术以创造市场，借助 COSMOPlat 构建起一个巨大的互联网社群生态，开展客户需求挖掘，实现了生产模式与管理模式的颠覆，生产模式由大规模制造转变为规模定制化生产。COSMOPlat 是以客户为中心、实现客户价值的规模定制化解决方案平台，采用开放式创新体系，将社群生态和工业新生态相连接，将企业与资源联通，形成独有的众创空间，为产品的定制化需求提供引导和依据(见图 3-13)。海尔 COSMOPlat 应用大数据技术实现了家电产品的研发过程、制造流程和营销方式的颠覆式创新。

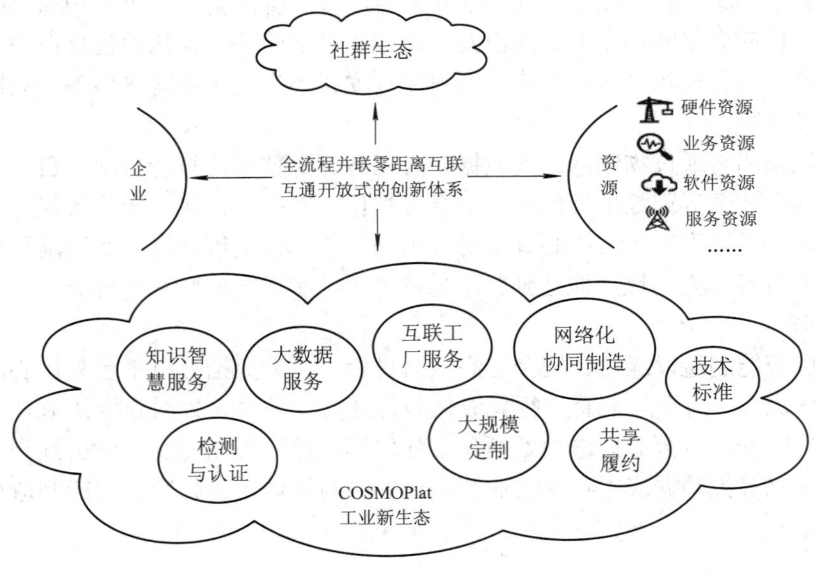

图 3-13　COSMOPlat 平台理念

(1) 海尔的客户需求挖掘。利用大数据，海尔搭建的社交化客户关系管理系统，为客户贴上标签，并根据标签形成最基本的客户模型，勾勒出清晰的客户画像。通过市场调查、数据分析，挖掘出客户需要，努力设计和生产更小批量、更多品种、适销对路的产品，快速满足来自客户的需求。

(2) 海尔的市场创造。海尔构建了新的智慧家庭图景，全景呈现出海尔智慧家庭在智慧美食、用水、洗护、空气四大智慧生态圈的市场创造功能。在充分捕捉和了解用户生活习惯的基础上，通过数据的全面洞察，帮助用户进行思考、决策和执行，实现了用户和服务的连接、设备和服务的连接，使得在智慧家庭场景中，用户获取服务更智能，满足用户定制服务的需要。数字化、网络化、智能化技术为海尔拓展了新的、更大的市场，推动海尔从白色家电市场拓展到智慧家居市场。

3.4 云 计 算

3.4.1 云计算概述

随着第一台电子计算机的成功研制、个人计算机的诞生以及互联网的出现，极大地推动了人类社会信息化的进程。现在，数据已成为生产资料，计算则是生产力。而云计算作为一种将“计算力”变为公用设施的技术手段和实现模式，正成为产业革命、经济发展和社会进步的有力杠杆之一，加速人类社会整体步入全球化、知识化、智慧化的新时代。越来越多的企业在原有的产品服务前面或后面加上“云”字：制造云(云制造)、商务云(云商务)、家电云(云家电)、物流云(云物流)、健康云(云健康)等，以云计算为主导的新应用也层出不穷，汹涌澎湃的云计算大潮已成磅礴之势，蔚为壮观。

1. 基本概念

云计算是一种通过网络统一组织和灵活调用各种 ICT 信息资源，实现大规模计算的信息处理方式。云计算作为这个时代的主流技术之一，正深刻改变着人类的社会结构，重新塑造我们的生产与生活。云计算是信息技术发展和信息社会需求到达一定阶段的必然产物。一方面，微电子技术、图灵计算模式、冯·诺依曼计算机、光通信和移动通信技术，以及网络科学的快速发展，为人类社会迈向信息社会奠定了科学基础；另一方面，无论何时、何地、何人、何物，人类社会期待实现互联互通、知识共享、协同工作的新需求，加速了信息社会的发展进程。在这一进程中，迫切需要普惠、可靠、低成本、高效能的技术手段和实现模式，因而催生了云计算。

2. 发展历史

云计算利用分布式计算和虚拟资源管理等技术，通过网络将分散的 ICT 资源(包括计算与存储、应用运行平台、软件等)集中起来形成共享的资源池，并以动态按需和可度量的方式向用户提供服务，就像用水用电一样，用户可以使用各种形式的终端(如 PC、平板电脑、智能手机甚至智能电视等)通过网络获取 ICT 资源服务。

2006 年是云计算发展的元年，亚马逊公司利用虚拟化技术开创了“基础设施即服务”

(Infrastructure as a Service，IaaS)的商业模式，使得计算资源可以像水、电一样方便地提供给公众使用，由此开始了云计算时代。之后的云计算发展大致分为三个阶段。

(1) 形成阶段(2006—2010 年)。在这个阶段，云计算的商业模式得到业界和大众的广泛认可，各种云产品和服务不断涌出。2007 年，Salesforce 发布了 Force.com，即 PaaS(Platform as a Service，平台即服务)；2008 年，Google 推出了 Google App Engine。IT 企业、电信运营商、互联网企业等也都纷纷推出云服务。

(2) 发展阶段(2010—2015 年)。此阶段出现了大量围绕云进行的技术实践和验证，同时云计算功能日趋完善、种类日趋多样。传统企业开始通过自身能力扩展、收购等模式，纷纷投入云服务当中，云计算获得了飞速发展，并在全球范围内形成了千亿美元规模的市场。

(3) 应用阶段(2015 年至今)。在此阶段，云计算的应用逐渐向政府、医疗、金融、交通等传统行业拓展。同时，以容器、微服务、DevOps 为代表的云原生技术应运而生，其能够构建容错性好、易于管理和便于监测的松耦合系统，让用户应用随时处于待发布状态。

未来，云计算将呈现布局边缘化、技术精细化、应用产业化的特点，并成为新的基础设施。具体表现：一是云布局从中心走向边缘。物联网技术的快速发展和云服务的推动使得边缘计算备受产业关注。随着 5G 技术的不断成熟，边缘计算将被重新定义，通过构建面向全连接的边缘计算网络架构，从而实现云、网、边的全面协同。二是云技术从粗放走向精细。随着云原生技术进一步成熟和落地，用户可将应用快速构建和部署到与硬件解耦的平台上，使资源可调度粒度越来越细、管理越来越方便、效能越来越高。三是云应用从消费领域走向工业领域。未来，云计算将结合 5G、AI、大数据、物联网等技术，为传统企业由电子化到信息化再到数字化、网络化、智能化搭建阶梯，通过其技术上优势帮助企业在传统业态下的设计、研发、生产、运营、管理、商业等领域进行变革与重构，进而推动企业重新定位和改进当前的核心业务模式，完成数字化网络化智能化转型升级。

当前，我国云计算市场整体规模较小，与全球云计算市场相比差距在 3～5 年。从细分领域来看，国内 IaaS 市场处于高速增长阶段，以阿里云、腾讯云为代表的厂商不断拓展海外市场，并开始与亚马逊、微软等国际巨头展开正面竞争。国内 SaaS(Software as a Service，软件即服务)市场与国外差距较明显，与国外相比，国内 SaaS 成熟度不高，缺乏行业领军企业，市场整体规模偏小。

随着发展，云计算的应用开始从互联网行业向政府、医疗、金融、交通、工业、物流等传统行业渗透。其中，政务云正在成为“数字城市”建设的关键基础设施，在政务云基础设施之上，结合大数据、物联网、人工智能等技术，为实现城市经济运行、城市综合管理、城市综合服务的精准数字化提供保障；医疗云可以实现系统间的互通互联，并从临床、管理、决策、服务等多种角度实现医院的智能化，从而达到“让医生诊断更准确、医院运转更高效、患者就医更便捷”的目标；保险云利用容器、微服务等新技术手段构建核心架构的上云方案，实现保险系统的开发迭代。

3.4.2 虚拟化技术

云计算的核心技术之一就是虚拟化技术。虚拟化技术将一台计算机虚拟为多台逻辑计算机，每个逻辑计算机可运行不同的操作系统，并且应用程序都可以在相互独立的空间内运行而互不影响，如图 3-14 所示。虚拟化技术可以将隔离的物理资源打通，汇聚成资源池，实现了资源再分配的精准把控和按需弹性，从而大大提升资源的利用效率。

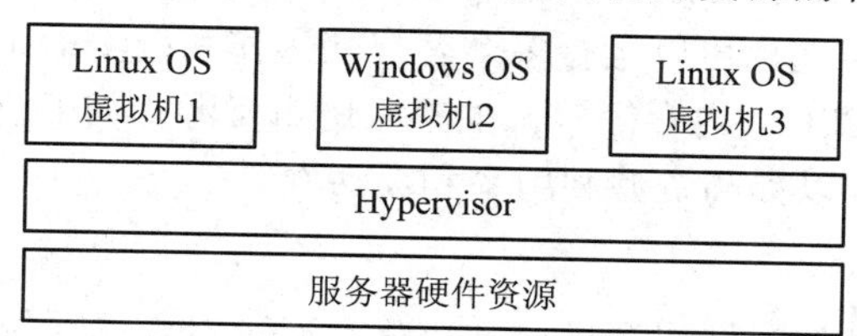

图 3-14　虚拟化示意图

云计算对于资源的关键要求包括两个方面：一是资源的整合，即通过整合多个数据中心的服务器的资源，使这些资源连在一起成为一个巨大的系统资源池；二是统一资源的汇聚，即将同类的服务资源通过汇聚的方式集合起来，实现对外的统一入口。

虚拟化正是一种解决上述要求的核心技术。虚拟化作为一种资源管理技术，将计算机的各种实体资源，如服务器、网络、内存及存储等，予以抽象、转换后呈现出来，打破实体结构间的不可切割的障碍，使用户可以比原本的组态更好的方式来应用这些资源。用户可以构建出最适应需求的应用环境，从而节省成本，并使得这些资源达到最大利用率。这些资源的新虚拟部分不受现有资源的放置方式、地域及物理形态所限制。虚拟化技术还可以用来解决高性能的物理硬件产能过剩或者老旧硬件产能过低的重组重用问题，透明化底层物理硬件，从而最大化利用物理硬件。虚拟化技术的特点见表 3-4。

表 3-4　虚拟化技术的特点

特　点	释　　义
分区	大型的、扩展能力强的硬件可被用来作为多台独立的服务器使用；在一个单独的物理系统上，可以运行多个虚拟的操作系统和应用；计算资源可以被放置在资源池中，并能够被有效地控制
隔离	虚拟化能够提供理想化的物理机，每个虚拟机互相隔离；数据不会在虚拟机之间泄露；应用只能在配置好的网络上进行通信
封装	虚拟单元的所有环境被存放在一个单独文件中；为应用展现的是标准化的虚拟硬件，确保兼容性；整个磁盘分区被存储为一个文件，易于备份、转移和拷贝
硬件独立	可以在其他服务器上不加修改地运行虚拟机。虚拟技术支持高可用性、动态资源调整，极大地提高了系统的可持续运行能力

虚拟化并不仅仅是一种技术，还反映出一种服务化的思想。服务器、存储架构、数据库等所有硬件或者软件资源都被抽象成一种便于重组、聚合、配置的“服务”，形成一个可被用户灵活调用的资源池，从而实现外部用户业务系统和 IT 软硬件环境的解耦。这意味着，外部用户业务系统无须了解软硬件的实现细节，就能方便地使用各式各样的软硬件资源，就好像这些资源放在一个黑箱里一样，只需通过接口就能访问，感受不到其真正的实体和虚体的区别，而这也通常被称为“用户透明化”。

针对 IT 软硬件两种资源，虚拟化技术分别针对硬件和软件进行了相应的虚拟化技术的发展。硬件虚拟化主要包括计算能力、存储能力和网络能力的硬件虚拟化形成的各种虚拟化技术；软件虚拟化把软件应用对底层系统和硬件的依赖抽象出来，一类关键性技术就是桌面虚拟化技术。

1. 计算虚拟化

计算虚拟化是指在物理服务器的宿主机操作系统(Host OS)中加入一个虚拟化层(Hypervisor)，在虚拟化层之上可以运行多个客户端操作系统(Guest OS)。通过分时及模拟技术，将物理服务器的 CPU、内存等资源抽象成逻辑资源，向 Guest OS 提供一个虚拟且独立的服务器硬件环境，以提高资源利用率和灵活性。

2. 存储虚拟化

存储虚拟化就是对硬件存储资源进行抽象化，通过对存储系统或存储服务内部的功能进行隐藏、隔离及抽象，使存储与网络、应用等管理分离，存储资源得以合并，从而提升资源利用率。典型的虚拟化包括以下的一些情况：增加或集成新的功能、屏蔽系统的复杂性、仿真、整合或分解现有的功能等。

3. 网络虚拟化

网络虚拟化的具体定义在业界还存在较多争议。目前通常认为网络虚拟化是对物理网络及其组件(比如交换机、端口以及路由器)进行抽象，并从中分离网络业务流量的一种方式。采用网络虚拟化可以将多个物理网络抽象为一个虚拟网络，或者将一个物理网络分割为多个逻辑网络。以虚拟局域网(Virtual Local Area Network，VLAN)为例，VLAN 是一组逻辑上的设备和用户，这些设备和用户并不受物理位置的限制，相互之间的通信就好像它们在同一个网段中一样。

可以说，网络虚拟化是一种类似通道机制的覆盖结构。网络虚拟化会在网络中两个逻辑区之间的物理连接通路之外架设新的连通方式。网络虚拟化可以帮助管理者免于为每一个新接入的域布设物理连线，特别是那些刚刚创建完成的虚拟机系统。因此，管理者不必对已经完成的工作进行频繁变更。在网络虚拟化方案的帮助下，它们能够以全新的方式实现基础设施虚拟化并对现有的基础设施进行调整。

4. 桌面虚拟化

桌面虚拟化将用户的桌面环境与其他的终端设备解耦合。服务器上存放的是每个用户的完整桌面，用户可以通过任意的终端设备(如个人电脑、智能手机、平板电脑等)，在任意时间、任意地点通过网络访问该桌面环境。随着社会的飞速发展，基于云计算的应用已成为网络信息化发展的必然趋势。将来的终端各种各样，但只要前端采用了桌面虚拟化技术，用户就能够在任何时间、任何地点、以各种方式对后端的云进行信息的处理与管理。图 3-15 是当前使用了桌面虚拟化技术的各种终端产品。注意到它们的形式各不相同，必须要通过桌面虚拟化技术将其整合在一起。

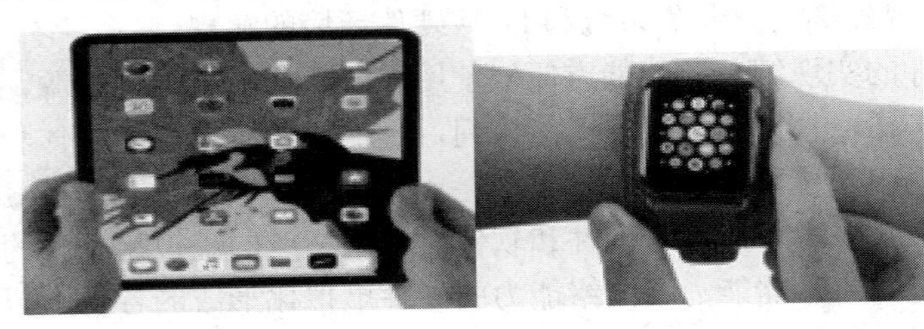

图 3-15　各种各样的终端产品

3.4.3　分布式技术

加强云计算服务平台建设、构建下一代信息基础设施是IT技术演进的重要方向。如何在云中对大规模数据进行高效的计算和存储成为发展中的关键问题，前者是在前端对外部应用进行计算，后者是在后台对应用数据进行存储。分布式是计算机系统特别是云化的计算机系统的核心思想之一，分布式系统也是分布式计算和分布式存储的支撑主体。

1. 分布式系统

理解分布式系统的概念，首先要了解集中式系统。集中式系统是指一个主机带多个终端的系统，整个系统的数据的存储、控制与处理完全交由主机来完成；每个终端没有数据处理能力，仅仅负责数据的输入和输出。集中式系统最大的特点就是部署结构简单，但是，由于采用单节点部署，很可能带来系统过大而难以维护、发生单点故障(所谓单点故障，即单个点发生故障的时候会波及整个系统或者网络，从而导致整个系统或者网络的瘫痪)等问题。

为解决以上集中式系统所面临的挑战，产生了分布式系统的概念。所谓分布式，就是一件事分给多台机器干，所有机器一起合作完成任务。分布式意味着可以采用更多的普通计算机组成分布式集群对外提供服务。计算机越多，计算机的资源也就越多，能够处理的并发访问量与数据量也就越大。分布式系统通常定义为一组通过网络进行通信、为了完成共同的任务而协调工作的计算机节点组成的系统。

2. 分布式存储/数据管理

云计算的核心技术之一就是分布式文件系统和数据库，用于云计算中大型的、分布式的、对大量数据进行访问的应用。随着信息技术的发展，存储技术的发展经历了下面几个发展阶段。

第一阶段是存储和计算部署在一起。存储作为计算主机的一部分，开始是装载着操作系统的个人计算机用文件系统来管理本地存储资源，即数据以文件为单位由操作系统统一管理。人们在信息处理中关注的中心问题是系统功能的设计，因此程序设计占主导地位；随后大型工作站的出现，人们对数据管理技术提出了更高的要求，希望以数据为中心组织数据，数据的结构设计成为存储系统首先关心的问题。单机数据库技术正是在这样一个应用需求的基础上发展起来的，它是按照数据结构来组织、存储和管理数据的仓库。

第二阶段是存储和计算分离，或称之为网络存储系统。存储设备通过存储网络与物理主机相连，包括存储区域网络(Storage Area Network，SAN)、网络附加存储(Network Attached Storage，NAS)等。

第三阶段是分布式存储，是将数据分散存储在多台独立的设备上。比起单机数据库或网络存储系统采用集中的存储服务器存放所有数据，分布式存储系统利用多台服务器分担存储负荷，提高了系统的可靠性、存取效率和可扩展性。分布式存储系统发展到现在，对数据进行管理的技术主要包括以下两部分：

1) 分布式文件系统(主要针对非结构化数据，比如文件)

考虑脸书(Facebook)公司利用分布式文件系统进行数据存储的场景：目前脸书的月度活跃用户数已达20亿，随着用户使用量增加，网站上需要处理和存储的日志文件激增。在这种环境下，文件处理平台必须具有快速的支持系统扩展的应变能力，并且易于使用和维护。脸书起初使用的数据仓库都是在大型数据库系统上实现的，在遇到可扩展性和性能方面的问题之后，脸书开始寻求更适合的分布式文件系统，用以构建高效的海量文件存储和访问管理平台。

分布式文件系统(Distributed File System，DFS)的设计基于客户机/服务器模式，存储在其中的数据被分为很多块，这些块分布于通过网络连接的不同的服务器中，供多个用户进行读/写和删除等操作。另外，对等特性允许一些系统扮演客户机和服务器的双重角色。例如，用户可以公开一个允许其他客户机访问的目录，一旦被访问，这个目录对客户机来说就像使用本地目录一样。文件系统是操作系统的一部分，起初运行在单机上。随着网络的普及，出现了文件服务器，采用集中的存储服务器存放所有文件数据。分布式应用对文件系统提出了一系列挑战，逐渐采用分布式系统而不是集中式系统进行文件管理。相对于集中式管理，分布式文件系统面临一些技术难题，其中本质的问题是如何在多个分布化的存储节点之间保证节点存储的信息一致、节点工作步伐一致、节点状态一致，以及节点间互相协调有序地工作。

例如，设想一下银行转账，扣减掉转出一方账户上的余额，然后增加转入一方账户的余额；如果扣减账户余额成功，但增加对方账户余额失败，那么转出一方就会损失这笔资金。反过来，如果扣减账户余额失败，增加对方账户余额成功，那么银行就会损失这笔资金。那么分布式文件系统如何做到保证两者的信息是一致的呢?

一种经典的做法是基于 ACID 特性来设计存储系统。ACID 指的是原子性(Atomicity)、一致性(Consistency)、隔离性(Isolation)和持久性(Durability)。具有 ACID 特性的存储系统保证每个操作事务是原子的——或者成功或者失败，事务间是隔离的，互相完全不影响，而且最终状态是持久地写入硬盘中的，因此，存储系统会从一个明确的状态到另外一个明确的状态，中间的临时状态不会出现，如果出现也会及时地自动修复，因此是强一致的。实际上，单机下的集中式存储系统的 ACID 事务特性比较容易实现，而分布式存储的一致性通常用 CAP 原理来维护数据的一致性以及性能等问题，CAP 是指：

(1) 一致性(Consistency)。在分布式系统中所有数据备份在同一时刻具有同样的值，所有节点在同一时刻读取的数据都是最新数据的副本。

(2) 可用性(Availability)。良好的响应性能，服务在有限的时间内完成响应。

(3) 分区容忍性(Partition Tolerance)。网络上有部分数据丢失，但系统仍然可继续工作。

CAP 原理则是：在分布式系统中，不能同时满足 C/A/P 三者，即：要想让数据避免单点故障，就得写多份数据；写多份的问题会导致数据一致性的问题；数据一致性的问题又会引发性能问题。分布式文件系统必须按照表 3-5 所示特点进行设计，以应对不断快速增长的海量数据以及用户需求。

表 3-5　分布式数据库设计的特点

特　点	释　义
高可靠性	提供冗余容错机制，保证数据和服务的高度可靠性
高并发性	可以及时响应大规模用户的读/写请求，能对海量数据进行随机读/写
高可扩展性	可以动态地增添存储节点以实现存储容量扩展

为了满足上述要求，经典的解决方案是采用 Hadoop 分布式文件系统。Hadoop 分布式文件系统(Hadoop Distributed File System，HDFS)是为了在拥有大量机器的集群中跨机器地对大量文件进行可靠存储而设计的，其被设计成适合运行在通用硬件上的分布式文件系统中。

相对于大量现有的文件系统来说，HDFS 有着独特的优势：

(1) 高度容错性，适合部署在大量廉价的机器上；

(2) 非常高的吞吐量，非常适合那些在大规模数据集上的应用；

(3) 可以流式读取文件系统数据。HDFS 的这些优势使其非常适合那些有着超大数据集的应用程序。

2) 分布式数据库系统(主要针对结构化数据，包括五类数据库存储模型，即行、列、键值、文档、图等)

在很多电商应用中，在其网页上单击任何一个买过的商品，进去后第一个页面就是交易快照，即当时购买时的商品详情页。当发展到淘宝、京东这样的电商规模，快照信息存储问题成为非常严峻的问题。这是因为单条信息数据小，条数多，不能丢，需要持久化保存，还要满足高可靠性要求。在电商平台内，采用分布式数据库系统技术构建高效的数据管理平台，以适应快照的高速读取和可靠存储。

分布式数据库系统通常使用较小的计算机系统，每台计算机可单独放在一个地方，每台计算机中都可能有数据库管理系统(Database Management System，DBMS)的一份完整拷贝副本，或者部分拷贝副本，并具有自己的局部数据库，位于不同地点的许多计算机通过网络互相连接，共同组成一个完整的、全局的逻辑上集中、物理上分布的大型数据库。

3.4.4　并行计算技术

并行计算是将一个任务分解成若干个小任务并协同执行以完成求解的过程，是增强复杂问题解决能力和提升性能的有效途径。并行计算可以通过多种途径实现，包括多进程、多线程以及其他多种方式。SuperMap 是通过多线程方式实现并行计算的，可充分和更加高效地利用多核计算资源，从而降低单个问题的求解时间，节省成本，也能够满足更大规模或更高精度要求的问题求解需求。为提高计算效率，并行计算处理问题一般分为以下三步。

(1) 将工作分离成离散独立部分，有助于同时解决。

(2) 同时并及时地执行多个程序指令。

(3) 将处理完的结果返回主机，经一定处理后显示输出。

并行计算须满足以下几个基本条件：

(1) 并行计算机。并行计算机包含两台或两台以上的处理机，这些处理机通过互联网相互连接，相互通信。

(2) 应用问题必须具有并行度。应用问题必须具有并行度是指应用可以分解为多个子任务，这些子任务可以并行地执行。将一个应用分解为多个子任务的过程，称为并行算法的设计。

(3) 并行编程。在并行计算机提供的并行编程环境中，具体实现并行算法，编制并行程序并运行该程序，从而达到并行求解应用问题的目的。

3.4.5　云计算的应用

在“互联网+”政策和产业背景下，我国云计算产业逐步进入成熟和产业发展加速阶段，落地的应用突飞猛进，云计算产业链和生态逐步形成和完善。近年来，随着政府、行业以及 ICT 产商的积极推动，云计算产业链也壮大和发展起来。在政府的监管下，云计算服务提供商与软硬件、网络基础设施服务商以及云计算咨询规划、交付、运维、集成服务、终端设备等厂商，构成和完善了云计算的产业生态链，国内大量提供云计算整体解决方案的大型公司，如阿里云、百度云、腾讯云、华为云以及各大电信运营商构建的云平台为政府、企业和个人用户提供了大量的云应用服务。经过近十年的快速发展，我国云计算产业已成为信息产业快速发展的着力点，云计算市场保持了并将继续保持高速增长态势。

案例 1：12306 火车票购票系统

12306 火车票购票系统(见图 3-16)是典型的混合云计算方案。12306 购票网站最初是私有云计算，消费者平时用 12306 购票没有问题，但是一到节假日(如春节)有大量购票需求的时候，消费者在购票的时候就会遇到页面响应慢或者页面报错的情况，甚至还会出现无法付款的情况，用户体验特别差。为了解决上述问题，12306 火车购票网站与阿里云签订战略合作，由阿里云提供计算服务，以满足业务高峰期的查票检索服务，而支付等关键业务在 12306 自己的私有云环境中运行。两者组合成一个新的混合云，对外呈现还是一个完整的 12306 火车购票网站。

图 3-16　12306 线上服务平台

12306 被认为是“全球最忙碌的网站”。如此繁忙的系统没有使用上的问题，其核心就是采用了混合云架构技术，为系统稳定、高效运行提供了技术支撑。

这些技术措施体现在：

(1) 利用外部云计算资源(阿里云)分担系统查询业务，可根据高峰期业务量的增长按需及时扩充。

(2) 通过双中心运行的架构，系统内部处理容量扩充一倍，可靠性得到有效保证。

(3) 对系统的互联网接入带宽进行扩容，并可根据流量情况快速调整，保证高峰时段的旅客顺畅地访问网站。

(4) 防范恶意抢票，通过技术手段屏蔽抢票软件产生的恶意流量，保证网站健康运行，维护互联网售票秩序。

(5) 利用云计算虚拟化、分布式计算和并行计算等相关技术，当服务器 CPU 到达高位时，可以快速从资源池获取虚拟机资源来分摊负荷。网络设备、Web 服务器、应用服务器都可以做弹性快速扩展。同时，利用分布式、并行计算技术，实现票务快速处理的一致性、稳定性和实时性。

12306 在阿里云上部署车票查询服务，通过策略配置可随时将车票查询流量分流至公用云，以缓解售票高峰期时网站的处理资源和带宽压力。同时，12306 互联网售票系统采用虚拟化技术实现了一中心和二中心的双中心架构，两个中心采取相同的部署，互为备份，各自拥有独立的 Web、AS、排队系统、缓存服务集群、车票查询集群、用户数据集群、交易中间件和电子客票库。正常情况下双中心同时在线提供服务，其中任意一个中心发生故障时可由另外一个中心承载全部的售票业务。这些措施的核心就是要将铁路主管部门的私有云和有强大技术支撑与运维能力的阿里云进行融合，构建一套分工协作、高效稳定的混合云平台，从而保障了这套最繁忙系统的可靠运行。

案例 2：华为云计算

华为是全球领先的信息与通信解决方案供应商，是世界 500 强企业、中国民营企业 500 强之一，图 3-17 为华为云线上服务平台。华为云以全球领先的研发创新能力为用户打造专业、安全、可信的云计算产品。华为云包括以公有云为平台的云服务产品，如计算服务、存储服务、网络服务、云安全、软件开发服务等；针对企业 IT 的不同场景，为企业提供完整高效、易于构建、开放的云计算解决方案，为用户提供弹性、自动化的基础设施，按需的服务模式和更加敏捷的 IT 服务，包含数据中心虚拟化解决方案、桌面云解决方案等产品。

图 3-17　华为云线上服务平台

华为云的主要功能包括：

(1) FusionSphere 是基于 OpenStack 架构的云操作系统，具有强大的虚拟化功能和资源池管理，帮助客户水平整合数据中心的物理和虚拟资源，垂直优化业务平台，让企业的云计算建设和使用更加简捷。

(2) FusionInsight 是企业级大数据存储、查询和分析的统一平台。它以海量数据处理引擎和实时数据处理引擎为核心，让企业从各类繁杂无序的海量数据中发现全新的商机。

(3) FusionStorage 分布式存储系统，是为了满足云计算数据中心存储基础设施需求而设计的一种分布式块存储软件，可以将通用 X86 架构的服务器本地 HDD、SSD 等存储介质通过分布式技术组织成一个大规模存储资源池，对上层的应用和虚拟机提供标准的 SCSI 和 iSCSI 接口，类似一个虚拟的分布式 SAN 存储。

(4) FusionCube 超融合一体机，融合计算、存储、网络、虚拟化、管理于一体，具有高性能、低时延和快速部署等特点，并内置华为自研分布式存储引擎，深度融合计算和存储，消除性能瓶颈，灵活扩容，支持业界主流数据库和业界主流虚拟化软件。

3.5 人工智能

人工智能技术由来已久，随着“互联网+”热潮的袭来，各行各业对于智能化的需求迈入了新阶段，人工智能更多地作为技术载体来促生不同行业的智能化应用。在此过程中，人工智能技术进入了快速发展阶段，而与不同行业的融合也对人工智能技术的更新换代起到了不可或缺的作用。同时，由于硬件和软件等各方面技术的发展，处理数据和计算数据的能力大大增强，这也为人工智能技术在各领域的应用提供了坚实基础。

现阶段人工智能的应用场景不断扩展：在移动互联网领域，人工智能技术可应用于指纹识别、人脸识别、虹膜识别等生物识别技术中，可应用于基于图像、语音、文字的智能搜索，也可在虚拟现实、增强现实、自动驾驶等系统中进行复杂信息的快速处理；在智能制造领域，人工智能技术与信息通信技术、制造技术及产品有关专业技术等相融合，进而实现智能制造的新模式、新手段、新业态；在电力领域，人工智能技术可通过对信息的量化和分析，有效提高电网企业的信息安全风险防控能力，保障电网安全、稳定、高效运行。

3.5.1 人工智能概述

人工智能技术最早可以追溯至 20 世纪 40 年代，英国数学家图灵提出了人工智能的基础问题——机器是否可以思考，从而拉开了人工智能技术的研究序幕。人工智能的发展脉络如图 3-18 所示，经历了的几个时期的起伏，历经几代研究者的努力，终于成长为一门重要学科。20 世纪 40 年代人工神经网络模型的诞生，成为人工智能学科的基石；20 世纪 50 年代人工智能迎来了第一个上升期，得到了飞速的发展，一系列理论和方法在当时被提出。然而由于计算能力的限制和智能化实现程度的不足，20 世纪六七十年代大部分人工智能项目停摆，人工智能研究进入衰退期。进入 20 世纪 80 年代，专家系统理论的出现突破了利用人工智能解决问题的能力，而机器学习算法的出现则大大增强了神经网络能力，完成了人工神经网络在理论和应用方面的重生。而后，随着基础设施的提升，数据处理能力和计算水平也在逐步增强，人工智能领域内的大部分算法也进行了改进和融合，人工智能技术进入了一个飞速发展的时期。而移动互联网和大数据产业的繁荣，又进一步推动了人工智能技术的行业融合，自动驾驶、生物识别、自然语言处理等应用场景都出现了人工智能技术的身影，人工智能正在深刻地影响着人们生活的各个方面。

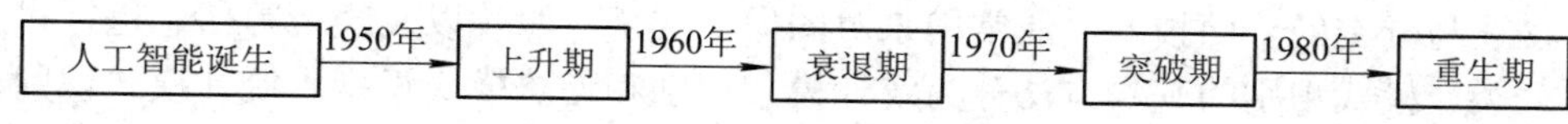

图 3-18　人工智能发展脉络

人工智能技术演进路线如图 3-19 所示。人工神经网络是最早被提出的人工智能技术，也是沿用至今应用最为广泛的技术，基于神经网络拓展的深度学习技术是目前最为先进的学习算法。模糊逻辑用于建设涉及模糊推理和模糊集相关的智能系统，专家系统通过录入行业专家经验信息形成规则库以指导事件求解和预测，遗传算法则是通过模仿生物的进化原理，用交叉和变异的计算手段进行推理计算。进入 20 世纪 80 年代后，人工智能技术有了很大的提升，各种演进的机器学习算法能够更加可靠、准确、高效地求解和预测结果，同时由于计算能力的大大提升，各种混合智能系统出现在不同解决方案中，成为人工智能应用的新方向。

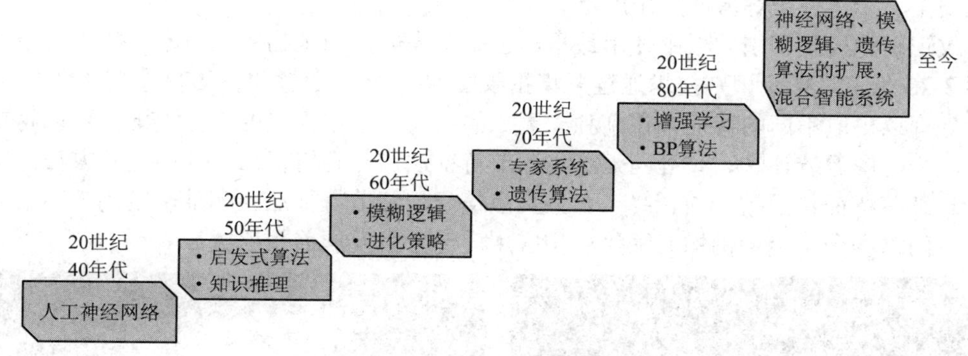

图 3-19　人工智能技术演进路线

人工智能很难以一个确定的概念去定义，它可以被定义为计算机科学的一个分支，致力于智能行为的自动化。目前的人工智能理论研究一直呈现“三足鼎立”的趋势：其一，研究在计算机平台上编制软件来解决诸如定理证明、问题求解、机器博弈和信息检索等复杂问题；其二，针对人工神经网络进行研究；其三，对于感知-动作系统以及多智能体进行研究。由这些主要研究方向可以看出，人工智能一直存在两个比较明显的发展方向，也可以将之区分为强人工智能和弱人工智能。所谓弱人工智能，是指通过人类编写好的算法或者软件智能化地去解决和计算某些问题。这样的算法或软件只是采用一些智能化的计算工具，例如神经网络、专家系统、模糊逻辑等，而计算行为需要人为触发或控制，弱人工智能的目标是通过智能化计算更好地解决一些复杂问题。而强人工智能是指通过对生物行为或大脑的研究和模仿，以期达到对意识、情感、理智三位一体的人工智能建模，简单来说就是通过无监督学习、人工生命、神经网络等技术让机器具有人类的感知、思维和情感。目前这两个方向的人工智能研究均存在一定进展和成果，而两个方向的融合也是未来人工智能演进的方向。在智能制造的关键技术中，涉及的人工智能技术主要包括模式识别、机器学习和智能算法，下面几节将详细介绍它们的基本概念和发展历史。

3.5.2　模式识别

模式识别是人工智能的基础技术，是通过计算机用数学技术方法对物理量及其变化过程进行描述与分类的一门技术，通常用来对图像、文字、照片以及声音等信息进行识别、处理和分类。模式识别的基本方法分为统计模式识别和句法模式识别。统计模式识别首先是将被识别对象数字化，转换为适于计算机处理的数字信息。句法模式识别则用符号描述图像特征。将统计模式识别或句法模式识别与机器学习中的神经网络技术、支持向量机技术等或人工智能中的专家系统、不确定性推理方法相结合，衍生出了一系列当前应用广泛的热门技术，如声纹识别技术、指纹识别技术及数字水印技术等。

声纹识别是通过语音中蕴含的能表征和标志说话人特征，对说话人身份进行识别的一门技术。与语音识别提取语音中的信息不同，声纹识别是根据特征信息，对说话人的身份进行识别。声纹识别的过程首先是提取说话人的声学特征，然后根据说话人的声学特征训练对应的模型，将所有人的模型集合在一起组成系统的说话人模型库，然后当有人说话时，系统将提取的说话人特征与模型库进行对比，并根据对比结果判别说话人身份。声纹识别在金融安全、军事安全等方面应用广泛。

指纹识别是模式识别领域中使用最早，也是最为成熟的生物鉴定技术，相关的技术应用如图 3-20 所示。指纹识别技术通过采集指纹图像(手指表面脊和谷的映像组合)，并对图像进行处理以提取不同的特征来识别独一无二的指纹。根据提取的特征不同，可以将指纹识别方法分为图像统计法、纹理匹配法、细节特征法和汗孔特征法，其中主流方法是细节特征法。细节特征包括指纹的脊终点和分叉点信息。细节特征法匹配准确度高，匹配难度适中，在网络安全、金融机构、医疗机构应用广泛并且发展前景广阔。

图 3-20　汽车和手机中的指纹识别技术

数字水印技术作为一种将特殊信息嵌入媒体数据的技术，已经成为研究热点并取得了广泛应用。数字水印技术通常应用于数字图像、音频、视频以及其他媒体产品上以进行版权保护和验证多媒体数据的完整性。典型的数字水印方案一般由水印生成、水印嵌入和水印提取或检测三方面组成。目前，水印方案大多在嵌入和提取过程中采用了密钥，密钥已成为水印信息的重要组成部分，也是每个设计方案特色之所在。在信息预处理、信息嵌入点选择等不同环节完成密钥的嵌入，只有掌握密钥，才能获取水印。数字水印技术可以应用于数据库安全和文本文档安全。在大数据时代，数字水印在数据安全和网络安全方面起着不可或缺的作用，对保护人们的隐私信息尤为重要。

3.5.3　机器学习

机器学习是人工智能领域的一个重要分支，其研究涉及代数、几何、概率统计、优化、泛函分析、图论、信息论、算法、认知计算等多个学科的知识，其应用不仅仅限于模式识别、计算机视觉、数据挖掘、生物信息学、智能控制等科学和工程领域，甚至在社会科学领域的研究中也有应用，如管理学、经济学和历史学等。目前，随着计算机科学和智能科学技术的进步，机器学习得到了快速发展，其方法被广泛应用到了各个领域。尤其是近些年，深度学习方法快速发展并在多个领域展示出优异性能，使机器学习和整个人工智能领域受到极大的关注。

机器学习是基于已有数据、知识或经验来设计模型或发现新知识的一个研究领域。20世纪50～70年代是机器学习研究的初期，人们基于逻辑知识表示试图给机器赋予逻辑推理能力，取得了很多振奋人心的成果。20世纪80年代，专家系统受到高度重视，为专家系统获取知识成为一个重要方向。20世纪80年代中后期，人工神经网络由于误差反向传播(BP)算法的重新提出和广泛应用而形成一股热潮，但其地位在20世纪90年代后期被以支持向量机为核心的统计学习理论所取代。20世纪90年代以后，受重视的机器学习方法还有集成学习、概率图模型、半监督学习、迁移学习等。2006年，以加拿大多伦多大学的G. Hinton教授为代表的几位研究人员在顶尖学术刊物《科学》上发表了一篇文章，开启了深度学习在学术界和工业界的浪潮。深度学习与机器学习的区别如图3-21所示，深度学习借助于大数据和高性能计算的有利条件得到了广泛应用和高度关注。目前，搜索引擎、机器人、无人驾驶汽车等高科技产品都依赖于机器学习技术。机器学习，特别是深度学习，在语音识别、人脸识别、围棋、游戏等方面已经超过了人类水平，可以想象，机器学习与人类的生产、生活之间的关系将会越来越紧密。

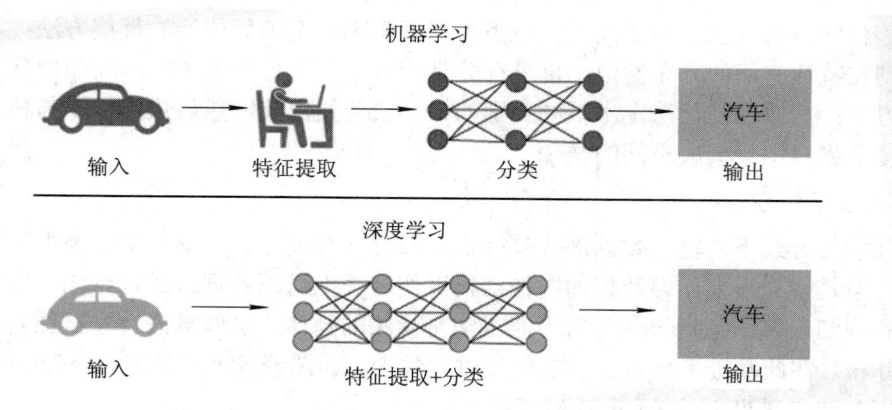

图3-21 机器学习和深度学习

1. 机器学习方法

机器学习分为监督学习、无监督学习、半监督学习和强化学习。

1) 监督学习

监督学习从给定的训练数据集中学习出一个函数(模型参数)，当新的数据到来时，可以根据这个函数预测结果。监督学习的训练集要求包括输入输出，也可以说是特征和目标。训练集中的目标是由人标注的。监督学习就是最常见的分类(注意和聚类区分)问题，通过已有的训练样本(即已知数据及其对应的输出)去训练，得到一个最优模型(这个模型属于某个函数的集合，最优表示某个评价准则下是最佳的)，再利用这个模型将所有的输入映射为相应的输出，对输出进行简单的判断从而实现分类的目的。监督学习的目标往往是让计算机去学习我们已经创建好的分类系统(模型)。

监督学习是训练神经网络和决策树的常见技术。这两种技术高度依赖事先确定的分类系统给出的信息。对于神经网络，分类系统利用信息判断网络的错误，然后不断调整网络参数。对于决策树，分类系统用它来判断哪些属性提供了最多的信息。

在监督学习下，输入数据被称为“训练数据”，每组训练数据有一个明确的标识或结果。在建立预测模型的时候，监督学习建立一个学习过程，将预测结果与“训练数据”的实际结果进行比较，不断地调整预测模型，直到模型的预测结果达到预期的准确率。属于监督学习的算法有回归模型、决策树、随机森林、K 邻近算法及逻辑回归等。

2) 无监督学习

在无监督学习中，数据并不被特别标识，学习模型是为了推断出数据的一些内在结构。常见的应用场景包括关联规则的学习以及聚类等。常见算法包括 Apriori 算法以及 k-Means 算法。

无监督学习的目的是学习一个 function f，使它可以描述给定数据的位置分布 P(Z)，包括两种，density estimation 和 clustering。

density estimation 就是密度估计，估计该数据在任意位置的分布密度；clustering 就是聚类，将 Z 聚集几类(如 K-Means)，或者给出一个样本属于每一类的概率。由于不需要事先根据训练数据去训练聚类器，故属于无监督学习。属于无监督学习的算法有关联规则、K-means 聚类算法等。

无监督学习的方法分为两大类。一类为基于概率密度函数估计的直接方法：指设法找到各类别在特征空间的分布参数，再进行分类。另一类是称为基于样本间相似性度量的简洁聚类方法：其原理是设法定出不同类别的核心或初始内核，然后依据样本与核心之间的相似性度量将样本聚集成不同的类别。

3) 半监督学习

在此学习方式下，输入数据部分被标识，部分没有被标识，这种学习模型可以用来进行预测，但是首先需要学习数据的内在结构以便合理地组织数据来进行预测。应用场景包括分类和回归，算法包括一些对常用监督学习算法的延伸，这些算法首先试图对未标识数据进行建模，在此基础上再对标识的数据进行预测。如图论推理算法(Graph Inference)或者拉普拉斯支持向量机(Laplacian SVM.)等。

4) 强化学习

在这种学习模式下，输入数据作为对模型的反馈，不像监督模型那样，输入数据仅仅是作为一个检查模型对错的方式。在强化学习中，输入数据直接反馈到模型，模型必须对此立刻做出调整。常见的应用场景包括动态系统以及机器人控制等。常见算法包括 Q-Learning 以及时间差学习(Temporal Difference Learning)。

2. 机器学习算法分类

1) 回归算法

回归算法是试图采用对误差的衡量来探索变量之间的关系的一类算法。回归算法是统计机器学习的利器。常见的回归算法包括最小二乘法(Ordinary Least Square)、逻辑回归(Logistic Regression)、逐步式回归(Stepwise Regression)、多元自适应回归样条(Multivariate Adaptive Regression Splines)以及本地散点平滑估计(Locally Estimated Scatterplot Smoothing)。

2) 基于实例的算法

基于实例的算法常常用来对决策问题建立模型，这样的模型常常先选取一批样本数据，然后根据某些近似性把新数据与样本数据进行比较，通过这种方式来寻找最佳的匹配。因此，基于实例的算法常常也被称为“赢家通吃”学习或者“基于记忆的学习”。常见的算法包括 K-Nearest Neighbor(KNN)，学习矢量量化(Learning Vector Quantization, LVQ)，以及自组织映射算法(Self-Organizing Map, SOM)。

3) 决策树算法

决策树算法根据数据的属性采用树状结构建立决策模型，决策树模型常常用来解决分类和回归问题。常见的算法包括分类及回归树(Classification And Regression Tree，CART)，ID3(Iterative Dichotomiser3)，C4.5，Chi-squared Automatic Interaction Detection (CHAID)，Decision Stump，随机森林(Random Forest)，多元自适应回归样条(MARS)以及梯度推进机(Gradient Boosting Machine，GBM)。

4) 贝叶斯算法

贝叶斯算法是基于贝叶斯定理的一类算法，主要用来解决分类和回归问题。常见算法包括朴素贝叶斯算法，平均单依赖估计(Averaged One-Dependence Estimators，AODE)，以及贝叶斯网络 Bayesian Belief Network(BBN)。

5) 基于核的算法

基于核的算法中最著名的莫过于支持向量机(SVM)了。基于核的算法把输入数据映射到一个高阶的向量空间，在这些高阶向量空间里，有些分类或者回归问题能够更容易地解决。常见的基于核的算法包括支持向量机，径向基函数(Radial Basis Function，RBF)，以及线性判别分析(Linear Discriminate Analysis，LDA)等。

6) 聚类算法

聚类，就像回归一样，有时候人们描述的是一类问题，有时候描述的是一类算法。聚类算法通常按照中心点或者分层的方式对输入数据进行归并。所有的聚类算法都试图找到数据的内在结构，以便按照最大的共同点将数据进行归类。常见的聚类算法包括 K-Means 算法以及期望最大化算法(Expectation Maximization，EM)。

EM 算法指的是最大期望算法(Expectation Maximization Algorithm，又译期望最大化算法)，是一种迭代算法，在统计学中被用于寻找，依赖于不可观察的隐性变量的概率模型中参数的最大似然估计。

7) 降低维度算法

像聚类算法一样，降低维度算法试图分析数据的内在结构，不过降低维度算法是以非监督学习的方式试图利用较少的信息来归纳或者解释数据。这类算法可以用于高维数据的可视化或者用来简化数据以便监督学习使用。常见的算法包括主成分分析(Principle

Component Analysis，PCA)，偏最小二乘回归(Partial Least Square Regression，PLS)，Sammon映射，多维尺度(Multi-Dimensional Scaling，MDS)及投影追踪(Projection Pursuit)等。

3.5.4 智能算法

智能计算也有人称之为“软计算”，是人们受自然(生物界)规律的启迪，根据其原理，模仿求解问题的算法。从自然界得到启迪，模仿其结构进行发明创造，这就是仿生学。这是我们向自然界学习的一个方面。另一方面，我们还可以利用仿生原理进行设计(包括设计算法)，这就是智能计算的思想。这方面的内容很多，如人工神经网络技术、遗传算法、模拟退火算法、模拟退火技术和群集智能技术等。

1. 人工神经网络算法

“人工神经网络”是在对人脑组织结构和运行机制的认识理解基础之上模拟其结构和智能行为的一种工程系统。早在20世纪40年代初期，心理学家McCulloch、数学家Pitts就提出了人工神经网络的第一个数学模型，从此开创了神经科学理论的研究时代。其后，FRosenblatt、Widrow和J.J.Hopfield等学者又先后提出了感知模型，使得人工神经网络技术得以蓬勃发展。

神经系统的基本构造是神经元(神经细胞)，它是处理人体内各部分之间相互信息传递的基本单元。神经生物学家研究的结果表明，人的一个大脑一般有1010～1011个神经元。每个神经元都由一个细胞体、一个连接其他神经元的轴突和一些向外伸出的其他较短分支——树突组成。轴突的功能是将本神经元的输出信号(兴奋)传递给别的神经元。其末端的许多神经末梢使得兴奋可以同时传送给多个神经元。树突的功能是接收来自其他神经元的兴奋。神经元细胞体将接收到的所有信号进行简单处理(如：加权求和，即对所有的输入信号都加以考虑且对每个信号的重视程度(体现在权值上)有所不同)后由轴突输出。神经元的树突与另外的神经元的神经末梢相连的部分称为突触。

2. 遗传算法

遗传算法(GeneticAlgorithms)是基于生物进化理论的原理发展起来的一种广为应用的、高效的随机搜索与优化的方法。其主要特点是群体搜索策略和群体中个体之间的信息交换，搜索不依赖于梯度信息。它是在20世纪70年代初期由美国密歇根(Michigan)大学的霍兰(Holland)教授发展起来的。1975年霍兰教授发表了第一本比较系统论述遗传算法的专著《自然系统与人工系统中的适应性》。遗传算法研究的出发点不是解决最优化问题，它与进化策略、进化规划共同构成了进化算法的主要框架，都是为当时人工智能的发展服务的。迄今为止，遗传算法是进化算法中最广为人知的算法。

近几年来，遗传算法主要在复杂优化问题求解和工业工程领域应用方面取得了一些令人信服的结果，所以引起了很多人的关注。在发展过程中，进化策略、进化规划和遗传算法之间差异越来越小。遗传算法成功的应用包括作业调度与排序、可靠性设计、车辆路径选择与调度、成组技术、设备布置与分配及交通问题等。

3. 模拟退火算法

模拟退火算法来源于固体退火原理，将固体加温至充分高，再让其徐徐冷却，加温时，固体内部粒子随温升变为无序状，内能增大，而徐徐冷却时粒子渐趋有序，在每个温度都达到平衡态，最后在常温时达到基态，内能减为最小。根据 Metropolis 准则，粒子在温度T时趋于平衡的概率为$e-\Delta E/(kT)$，其中E为温度T时的内能，ΔE为其改变量，k为 Boltzmann 常数。用固体退火模拟组合优化问题，将内能E模拟为目标函数值f，温度T演化成控制参数t，即得到解组合优化问题的模拟退火算法：由初始解i和控制参数初值t开始，对当前解重复“产生新解→计算目标函数差→接受或舍弃”的迭代，并逐步衰减t值，算法终止时的当前解即为所得近似最优解，这是基于蒙特卡罗迭代求解法的一种启发式随机搜索过程。退火过程由冷却进度表控制，包括控制参数的初值t及其衰减因子Δt、每个t值时的迭代次数L和停止条件S。

4. 群集智能技术

受社会性昆虫行为的启发，计算机工作者通过对社会性昆虫的模拟产生了一系列对于传统问题的新的解决方法，这些研究就是群集智能的研究。群集智能(Swarm Intelligence)中的群体(Swarm)指的是“一组相互之间可以进行直接通信或者间接通信(通过改变局部环境)的主体，这组主体能够合作进行分布问题求解”。而所谓群集智能，指的是“无智能的主体通过合作表现出智能行为的特性”。群集智能在没有集中控制并且不提供全局模型的前提下，为寻找复杂的分布式问题的解决方案提供了基础。群集智能的特点和优点：群体中相互合作的个体是分布式的(Distributed)，这样更能够适应当前网络环境下的工作状态；没有中心的控制与数据，这样的系统更具有鲁棒性(Robust)，不会由于某一个或者某几个个体的故障而影响整个问题的求解；可以不通过个体之间直接通信而是通过非直接通信(Stimergy)进行合作，这样系统具有更好的可扩充性(Scalability)。由于系统中个体的增加而增加的系统的通信开销十分小，系统中每个个体的能力十分简单，这样每个个体的执行时间比较短，并且实现也比较简单，具有简单性(Simplicity)。因为具有这些优点，虽说群集智能的研究还处于初级阶段，并且存在许多困难，但是可以预言群集智能的研究代表了以后计算机研究发展的一个重要方向。

3.5.5 人工智能的应用

在信息量不断增大、信息呈碎片化的当代，人工智能的应用也越来越为人类所重视。人工智能正在给各行业带来变革与重构，一方面，将人工智能技术应用到现有的产品中，可以创新产品并发展新的应用场景；另一方面，人工智能技术的发展正在颠覆传统行业，人工智能对人工的替代趋势不可逆转。对于人工智能的应用来说，技术平台、产品应用环境、市场、用户等因素都对人工智能的产业化有很大的影响。如何实现人工智能产业自身的创新并应用到集体场景中，将会是各行业发展的关键点。以下将以利用人工智能技术辅助诊断新冠肺炎和人工智能排查员工复工危险两个案例来具体分析。

案例 1：利用人工智能技术辅助诊断新冠肺炎

中南医院放射科开展了一项实验。在图 3-22 中，工作人员正在使用人工智能软件在肺部 CT 扫描影像上寻找与新冠病毒肺炎相关的特征。该软件可以帮助工作量巨大的医务人员筛查患者，并将最有可能感染新冠病毒的患者列为重点筛查对象，以便对其开展进一步的检查和化验。仅仅通过影像学特征分析并不能确诊新冠病毒肺炎，但此举有助于医务人员更加快速地诊断、隔离和治疗病人。

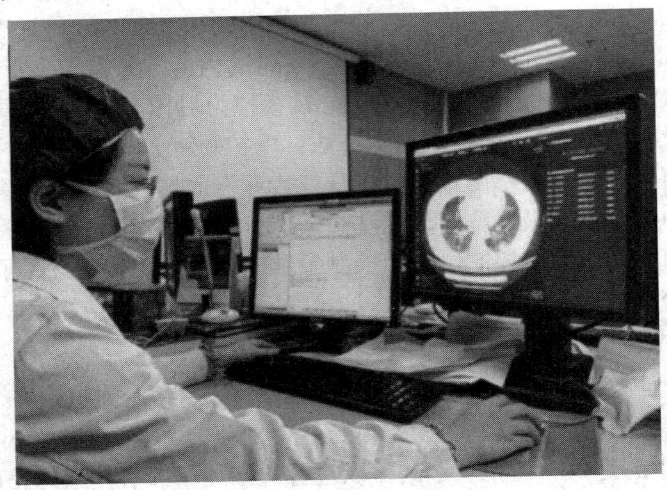

图 3-22　工作人员在研究肺部 CT 扫描影像

中南医院所使用的软件是由初创企业北京推想科技有限公司开发的。其所开发的 Covid-19 检测工具已被部署在中国 34 家医院，共帮助筛选了 32 000 多个病例。这家初创企业成立于 2005 年，依托从中国各大医院收集的数十万张肺部 CT 影像，推想科技开发出一款可以在肺部 CT 影像中标记潜在病变的软件。该软件主要用于识别潜在的肺癌结节，目前已被应用于中国的多所医院。在新冠疫情暴发初期，该公司就积极启动了 Covid-19 检测工具的研发工作。在春节期间，位于北京的员工调整了他们现有的肺炎检测算法，使之能专门检测 Covid-19 新冠肺炎。随后该公司从武汉同济医院拿到了与新发现肺炎相关的医学影像，利用 2000 多张新冠肺炎的医学影像对当前使用的软件版本进行了训练。明确诊断 Covid-19 新冠肺炎需要在患者体液中检测诱发该疾病的 SARS-CoV-2 病毒。由于检测需要较长时间，再加上一些化学实验室已经不堪重负，研究肺部 CT 影像当中的临床特征开始变得极为重要。该软件是中国将人工智能应用于医学领域的一个典范，在新冠肺炎诊疗过程中起到了关键作用。

案例 2：百度机器翻译

机器翻译是利用计算机将一种语言自动翻译为另一种语言。早在 1946 年第一台现代计算机诞生之初，美国科学家 W.Weaver 就提出了机器翻译的设想。机器翻译涉及计算机、认知科学、语言学、信息论等学科，是人工智能的终极目标，研究机器翻译技术具有重要的学术意义。在互联网和全球化的背景下，大国之间的网络博弈趋于白热化，网络信息安全面临前所未有的挑战。研发具有完全自主知识产权的机器翻译系统，实时准确地获取多种政治、经济文化、军事信息，是我国信息安全的重要基础保障，对于保障国家安全、发展国民经济和实施国际化战略具有重要意义。

百度机器翻译在海量翻译、知识获取、翻译模型、多语种翻译技术等方面取得了重大突破，解决了传统研发成本高、周期长、质量低的难题，实时准确地响应互联网海量、复杂的翻译请求。基于人工智能的互联网机器翻译核心技术如下：

在互联网大数据的翻译模型指导下，提出的自适应训练和多策略解码算法，突破了多领域、多文化的翻译瓶颈；实现了翻译云平台与算法的充分优化与融合，实时响应每天来自全球过亿次复杂多样的翻译请求。基于互联网大数据的高质量翻译知识获取技术，突破了传统翻译知识获取规模小、成本高的瓶颈，并制定了语言内容处理领域的国际标准。基于枢轴语言的翻译知识桥接和模型桥接技术，突破了机器翻译语言覆盖受限的瓶颈，使得资源稀缺的小语种翻译成为了可能，并实现了多语种翻译的快速部署，11 天可部署一个新语种。

“百度翻译”应用了上述机器翻译的核心技术，使用界面如图 3-23 所示，支持汉语、英语、日语、韩语、泰语等 28 种语言和 756 个翻译方向，覆盖全球超过 5 亿用户，每日响应过亿次的翻译请求。根据第三方评测，“百度翻译”在当时上线的 32 个翻译方向中，有 28 个翻译方向超过了谷歌翻译。在中国电子学会组织的科技成果技术鉴定中，院士专家一致认为：“在翻译质量、翻译语种方向、响应时间三个指标上达到国际领先水平”。

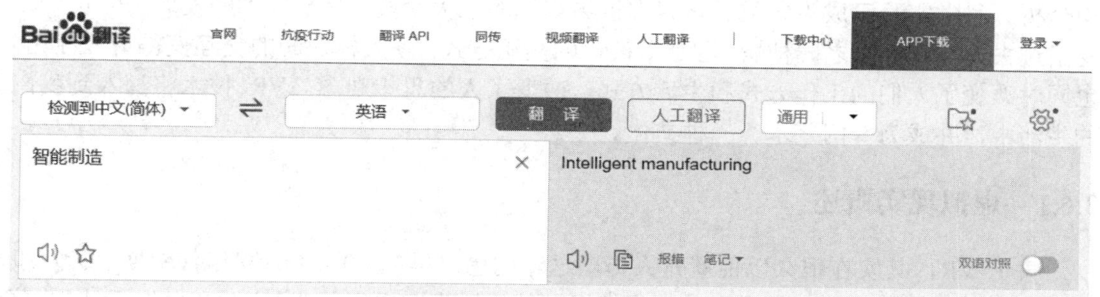

图 3-23　“百度翻译”

“百度翻译”开放平台为超过 7000 个第三方应用提供免费服务，促进了国民经济的发展，助力中国企业的国际化；为大量中小企业提供翻译平台服务，降低了创业新门槛，带动了相关产业的繁荣与发展。华为将翻译服务集成到其 Ascend Mate 手机的摄像头翻译应用中，带有翻译功能的手机被销往全球各地；“金山毒霸”使用以上翻译技术，实现了字词查询到句篇自动翻译的跨越，装机量达到 4660 万套。基于人工智能的互联网机器翻译核心技术有效支撑了相关单位核心事业的发展，为维护国家安全和社会稳定、推动多语言情报翻译和分析事业的发展发挥了重要作用。

3.6　虚拟现实

曾几何时，科幻小说家为我们描绘过一个梦想，人们可以通过电子或虚拟的方式来丰富我们的生活：人类可以进入一个虚拟的世界，在那里可以通过替身(化身)在三维空间中进行探险、娱乐、工作以及与人交往。随着计算机技术、网络技术、多媒体技术、三维图形技术等技术的发展，人类的这一梦想将变为现实，其实手段就是虚拟现实技术。虚拟现实是从英文 Virtual Reality 一词翻译过来的，Virtual 是虚假的意思，Reality 是真实的意思，合并起来就是虚拟现实(以下正文中简称 VR)，也就是说，本来没有的事物和环境，通过各种技术虚拟出来，让你感觉就如同置身于真实世界中一样。

VR 技术又称虚拟实境或灵境技术，这项技术原本是美国军方开发研究出来的一项计算机技术，到 20 世纪 80 年代末才逐渐为各界所关注，它以计算机技术为主，利用并综合三维图形技术、多媒体技术、仿真技术、传感技术、显示技术、伺服技术等多种高科技的最新发展成果，通过计算机等设备来产生一个逼真的三维视觉、触觉、嗅觉等多种感官体验的虚拟世界，从而使处于虚拟世界中的人产生一种身临其境的感觉。在这个虚拟世界中，人们可直接观察周围世界及物体的内在变化，与其中的物体进行自然的交互，并能实时产生与真实世界相同的感觉，使人与计算机融为一体。与传统的模拟技术相比，VR 技术的主要特征是：用户能够进入到一个由计算机系统生成的交互式的三维虚拟环境中，可以与之进行交互。通过参与者与仿真环境的相互作用，并利用人类本身对所接触事物的感知和认知能力，帮助启发参与者的思维，全方位地获取事物的各种空间信息和逻辑信息。

随着计算机技术及相关技术的发展，在 PC 上实现 VR 技术已成为可能。VR 技术、理论分析、科学实验已成为人类探索客观世界规律的三大手段。VR 技术的发展与普及，改变了过去人与计算机之间枯燥、生硬、被动的交流方式，使人机之间的交互变得更人性化，也同时改变了人们的工作方式和生活方式，改变了人的思想观念。VR 技术将深入到我们的生活中，并成为一门艺术、一种文化。

3.6.1　虚拟现实概述

关于 VR，其实在很久以前就有人提出这一构想。早在 20 世纪 50 年代中期，计算机刚在美国、英国的一些大学出现，电子技术还处于以真空电子管为基础的时候，美国的莫顿・海利希就成功地利用电影技术，通过“拱廓体验”让观众经历了一次美国曼哈顿的想象之旅。但由于当时各方面的条件制约，如缺乏相应的技术支持、没有合适的传播载体、缺乏硬件处理设备等原因，VR 技术并没有得到很大的发展，直到 20 世纪 80 年代末，随着计算机技术的高速发展及互联网技术的普及，才使得 VR 技术得到广泛的应用。

VR 技术的发展大致分为三个阶段：20 世纪 50 年代到 70 年代，是 VR 技术的探索阶段；20 世纪 80 年代初期到 80 年代中期，是 VR 技术系统化、从实验室走向实用的阶段；20 世纪 80 年代末期到 21 世纪初，是 VR 技术高速发展的阶段。

第一套具有 VR 思想的装置是莫顿・海利希在 1962 年研制的称为 Sensorama 的具有多种感官刺激的立体电影系统，它是一套只能供个人观看立体电影的设备，采用模拟电子技术与娱乐技术相结合的全新技术，能产生立体声音效果，并能有不同的气味，座位也能根据剧情的变化摇摆或振动，观看时还能感觉到有风在吹动。在当时，这套设备非常先进，但观众只能观看，而不能改变所看到的和所感受到的世界，也就是说无交互操作功能。1965 年，计算机图形学的奠基者美国科学家艾凡・萨瑟兰在一篇名为《终极的显示》的论文中，首次提出了一种假设，观察者不是通过屏幕窗口来观看计算机生成的虚拟世界，而是生成一种直接使观察者沉浸并能互动的环境。这一理论后来被公认为在 VR 技术中起着里程碑的作用，所以我们称他既是“计算机图形学”之父，也是“虚拟现实技术”之父。

在随后几年中，艾凡・萨瑟兰在麻省理工学院开始头盔式显示器的研制工作，人们戴上这个头盔式显示器，就会产生身临其境的感觉。在 1968 年，艾凡・萨瑟兰使用两个可以戴在眼睛上的阴极射线管(CRT)研制出了第一个头盔式显示器(HMD)，并发表了

《A Head-Mounted 3D Display》的论文，他对头盔式显示器装置的设计要求、构造原理进行了深入的分析，并描绘出这个装置的设计原型，此举成为三维立体显示技术的奠基性成果。在第一个 HMD 的样机完成后不久，研制者们又反复研究，在此基础上把能够模拟力量和触觉的力反馈装置加入这个系统中，并于 1970 年研制出了第一个功能较齐全的 HMD 系统。基于 20 世纪 60 年代以来所取得的一系列成就，美国的 Jaron Lanier 在 20 世纪 80 年代初正式提出了“Virtual Reality”一词。

20 世纪 80 年代，美国国家航空航天局(NASA)及美国国防部组织了一系列有关 VR 技术的研究，并取得了令人瞩目的研究成果，从而引起了人们对 VR 技术的广泛关注。1984 年，NASA Ames 研究中心虚拟行星探测实验室的 M. McGreevy 和 J. Humphries 博士组织开发了用于火星探测的虚拟世界视觉显示器，将火星探测器发回的数据输入计算机，为地面研究人员构造了火星表面的三维虚拟世界。在随后的虚拟交互世界工作站(VIEW)项目中，他们又开发了通用多传感个人仿真器和遥控设备。

进入 20 世纪 90 年代后，迅速发展的计算机硬件技术与不断改进的计算机软件系统相匹配，使得基于大型数据集合的声音和图像的实时动画制作成为可能，人-机交互系统的设计不断创新，新颖、实用的输入/输出设备不断地涌入市场，而这些都为 VR 系统的发展打下了良好的基础。

在应用方面，1993 年 11 月，宇航员通过 VR 系统的训练，成功地完成了从航天飞机的运输舱内取出新的望远镜面板的工作，而用 VR 技术设计的波音 777 飞机是虚拟制造的典型应用实例，这是飞机设计史上第一次在设计过程中没有采用实物模型。波音 777 飞机由 300 万个零件组成，所有的设计在一个由数百台工作站组成的虚拟世界中进行。设计师戴上头盔式显示器后，可以穿行于设计的虚拟“飞机”之中，审视“飞机”的各项设计指标。正是由于 VR 技术产生的具有交互作用的虚拟世界，使得人机交互界面更加形象和逼真，越来越激发了人们对 VR 技术的兴趣。近十年来，国内外对此项技术的应用更加广泛，在军事、航空航天、科技开发、商业、医疗、教育、娱乐等多个领域得到越来越广泛的应用，并取得了巨大的经济效益和社会效益。正因为 VR 技术是一个发展前景非常广阔的新技术，故而人们对它的应用前景充满了憧憬。

VR 系统的目标是由计算机生成虚拟世界，用户能与之进行视觉、听觉、触觉、嗅觉等全方位交互。要达到这种目标，除了需要一些专业的硬件设备，还必须有较多的相关技术及软件加以保证。下面几节将详细介绍 VR 在智能制造过程中所必不可少的关键技术。

3.6.2　环境建模技术

虚拟环境的建立是 VR 技术的核心内容，虚拟环境是建立在建模基础之上的，只有设计出反映研究对象的、真实有效的模型，VR 系统才有可信度。虚拟环境建模的目的是获取实际环境的三维数据，并根据应用的需要，利用获取的三维数据建立相应的虚拟环境模型。

建模技术的内容十分广泛，目前也有很多较成熟的建模技术，但有些建模技术可能对 VR 系统来说不太适合，主要的原因就在于 VR 系统中实时性的要求，除此之外，还有在这些建模技术中产生的很多信息可能是 VR 系统中所不需要的，或是对物体运动的操纵性支持得不够等。

VR 系统中环境的建模技术与其他图形建模技术相比，主要特点表现在以下 3 个方面：

(1) 虚拟环境中可以有很多物体，往往需要建造大量完全不同类型的物体模型。

(2) 虚拟环境中有些物体有自己的行为，而其他图形建模系统中一般只有构造静态的物体，或是物体简单的运动。

(3) 虚拟环境中的物体必须有良好的操纵性能，当用户与物体进行交互时，物体必须以某种适当的方式来作出反应。

VR 系统包括三维视觉和三维听觉建模等。在当前应用中，环境建模一般主要是三维视觉建模。三维视觉建模又可细分为几何建模、物理建模、行为建模等。几何建模是基于几何信息来描述物体模型的建模方法，它处理对物体的几何形状的表示，研究图形数据结构的基本问题；物理建模涉及物体的物理属性；行为建模反映研究对象的物理本质及其内在的工作机理。

1. 几何建模技术

几何建模技术主要是对物体几何信息的表示与处理，它是涉及表示几何信息数据结构，以及相关的构造与操纵数据结构的算法的建模方法。

几何建模通常采用以下 4 种方法：

(1) 利用 VR 工具软件来进行建模，如 OpenGL、Java3D、VRML 等。

(2) 直接从某些商品图形库中选购所需的几何图形，这样可以避免直接用多边形或三角形拼构某个对象外形时的烦琐过程，也可节省大量的时间。

(3) 利用常用建模软件来进行建模，如 AutoCAD、3DSMAX、Softimage、Pro / E 等，用户可交互式地创建某个对象的几何图形。

(4) 直接利用 VR 编辑器，如 Dimension 公司的 VRT3 和 Division 公司的 Amaze 等都具有这种功能。

2. 物理建模技术

建模技术进一步发展的产物是物理建模，也就是在建模时要考虑对象的物理属性。典型的物理建模技术有分形技术和粒子系统。

1) 分形技术

分形技术是指可以描述具有自相似特征的数据集。自相似的典型例子是树，若不考虑树叶的区别，当我们靠近树梢时，树的树梢看起来也像一棵大树，由相关的一组树梢构成的一根树枝，从一定的距离观察也像一棵大树。当然，由树枝构成的树从适当的距离看时自然也是棵树。虽然，这种分析并不十分精确，但比较接近。这种结构上的自相似称为统计意义上的自相似。

自相似结构可用于复杂的不规则外形物体的建模。该技术首先被用于河流和山体的地理特征建模。举一个简单的例子来说，我们可利用三角形来生成一个随机高度的地形模型。取三角形三边的中点并按顺序连接起来，将三角形分割成 4 个三角形，在每个中点随机地赋予一个高度值，然后，递归上述过程，我们就可产生相当真实的山体。

分形技术的优点是用简单的操作完成复杂的不规则物体建模，缺点是计算量太大，不实时。因此，在 VR 系统中一般仅用于静态远景的建模。

2) *粒子系统*

粒子系统是一种典型的物理建模系统，粒子系统采用简单的体素完成复杂的运动建模。所谓体素是用来构造物体的原子单位，体素的选取决定了建模系统所能构造的对象范围。粒子系统由大量称为粒子的简单体素构成，每个粒子具有位置、速度、颜色和生命期等属性，这些属性可根据动力学计算和随机过程得到。在 VR 系统中，粒子系统常用于描述火焰、水流、雨雪、旋风、喷泉等现象及动态运动的物体建模。

3. 行为建模技术

几何建模与物理建模相结合，可以部分实现 VR 的“看起来真实、动起来真实”的特征，而要构造一个能够逼真地模拟现实世界的虚拟环境，必须结合行为建模技术。

行为建模负责物体的运动和行为的描述。如果说几何建模是 VR 建模的基础，行为建模则真正体现出 VR 的特征。一个 VR 系统中的物体若没有任何行为和反应，则这个 VR 系统是静止的、没有生命力的，对于 VR 用户是没有任何意义的。

行为建模技术主要研究的是物体运动的处理和对其行为的描述，体现了虚拟环境中建模的特征。也就是说，行为建模就是在创建模型的同时，不仅赋予模型外形、质感等表现特征，同时也赋予模型物理属性和“与生俱来”的行为与反应能力，并且服从一定的客观规律。

在虚拟环境行为建模中，建模方法主要有运动学与动力学仿真方法。

1) *运动学方法*

运动学方法是通过几何变换，如物体的平移或旋转等来描述运动。在运动控制中，无须知道物体的物理属性。在关键帧动画中，运动是通过显示指定几何变换来表现的。首先设置几个关键帧用来区分关键的动作，其他动作根据各关键帧可通过内插等方法来完成。

由于运动学方法产生的运动是基于几何变换的，复杂场景的建模将显得比较困难。

2) *动力学仿真*

运动力学仿真运用物理定律而非几何变换来描述物体的行为，在该方法中，运动是通过物体的质量和惯性、力和力矩以及其他的物理作用计算出来的。这种方法的优点是对物体运动的描述更精确，运动更加自然。

采用运动学方法与动力学仿真都可以模拟物体的运动行为，但各有其优越性和局限性。运动学方法可以做得很真实和高效，但相对应用面不广；而动力学仿真技术利用真实规律精确描述物体的行为，比较注重物体间的相互作用，较适合物体间交互较多的环境建模，它有着广泛的应用领域。

3.6.3 实时三维图形绘制技术

视觉信息是人类感知外部世界、获取信息的最主要的传感通道，要使用户对虚拟环境产生沉浸感，首先必须要求观察的场景画面是三维立体的，即在用户的立体眼镜或 HMD 的左右眼显示器上，同步出现具有给定视差的场景画面用以产生立体视觉。其次，产生的立体画面必须随用户视点的视线方向的改变、场景中物体的运动而实时地刷新。因而三维场景的实时绘制可以说是 VR 中又一项重要的技术。

传统的真实感图形绘制的算法追求的是图形的真实感与高质量，对每帧画面的绘制速度并没有严格的限制，而在 VR 系统中要求的实时三维绘制要求图形实时生成，需用限时计算技术来实现。由于在虚拟环境中所涉及的场景常包含着数十万甚至上百万个多边形，VR 系统对传统的绘制技术提出了严峻的挑战。

实时三维图形绘制技术指利用计算机为用户提供一个能从任意视点及方向实时观察三维场景的手段，它要求当用户的视点改变时，图形显示速度也必须跟上视点的改变速度，否则就会产生迟滞现象。

由于三维立体图包含有比二维图形更多的信息，而且虚拟场景越复杂，其数据量就越大。因此，当生成虚拟环境的视图时，必须采用高性能的计算机及设计好的数据组织方式，从而达到实时性的要求，至少保证图形的刷新频率不低于 15 帧/秒，最好是高于 30 帧/秒。

有些性能不好的 VR 系统会由于视觉更新等待时间过长，将可能造成视觉上的交叉错位。即当用户的头部转动时，由于计算机系统及设备的延迟，使新视点场景不能得到及时更新，从而产生头已移动而场景没及时更新，而当用户的头部已经停止转动后，系统此时却将刚才延迟的新场景显示出来的情况。这不但大大地降低了用户的沉浸感，严重的还将产生我们在 VR 技术中常说的“运动病”现象，使人产生头晕、乏力等。

1. 基于几何图形的实时绘制技术

为了保证三维图形的显示能实现刷新频率不低于 30 帧/秒，除了在硬件方面采用高性能的计算机外，还必须选择合适的算法来降低场景的复杂度(即降低图形系统处理的多边形数目)。目前，用于降低场景的复杂度，以提高三维场景的动态显示速度的常用方法有预测计算、脱机计算、场景分块、可见消隐、细节层次模型等，其中细节层次模型应用较为普遍。

1) 预测计算

根据物体的各种运动规律，如手的移动，可在下一帧画面绘制之前用预测的方法推算出手的位置，从而减少由输入设备所带来的延迟。

2) 脱机计算

由于 VR 系统是一个较为复杂的系统，在实际应用中可以尽可能将一些可预先计算好的数据进行预先计算并存储在系统中，这样可加快需要运行时的速度。

3) 场景分块

将一个复杂的场景划分成若干个子场景，各个子场景间几乎不可见或完全不可见。例如，把一个建筑物按房间划分成多个子部分，此时，观察者处在某个房间时仅能看到房内的场景，如门口、窗户等和与之相邻的房间和景物。这样，系统就能有效地减少在某一时刻所需要显示的多边形数目，从而有效降低了场景的复杂度。这种方法对封闭的空间有效，但对开放的空间则很难使用。

4) 可见消隐

场景分块技术与用户所处的场景位置有关，而可见消隐技术则与用户的视点关系密切。使用这种方法，系统仅显示用户当前能“看见”的场景，当用户仅能看到整个场景中很小部分时，由于系统仅显示相应场景，此时可大大减少所需显示的多边形的数目。然而，当用户“看见”的场景较复杂时，这种方法就作用不大。

5) 细节层次模型

所谓细节层次模型(Level Of Detail，LOD)，如图3-24所示，是对同一个场景或场景中的物体使用具有不同细节的描述方法得到的一组模型。在实时绘制时，对场景中不同的物体或物体的不同部分采用不同的细节描述方法。如果一个物体离视点比较远，或者这个物体比较小，就要采用较粗的LOD模型绘制，反之，如果这个物体离视点比较近，或者物体比较大时，就必须采用较精细的LOD模型来绘制。同样，如果场景中有运动的物体，也可以采用类似的方法，对处于运动速度快或处在运动中的物体，采用较粗的LOD模型；而对于静止的物体采用较精细的LOD模型。

图3-24　LOD模型示意图

举个例子来说，当我们离一个大楼很远时，VR系统可以选择一个较为简单的模型(比如只能显示出大楼的外形而分辨不出窗户和门等)来代表它。而随着我们的逐步接近，系统就将采用分段更替的方法，选择越来越精确的模型对它加以描述，反之亦然。

与其他技术相比，细节层次模型是一种很有前途的方法，它不仅可以用于封闭空间模型，也可以用于开放空间模型。但是，LOD模型缺点是所需储存量大，同时，离散的LOD模型无法支持模型间的连续过渡，且对场景模型的描述及其维护提出了较高的要求。LOD模型常用于复杂场景快速绘制、飞行模拟器、交互式可视化和VR系统中。

2. 基于图像的实时绘制技术

基于几何模型的实时动态显示技术其优点主要是观察点和观察方向可以随意改变，不受限制。但是，同时也存在一些问题，如三维建模费时费力、工程量大，对计算机硬件有较高的要求，漫游时在每个观察点及视角实时生成的数据量较大。因此，近年来很多学者研究直接采用图像来实现复杂环境的实时动态显示。

基于图像的绘制技术(Image Based Rendering，IBR)是采用一些预先生成的场景画面，对接近于视点或视线方向的画面进行变换、插值与变形，从而快速得到当前视点处的场景画面。

与基于几何的传统绘制技术相比，基于图像的实时绘制技术的优势在于：

(1) 图形绘制技术与场景复杂性无关，仅与所要生成画面的分辨率有关。

(2) 预先存储的图像(或环境映照)既可以是计算机生成的，也可以是用相机实际拍摄的画面，也可以两者混合生成。它们都能达到满意的绘制质量。

(3) 对计算机的资源要求不高，可以在普通工作站和个人计算机上实现复杂场景的实时显示。

目前，基于图像的绘制技术主要有以下两种，此外，其他的还有基于分层表示及全视函数等方法。

(1) 全景技术。全景技术是指在一个场景中的一个观察点用相机每旋转一下角度拍摄得到一组照片，再在计算机采用各种工具软件拼接成一个全景图像。它所形成的数据较小，对计算机配置要求低，适用于桌面式 VR 系统，建模速度快，但一般一个场景只有一个观察点，因此交互性较差。

(2) 图像的插值及视图变换技术。在上面所介绍的全景技术中，只能在指定的观察点进行漫游。现在，研究人员研究了根据在不同观察点所拍摄的图像，交互地给出或自动得到相邻两个图像之间对应点，采用插值或视图变换的方法，求出对应于其他点的图像，生成新的视图，根据这个原理可实现多点漫游的要求。

3.6.4　三维虚拟声音显示技术

在 VR 系统中，听觉是仅次于视觉的第二传感通道，是创建虚拟世界的一个重要组成部分。在 VR 系统中加入与视觉并行的三维虚拟声音，一方面可以在很大程度上增强用户在虚拟世界中的沉浸感和交互性，同时也可以减弱大脑对于视觉的依赖性，降低沉浸感对视觉信息的要求，使用户能从既有视觉感受又有听觉感受的环境中获得更多的信息。

VR 系统中的三维虚拟声音与人们熟悉的立体声音完全不同。我们日常听到的立体声录音，虽然有左右声道之分，但就整体效果而言，我们能感觉到立体声音来自听者面前的某个平面；而 VR 系统中的三维虚拟声音，使听者能感觉到声音却是来自围绕听者双耳的一个球形空间中的任何地方，即声音可能来自头的上方、后方或者前方。在战场模拟训练系统中，当用户听到了对手射击的枪声时，他就能像在现实世界中一样准确而且迅速地判断出对手的位置，如果对手在他身后，听到的枪声就应是从后面发出的。因而把在虚拟场景中的能使用户准确地判断出声源的精确位置、符合人们在真实境界中听觉方式的声音系统称为三维虚拟声音系统。

在 VR 系统中，借助于三维虚拟声音可以衬托视觉效果，使人们对虚拟体验的真实感增强。即使闭上眼睛，也知道声音来自哪里。当 HMD 的分辨率和图像质量都还较差时，声音对视觉质量的增强作用就更为重要了。原因是听觉和其他感觉一起作用时，能在显示中起增效器的作用。视觉和听觉一起使用能充分显示信息内容，尤其是当空间超出了视域范围，从而提供更强烈的存在和真实性感觉。另外，声音是用户和虚拟环境的另一种交互方法，人们可以通过语音与虚拟世界进行双向交流。

三维虚拟声音系统最核心的技术是三维虚拟声音定位技术，它的主要特征如下：

1. 全向三维定位特性

全向三维定位特性(3D Steering)指在三维虚拟空间中，使用户能准确地判断出声源的精确位置，符合人们在真实境界中的听觉方式，如同在现实世界中，我们一般先听到声响，然后再用眼睛去看这个地方。三维声音系统不仅允许我们根据注视的方向，而且可根据所有可能的位置来监视和识别各信息源。可见，三维声音系统能提供粗调的机制，用以引导较为细调的视觉能力的注意。在受干扰的可视显示中，用听觉引导肉眼对目标的搜索，要优于无辅助手段的肉眼搜索，即使是对处于视野中心的物体也是如此，这就是声学信号的全向特性。

2. 三维实时跟踪特性

三维实时跟踪特性(3D Real Time Localization)是指在三维虚拟空间中，实时跟踪虚拟声源位置变化或景象变化的能力。当用户头部转动时，这个虚拟的声源的位置也应随之变化，使用户感到真实声源的位置并未发生变化。而当虚拟发声物体移动位置时，其声源位置也应有所改变。因为只有声音效果与实时变化的视觉相一致，才可能产生视觉和听觉的叠加与同步效应。如果三维虚拟声音系统不具备这样的实时变化能力，看到的景象与听到的声音会相互矛盾，听觉就会削弱视觉的沉浸感。

3. 沉浸感与交互性

三维虚拟声音的沉浸感是指加入三维虚拟声音后，能使用户产生身临其境的感觉，这可以更进一步使人沉浸在虚拟环境之中，有助于增强临场效果。而三维声音的交互特性则是指随着用户的临场反应而实时响应的能力。

3.6.5　虚拟现实的应用

案例：虚拟现实在智慧博物馆中的应用

随着经济的飞速发展，人们对文化的需求日益增多，国家也越来越重视文化的发展。2013 年 12 月 30 日，习近平总书记在主持中共中央政治局第十二次集体学习时提出，要系统梳理传统文化资源，让收藏的文物、陈列在广阔大地上的遗产、书写在古籍里的文字都活起来。要以理服人，以文服人，以德服人，提高对外文化交流水平，完善人文交流机制，创新人文交流方式，综合运用大众传播、群体传播、人际传播等多种方式展示中华文化魅力。传统的展览方式一般是实物展览配上展览说明，这些展览方式对于非专业人士来说索然无味。如何让文物、遗产、文字活起来呢？随着 VR、AR、全息投影等技术的发展，将每一件展品放在一个情景里，让公众身临其境，让展览变活成为可能。

2010 年上海世博会中国馆展出的巨型动态版《清明上河图》，用长 128 米、高 6.5 米的弧形屏幕虚拟呈现出北宋宣和年间世界上最大城市汴京的繁盛景象，画卷中 1000 余个中国古代人物形象在日夜景交替中，举止各异、栩栩如生。动态版《清明上河图》成为最受欢迎的中国馆展项之一，令众多参观者观后仍意犹未尽，如图 3-25 所示。该展项获得英国国际视觉传播协会颁发的 2011 年度最佳现场和体验活动奖。

图 3-25　动态版《清明上河图》

动态版《清明上河图》的虚拟现实表现为：

(1) 用数字技术生成与真实环境在视听方面高度近似的虚拟场景。动态版《清明上河图》所展示的内容完全遵从于原作，但将原作 5 米多长的画卷放大了近 20 倍，用较大的空间感将观众置身其中，并且将观众所看静态画面在大脑中延展开的想象用动画呈现出来。走在巨型画卷旁，使观众有强烈的“人在画中游”的历史穿越感和沉浸感。

(2) 融合了多种虚拟现实技术和手段。动态版《清明上河图》采用投影、三维成像、电影特技等多种数字化技术，用 12 台投影仪将动态画面投映在巨型屏幕上，为避免因直线视觉冲击给观众带来呆板的感觉，而将巨型屏幕弄成褶状，屏幕曲折起伏，最大的凹凸差幅有 2.5 米。这种巨幅异形显示屏是虚拟现实主要的视觉呈现终端，多台投影仪无缝拼接、程序化控制、三维成像等技术是虚拟现实主要的技术应用。在动态画卷制作方面利用了电影中的视听语言、场景渲染等多种方法和手段。

(3) 理性选择、运用技术手段，体现了展示形式为展陈内容服务的办展原则。当今信息社会，可实现视觉冲击、声响震撼、角色扮演、人机互动等效果的高科技手段诸多，而动态版《清明上河图》不是简单的高科技的堆砌，而是从视觉和听觉两个维度为观众生动地呈现了中国北宋时期的城市生活，较准确地把握了原作所要表现的意境。动态版《清明上河图》集艺术、科技、创意为一体，已成为文博展陈中应用虚拟现实的经典之作。

博物馆藏品具有不可再生和不可替代的特殊性，因此在管理上必须保持特定的保藏环境，有足够的安全系数。而这就使得博物馆文物库房几乎变成禁区，而对藏品如何面向公众有效地利用则考虑得很少。例如，法国卢浮宫馆藏文物 40 万件，开辟了 250 个展厅，经常展出的文物 20 万件，并定期更换，藏品利用率达到 55%。而我国博物馆藏品利用率与国外博物馆相比有较大的差距。当前，如何在保证藏品安全的前提下，提高藏品的利用率呢？在满足实体展馆展出需求的同时，运用虚拟现实技术建立向公众开放的虚拟数字文物仓库将解决这一问题。

用墙体一样大小的屏幕显示文物仓库的整体布局和库内环境，参观者轻触屏幕，虚拟文物仓库厚重的大门向观众敞开，并发出门转动时的吱呀声。屏幕组成的矩阵显示出每一个文物保存柜，观者隔空做出开启柜门的手势，柜门缓缓打开，柜内文物以真实保存状态出现在观众面前。观众有进一步观赏和研究的需求时，柜内光线变亮，保护文物的附属物品脱离，文物以三维立体的姿态呈现在观者面前，可以 360° 旋转，以便高精度的欣赏。这种场景不是“魔法”，也不是科幻，是当前大屏幕投影场景显示、触/力觉交互、方位跟踪、三维扫描成像等技术手段的综合运用。用虚拟现实技术构建虚拟数字文物仓库，能打破以往的神秘感，增加博物馆的透明度，提高藏品的利用率。另外，藏品的保藏工作本身就具有展览展示的意义，再结合“博物馆探宝”等社教活动，将是一项观众参与度高、交互性强和趣味性大的展项。

第四章　机器人技术及其在智能生产中的应用

4.1　工业机器人的现状

4.1.1　工业机器人的分类

工业机器人按照机械结构方式可以分为串联机器人和并联机器人两大类。

1. 串联机器人

串联机器人是一种开式运动链机器人，它是由一系列连杆通过转动关节或移动关节串联形成的，一个轴的运动会改变另一个轴的坐标状态。

根据自由度数不同，目前市场上串联机器人主要分为 6-DOF 串联机器人和 4-DOF 串联机器人。

6-DOF 串联机器人主要结构形式为 6 关节机械臂，如图 4-1(a)所示。该种机器人可以实现末端 6 个维度的运动，分别为：沿 *X*、*Y*、*Z* 轴的平移和绕 *X*、*Y*、*Z* 轴的旋转。

4-DOF 串联机器人主要结构形式为 SCARA 机器人，如图 4-1(b)所示。该种机器人可以实现末端 4 个维度的运动，分别为：沿 *X*、*Y*、*Z* 轴的平移和绕 *Z* 轴的旋转。

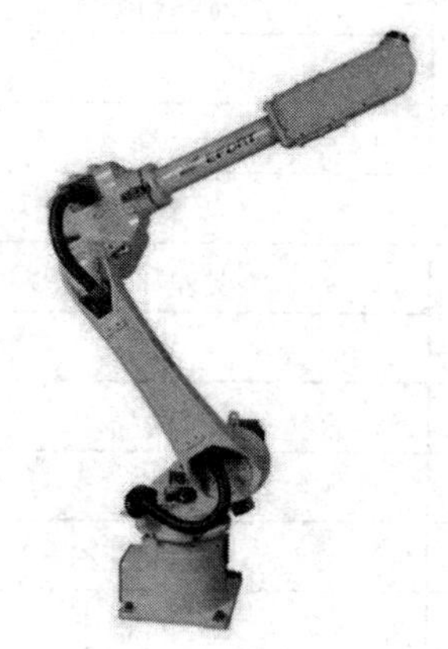

(a) 6-DOF 机械臂图

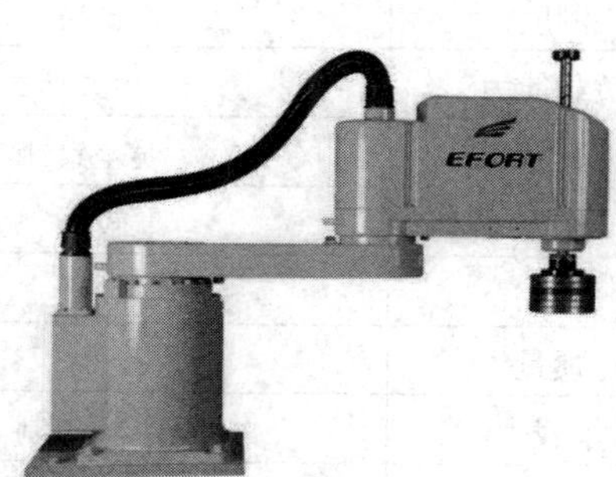

(b) SCARA 机器人

图 4-1　串联机器人

2. 并联机器人

并联机器人是一种封闭式运动链机器人，一般由上下运动平台和两条或者两条以上运动支链构成，一个轴的运动不会改变另一个轴的坐标状态。

根据自由度数不同，并联机器人同样可以分为 6-DOF 并联机器人和 4-DOF 并联机器人。

6-DOF 并联机器人主要结构形式如图 4-2(a)所示，可以实现上运动平台 6 个维度的运动，分别为：沿 *X*、*Y*、*Z* 轴的平移和绕 *X*、*Y*、*Z* 轴的旋转。

4-DOF 并联机器人主要结构形式为 DELTA 机器人，如图 4-2(b)所示。该种机器人可以实现下运动平台 4 个维度的运动，分别为：沿 *X*、*Y*、*Z* 轴的平移和绕 *Z* 轴的旋转。

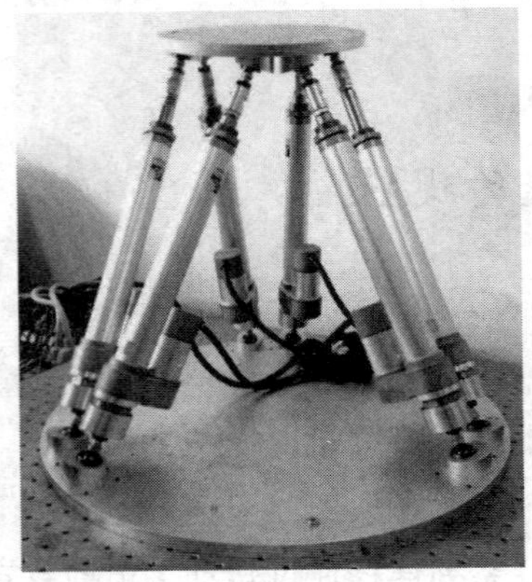
(a) 6-DOF 并联平台

(b) DELTA 机器人

图 4-2　并联机器人

3. 串联和并联机器人的特点

由于结构形式的不同，串联机器人和并联机器人拥有各自的特点，主要区别如表 4-1 所示。

表 4-1　串联机器人与并联机器人的区别

类别	串联机器人	并联机器人
工作空间	大	小
刚度	较高	高
负载能力	大	较大
位置精度	误差累计	误差平均化
速度	较低	较高
加速度	较低	较高
惯量	大	小
承载力	单杆限制	多杆积累
运动学正解	容易	困难
运动学反解	困难	容易
奇异性问题	不多	较多

由于串联与并联机器人各自特点的不同，主要应用的行业领域也有所不同。

串联机器人由于结构串联，导致机构的运动性能相互叠加，运动误差依次累计，所以串联机器人的运动速度、加速度及精度较并联机器人都较低。但是串联结构具有工作空间大、工作空间内运动灵活的优势，加上合理的结构设计，串联机器人可以实现挂载较重的负载，所以串联机器人广泛应用于搬运、焊接、喷涂等领域，市场占有率较高。

并联机器人在结构上克服了串联机器人的缺点，直接驱动末端执行器，减少了中间结构环节，从而使得并联机器人精度高、速度快。但是，并联结构的工作空间较小、且挂负载能力较小，所以，并联机器人广泛应用于分拣行业，在药品、食品、微电子等领域市场占有率较高。

随着技术的发展，近代衍生出一种新的机器人结构，将串联型机器人和并联型机器人的优点相结合，组成混联机器人。混联机器人在操作空间内可进行灵活多角度的操作，又兼具高速高精度的特性，刚度高，承载能力强。图 4-3 为天津大学研发的 6 自由度的混联机器人，主要应用于航空航天特种加工领域。

图 4-3　混联机器人

4.1.2　工业机器人的组成

从工作原理角度出发，工业机器人整个系统主要由四部分组成。

1. 执行机构

执行机构是机器人赖以完成工作任务的实体，通常由一系列连杆、关节或其他形式的运动副组成，可在空间抓放物体或执行其他操作的机械装置。执行机构从功能角度可分为基座、手臂、手腕和末端执行器等。

2. 控制系统

控制系统即机器人的大脑，支配着机器人按规定的程序运动，并记忆人们给予的指令信息(如动作信息、运动轨迹、运动速度等)。控制系统按位置控制方式可分为点位控制和连续路径控制两种。其中，点位控制方式只关心机器人末端执行器的起点和终点位置，而不关心这两点之间的运动轨迹，这种控制方式可完成无障碍条件下的点焊、上下料、搬运等操作。连续路径控制方式不仅要求机器人以一定的精度到达目标点，而且对移动轨迹也有一定的精度要求，如机器人喷漆、弧焊等操作。实质上这种控制方式是以点位控制方式为基础，在每两点之间用符合精度要求的位置轨迹插补算法实现轨迹连续化的。

3. 驱动系统

驱动系统按照系统发出的控制指令将信号放大，驱动执行机构运动的装置。驱动系统通常包括气动、液压、电气等几种驱动方式。

(1) 气动驱动系统通常由气缸、气阀、气罐和空压机等组成，以压缩空气来驱动执行机构进行工作。其优点是空气来源方便、动作迅速、结构简单、造价低、维修方便、防火防爆、漏气对环境无影响，缺点是操作力小、体积大，又由于空气的压缩性大，速度不易控制、响应慢、动作不平稳、有冲击。

(2) 液压驱动系统通常由液动机(各种油缸、油马达)、伺服阀、油泵、油箱等组成，以压缩机油来驱动执行机构进行工作，其特点是操作力大、体积小、传动平稳且动作灵敏、耐冲击、耐振动、防爆性好。相对于气动驱动，液压驱动的机器人具有较大的抓举能力，可高达上百千克。但液压驱动系统对密封的要求较高，且不宜在高温或低温的场合工作。

(3) 电气驱动是利用电动机产生的力或力矩直接或经过减速机构驱动机器人，以获得所需的位置、速度和加速度。电气驱动具有电源易取得，无环境污染，响应快，驱动力较大，信号检测、传输、处理方便，可采用多种灵活的控制方案，运动精度高，成本低，驱动效率高等优点，是目前机器人使用最多的一种驱动方法。常用的驱动电动机主要有步进电动机、直流伺服电动机以及交流伺服电动机。

4. 检测系统

检测系统检测执行系统的运动位置、状态，并实时反馈给控制系统，形成闭环控制。按其采集信息的位置，检测系统一般可包括内部和外部两类传感器。内部传感器是完成机器人运动控制所必需的传感器，如位置、速度传感器等，用于采集机器人内部信息，是构成机器人不可缺少的基本元件。常用的内部传感器有编码器等。外部传感器检测机器人所处环境、外部物体状态或机器人与外部物体的关系。常用的外部传感器有力觉传感器、触觉传感器、接近觉传感器和视觉传感器等。

各组成部分相互配合形成闭环控制系统，工作原理如图 4-4 所示。

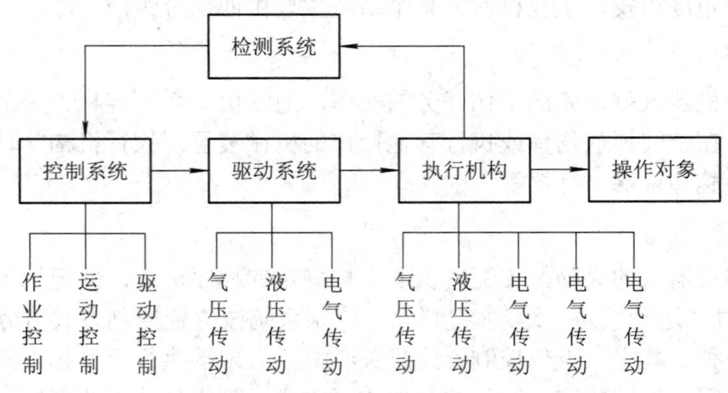

图 4-4　机器人工作原理图

4.1.3　工业机器人的技术指标

每个品牌每种型号的机器人都有自己的技术参数。不同的项目需求和应用领域需要根据技术参数选用不同的机器人。对于工业机器人来讲，主要技术参数一般包括自由度、重复定位精度、工作范围、最大工作速度和承载能力等。

1. 自由度

自由度是衡量机器人动作灵活性的重要指标。机器人的自由度与作业要求有关自由度越多，执行器的动作就越灵活，机器人的通用性也就越好，但其机械结构和控制也就越复杂。若要求执行器能够在三维空间内进行自由运动，则机器人必须能完成在 X、Y、Z 三个方向的直线运动和围绕 X、Y、Z 轴的回转运动，即需要有 6 个自由度。换句话说，如果机器人能具备上述 6 个自由度，执行器就可以在三维空间任意改变姿态，实现对执行器位置的完全控制。

2. 工作精度

机器人的工作精度主要指绝对定位精度和重复定位精度。绝对定位精度指机器人末端参考点实际到达的位置与所需要到达的理想位置之间的差距。重复定位精度指机器人重复到达某一目标位置的差异程度。重复定位精度也指在相同的位置指令下，机器人连续重复若干次其位置的分散情况。它是衡量一系列误差值的密集程度，即重复度。

3. 工作范围

工作范围又称为工作空间、工作行程，它是衡量机器人作业能力的重要指标。工作范围越大，机器人的作业区域也就越大。机器人样本和说明书中所提供的工作范围是指机器人在未安装末端执行器时，其参考点(手腕基准点)所能到达的空间工作范围的大小。它决定于机器人各个关节的运动极限范围，它与机器人的结构有关。

4. 额定负载

额定负载是指机器人在作业空间内所能承受的最大负载。其含义与机器人类别有关，一般以质量、力、转矩等技术参数表示。例如，搬运、装配、包装类机器人指的是机器人能够抓取的物品质量；切削加工类机器人是指机器人加工时所能够承受的切削力；焊接、切割加工的机器人则指机器人所能安装的末端执行器质量等。

5. 最大工作速度

最大工作速度是指在各轴联动情况下，机器人手腕中心所能达到的最大线速度。最大工作速度越高，生产效率就越高；工作速度越高，对机器人最大加速度的要求越高。

根据上述机器人技术指标，结合技术参数，在设计阶段需要校核设计参数，选取或设计合理的机器人。

由于目前市场串联机器人的应用领域相较于并联机器人广，市场占有率相对较高，相对应的机器人控制技术比并联机器人发展也较早，相对比较成熟。所以，本章后续机器人技术将以串联机器人为基础展开。

4.2 工业机器人技术

4.2.1 空间描述及变换

通常我们需要采用一个体系，即世界坐标系，通过参考这个坐标系去描述空间中任意一点的位置和姿态。

1. 位置描述

一旦建立了坐标系，就可以用一个 3×1 的位置矢量对该坐标系中的任何一点进行位置定位。

图 4-5 用三个相互正交的带有箭头的单位矢量来表示一个坐标系$\{\boldsymbol{A}\}$。用 3×1 的矢量表示空间一点 ${}^{A}\boldsymbol{P}$，矢量的各个元素分别为该点在该坐标系下的 X、Y、Z 方向上的坐标值，则

$$ {}^{A}\boldsymbol{P}=\begin{bmatrix}\boldsymbol{P}_X & \boldsymbol{P}_Y & \boldsymbol{P}_Z\end{bmatrix}^{\mathrm{T}} \tag{4-1}$$

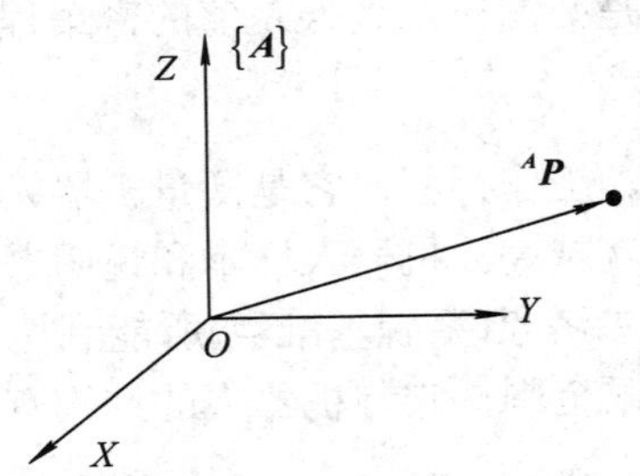

图 4-5　点相对于坐标系的位置矢量

2. 姿态描述

描述空间中的点，不仅需要描述该点位置，而且还需要描述空间中点的姿态。为了描述姿态，通常在该点固定一个坐标系来描述该点的方向指向，并且给出此坐标系相对于参考坐标系的表达。

如图 4-6 所示，用 $\hat{\boldsymbol{X}}_B$、$\hat{\boldsymbol{Y}}_B$、$\hat{\boldsymbol{Z}}_B$ 表示坐标系$\{\boldsymbol{B}\}$主轴方向的单位矢量。当用参考坐标系$\{\boldsymbol{A}\}$表达时，可以写成 ${}^{A}\hat{\boldsymbol{X}}_B$、${}^{A}\hat{\boldsymbol{Y}}_B$、${}^{A}\hat{\boldsymbol{Z}}_B$。我们很容易将三个单位矢量按照 ${}^{A}\hat{\boldsymbol{X}}_B$、${}^{A}\hat{\boldsymbol{Y}}_B$、${}^{A}\hat{\boldsymbol{Z}}_B$ 的顺序排列组成一个 3×3 的矩阵，我们称这个矩阵为旋转矩阵，并且用这个特殊的旋转矩阵来描述坐标系$\{\boldsymbol{B}\}$相对于参考坐标系$\{\boldsymbol{A}\}$的姿态信息，记作 ${}^{A}_{B}\boldsymbol{R}$。

$$ {}^{A}_{B}\boldsymbol{R}=\begin{bmatrix}{}^{A}\hat{\boldsymbol{X}}_B & {}^{A}\hat{\boldsymbol{Y}}_B & {}^{A}\hat{\boldsymbol{Z}}_B\end{bmatrix}=\begin{bmatrix}r_{11} & r_{12} & r_{13}\\ r_{21} & r_{22} & r_{23}\\ r_{31} & r_{32} & r_{33}\end{bmatrix} \tag{4-2}$$

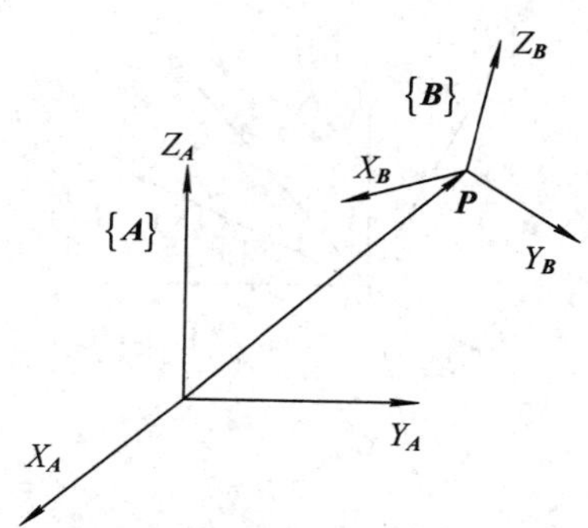

图 4-6　目标坐标系相对于参考坐标系的姿态

在式(4-2)中，标量 r_{ij} 表示坐标系轴矢量在参考坐标中单位方向上的投影分量。因此，${}_B^A\boldsymbol{R}$ 中的各分量可以用一对单位矢量的点积来表示：

$$
{}_B^A\boldsymbol{R}=\begin{bmatrix} {}^A\hat{\boldsymbol{X}}_B & {}^A\hat{\boldsymbol{Y}}_B & {}^A\hat{\boldsymbol{Z}}_B \end{bmatrix}=\begin{bmatrix} \hat{\boldsymbol{X}}_B\cdot\hat{\boldsymbol{X}}_A & \hat{\boldsymbol{Y}}_B\cdot\hat{\boldsymbol{X}}_A & \hat{\boldsymbol{Z}}_B\cdot\hat{\boldsymbol{X}}_A \\ \hat{\boldsymbol{X}}_B\cdot\hat{\boldsymbol{Y}}_A & \hat{\boldsymbol{Y}}_B\cdot\hat{\boldsymbol{Y}}_A & \hat{\boldsymbol{Z}}_B\cdot\hat{\boldsymbol{Y}}_A \\ \hat{\boldsymbol{X}}_B\cdot\hat{\boldsymbol{Z}}_A & \hat{\boldsymbol{Y}}_B\cdot\boldsymbol{Z}_A & \hat{\boldsymbol{Z}}_B\cdot\boldsymbol{Z}_A \end{bmatrix} \tag{4-3}
$$

3. 坐标系映射

在机器人学的许多问题中，都需要用不同的参考坐标系来表达同一个量。

如图 4-7 所示，我们已知 P 点在坐标系 $\{\boldsymbol{B}\}$ 下的坐标，坐标系 $\{\boldsymbol{B}\}$ 与坐标系 $\{\boldsymbol{A}\}$ 只存在平移映射关系，用矢量 ${}^A\boldsymbol{P}_{\mathrm{BORG}}$ 表示坐标系 $\{\boldsymbol{B}\}$ 相对于坐标系 $\{\boldsymbol{A}\}$ 的位置，则 P 点在坐标系 $\{\boldsymbol{A}\}$ 下的坐标可以表示为

$$
{}^A\boldsymbol{P}={}^B\boldsymbol{P}+{}^A\boldsymbol{P}_{\mathrm{BORG}} \tag{4-4}
$$

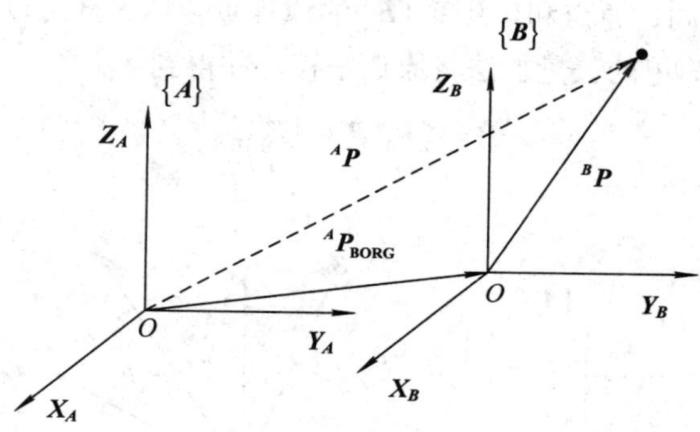

图 4-7　平移映射

同理，已知 P 点在坐标系 $\{\boldsymbol{B}\}$ 中的坐标，坐标系 $\{\boldsymbol{B}\}$ 与坐标系 $\{\boldsymbol{A}\}$ 只存在旋转映射关系，如图 4-8 所示。

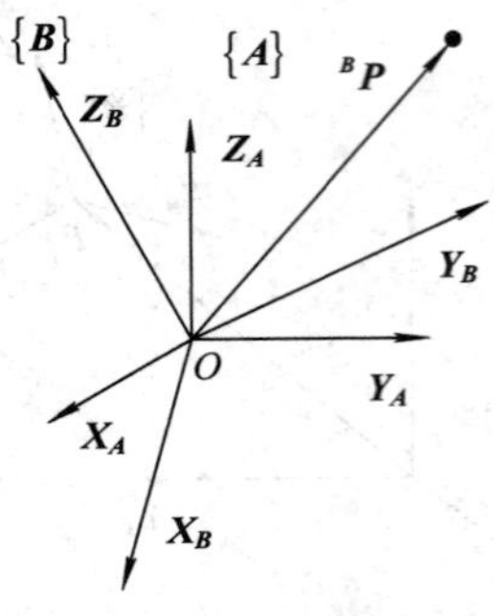

图 4-8　旋转映射

我们用旋转矩阵 ${}_{B}^{A}\boldsymbol{R}$ 表示坐标系 $\{\boldsymbol{B}\}$ 相对于坐标系 $\{\boldsymbol{A}\}$ 的姿态。为了计算 ${}^{A}\boldsymbol{P}$，我们注意到任一矢量的分量就是该矢量在参考系上单位矢量方向上的投影。投影是由矢量点积计算的，因此：

$$\begin{aligned} {}^{A}\boldsymbol{P}_x &= {}^{B}\hat{\boldsymbol{X}}_A \cdot {}^{B}\boldsymbol{P} \\ {}^{A}\boldsymbol{P}_y &= {}^{B}\hat{\boldsymbol{Y}}_A \cdot {}^{B}\boldsymbol{P} \\ {}^{A}\boldsymbol{P}_z &= {}^{B}\hat{\boldsymbol{Z}}_A \cdot {}^{B}\boldsymbol{P} \end{aligned} \tag{4-5}$$

利用旋转矩阵 ${}_{B}^{A}\boldsymbol{R}$ 简化公式(4-5)，可得

$${}^{A}\boldsymbol{P} = {}_{B}^{A}\boldsymbol{R}\,{}^{B}\boldsymbol{P} \tag{4-6}$$

4. 坐标系描述

在机器人学中，为了完整描述物体上任选一点，位置和姿态总是成对出现的，于是将此组合称作坐标系。

如图 4-9 所示，已知空间中的点相对于坐标系 $\{\boldsymbol{B}\}$，坐标系 $\{\boldsymbol{B}\}$ 与坐标系 $\{\boldsymbol{A}\}$ 既存在平移映射关系，又存在旋转映射关系。首先可以将 ${}^{B}\boldsymbol{P}$ 变换到一个中间坐标系，这个坐标系和坐标系 $\{\boldsymbol{A}\}$ 姿态相同、原点和坐标系 $\{\boldsymbol{B}\}$ 的原点重合。这样可以像上一节中那样左乘旋转矩阵 ${}_{B}^{A}\boldsymbol{R}$，然后用简单的矢量加法将原点平移，并得到

$${}^{A}\boldsymbol{P} = {}_{B}^{A}\boldsymbol{R}\,{}^{B}\boldsymbol{P} + {}^{A}\boldsymbol{P}_{\mathrm{BORG}} \tag{4-7}$$

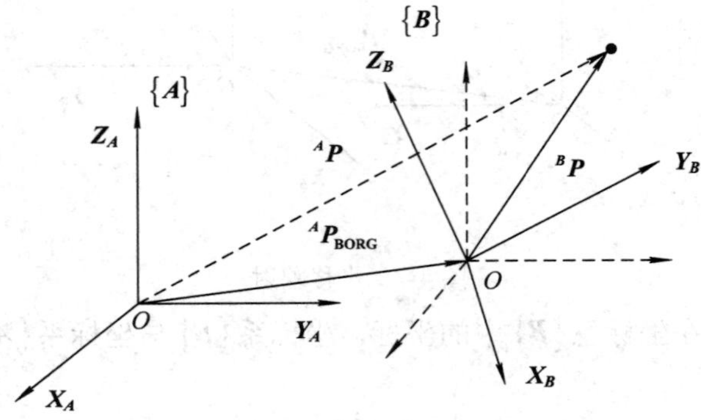

图 4-9　一般情况下的矢量变换

为了可以用矩阵更方便地表示公式(4-7)，将上式改写成：

$$\begin{bmatrix} {}^{A}\boldsymbol{P} \\ 1 \end{bmatrix} = \begin{bmatrix} {}^{A}_{B}\boldsymbol{R} & {}^{A}\boldsymbol{P}_{\text{BORG}} \\ 0 & 1 \end{bmatrix} \begin{bmatrix} {}^{B}\boldsymbol{P} \\ 1 \end{bmatrix} \tag{4-8}$$

式中，4 × 4 矩阵被称为**齐次变换矩阵**，并且该变换矩阵可以描述坐标系$\{\boldsymbol{B}\}$相对于坐标系$\{\boldsymbol{A}\}$的位姿变换，即

$$ {}^{A}_{B}\boldsymbol{T} = \begin{bmatrix} {}^{A}_{B}\boldsymbol{R} & {}^{A}\boldsymbol{P}_{\text{BORG}} \\ 0 & 1 \end{bmatrix} = \begin{bmatrix} r_{11} & r_{12} & r_{13} & p_x \\ r_{21} & r_{22} & r_{23} & p_y \\ r_{31} & r_{23} & r_{33} & p_z \\ 0 & 0 & 0 & 1 \end{bmatrix} \tag{4-9}$$

5. 平移、旋转和变换

根据齐次变换矩阵，我们可以得到已知坐标系相对于参考坐标系沿$\hat{\boldsymbol{X}}$、$\hat{\boldsymbol{Y}}$、$\hat{\boldsymbol{Z}}$轴的平移关系。沿一个轴的纯平移记为**Trans**。

则沿轴$\hat{\boldsymbol{X}}$轴平移d记为

$$\textbf{Trans}\left(\hat{\boldsymbol{X}}, d\right) = \begin{bmatrix} 1 & 0 & 0 & d \\ 0 & 1 & 0 & 0 \\ 0 & 0 & 1 & 0 \\ 0 & 0 & 0 & 1 \end{bmatrix} \tag{4-10}$$

同理，沿轴$\hat{\boldsymbol{Y}}$轴平移d记为

$$\textbf{Trans}\left(\hat{\boldsymbol{Y}}, d\right) = \begin{bmatrix} 1 & 0 & 0 & 0 \\ 0 & 1 & 0 & d \\ 0 & 0 & 1 & 0 \\ 0 & 0 & 0 & 1 \end{bmatrix} \tag{4-11}$$

同理，沿轴$\hat{\boldsymbol{Z}}$轴平移d记为

$$\textbf{Trans}\left(\hat{\boldsymbol{Z}}, d\right) = \begin{bmatrix} 1 & 0 & 0 & 0 \\ 0 & 1 & 0 & 0 \\ 0 & 0 & 1 & d \\ 0 & 0 & 0 & 1 \end{bmatrix} \tag{4-12}$$

根据齐次变换矩阵，我们可以得到已知坐标系相对于参考坐标系绕$\hat{\boldsymbol{X}}$、$\hat{\boldsymbol{Y}}$、$\hat{\boldsymbol{Z}}$轴的旋转关系。沿一个轴的纯旋转记为**Rot**。

则沿轴$\hat{\boldsymbol{X}}$轴旋转θ记为

$$\mathbf{Rot}\left(\hat{\boldsymbol{X}},\theta\right)=\begin{bmatrix}1 & 0 & 0 & 0\\0 & \cos\theta & -\sin\theta & 0\\0 & \sin\theta & \cos\theta & 0\\0 & 0 & 0 & 1\end{bmatrix} \tag{4-13}$$

同理，沿轴 $\hat{\boldsymbol{Y}}$ 轴旋转 θ 记为

$$\mathbf{Rot}\left(\hat{\boldsymbol{Y}},\theta\right)=\begin{bmatrix}\cos\theta & 0 & \sin\theta & 0\\0 & 1 & 0 & 0\\-\sin\theta & 0 & \cos\theta & 0\\0 & 0 & 0 & 1\end{bmatrix} \tag{4-14}$$

同理，沿轴 $\hat{\boldsymbol{Z}}$ 轴旋转 θ 记为

$$\mathbf{Rot}\left(\hat{\boldsymbol{Z}},\theta\right)=\begin{bmatrix}\cos\theta & -\sin\theta & 0 & 0\\\sin\theta & \cos\theta & 0 & 0\\0 & 0 & 1 & 0\\0 & 0 & 0 & 1\end{bmatrix} \tag{4-15}$$

4.2.2　机械臂运动学

通常我们控制机械臂的关节值，而我们更关心机器人末端的位置和姿态，即 TCP 点。所以机械臂的运动问题即是研究各关节的角度值和 TCP 的笛卡儿值的关系。

根据相互推导关系，机械臂运动学问题分为正运动学问题和逆运动学问题。

1. 正运动学

正运动学，在给定所有关节的角度值和所有连杆几何参数下，求解机器人末端 TCP 相对于基座的位置和姿态。目前求解正运动学问题的主要方法是基于 Denavit 和 Hartenberg 提出的 D-H 参数法。

该方法将机械臂的每一个部件假设为刚体，将参考坐标系附着于每一个连杆上。通过规定连杆间坐标系建立的规则，通过这个规则可以很方便地实现连杆坐标系之间的变换，从而描述出机械臂的几何关系。

该方法采用四个参数而不是六个参数确定一个坐标系相对于另一个坐标系的位姿。这 4 个参数分别为：连杆长度 a_i，连杆扭转角 α_i，关节偏移量 d_i，关节角 θ_i。利用上述参数，通过合理配置参考坐标系的原点和各个轴的方向，使得一个坐标系的 $\hat{\boldsymbol{X}}$ 轴和后续参考坐标系的 $\hat{\boldsymbol{Z}}$ 轴相交并垂直，继而可以很方便地建立出各坐标系间的位姿关系。

相邻连杆下 D-H 参数模型如图 4-10 所示，我们约定物体与关节的编号如下：

(1) 机器人机构中的 N 个运动物体从 1 到 N 编号，基座编号为 0。

(2) 机器人机构中的 N 个关节从 1 到 N 编号，关节 i 位于连杆 i−1 和 i 之间。

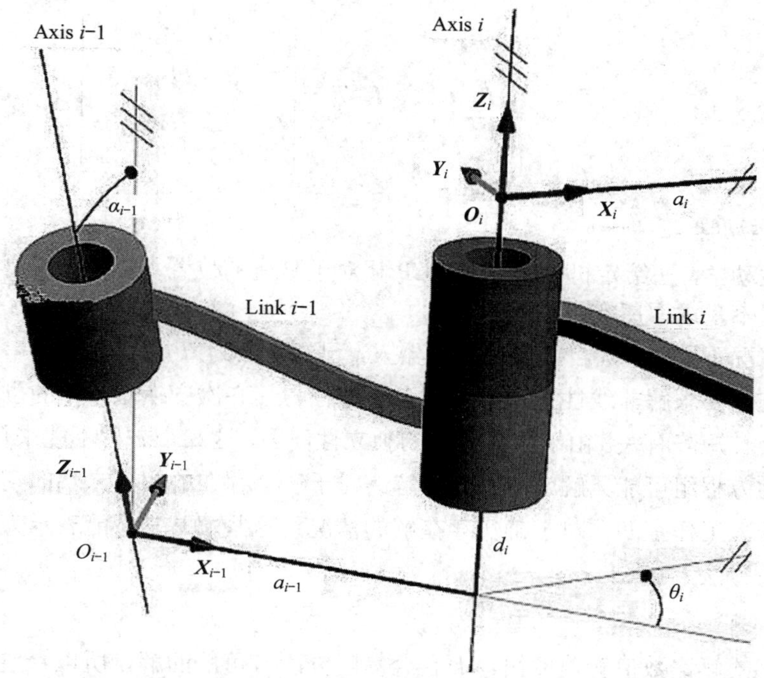

图 4-10　相邻连杆下 D-H 参数模型示意图

经过上述编号后，参考坐标系的约定如下：

(1) $\hat{\boldsymbol{Z}}$ 轴配置在关节 i 的轴线上。

(2) $\hat{\boldsymbol{X}}_{i-1}$ 轴位于 $\hat{\boldsymbol{Z}}_{i-1}$ 轴和 $\hat{\boldsymbol{Z}}_i$ 轴的公垂线上。

采用上述坐标系后，定位一个目标坐标系相对于另一个参考坐标系的四参数方法如下：

(1) a_i 是沿着 $\hat{\boldsymbol{X}}_{i-1}$ 轴从 $\hat{\boldsymbol{Z}}_{i-1}$ 轴到 $\hat{\boldsymbol{Z}}_i$ 轴的距离。

(2) α_i 是绕着 $\hat{\boldsymbol{X}}_{i-1}$ 轴从 $\hat{\boldsymbol{Z}}_{i-1}$ 轴旋转到 $\hat{\boldsymbol{Z}}_i$ 轴的转角。

(3) d_i 是沿着 $\hat{\boldsymbol{Z}}_i$ 轴从 $\hat{\boldsymbol{X}}_{i-1}$ 轴到 $\hat{\boldsymbol{X}}_i$ 轴的距离。

(4) θ_i 是绕着 $\hat{\boldsymbol{Z}}_i$ 轴从 $\hat{\boldsymbol{X}}_{i-1}$ 轴旋转到 $\hat{\boldsymbol{X}}_i$ 轴的转角。

在该约定下，通过沿着 $\hat{\boldsymbol{Z}}_i$ 轴平移 d_i；绕 $\hat{\boldsymbol{Z}}_i$ 轴旋转角度 θ_i；沿 $\hat{\boldsymbol{X}}_{i-1}$ 轴平移 a_i；绕 $\hat{\boldsymbol{X}}_{i-1}$ 轴旋转 α_i，可实现参考坐标系 i 相对于 $i-1$ 的定位。通过这些独立变换的串联，可得

$$
{}^{i-1}\boldsymbol{T}_i = \mathbf{Rot}\left(\hat{\boldsymbol{X}}_{i-1},\alpha_i\right)\mathbf{Trans}\left(\hat{\boldsymbol{X}}_{i-1},a_i\right)\mathbf{Rot}\left(\hat{\boldsymbol{Z}}_i,\theta_i\right)\mathbf{Trans}\left(\hat{\boldsymbol{Z}}_i,d_i\right)
$$

$$
=\begin{bmatrix}
\cos\theta_i & -\sin\theta_i & 0 & \alpha_i \\
\sin\theta_i\cos\alpha_i & \cos\theta_i\cos\alpha_i & -\sin\alpha_i & -\sin\alpha_i d_i \\
\sin\theta_i\sin\alpha_i & \cos\theta_i\sin\alpha_i & \cos\alpha_i & \cos\alpha_i d_i \\
0 & 0 & 0 & 1
\end{bmatrix} \tag{4-16}
$$

根据公式(4-16)，对于 6 轴串联型机械臂可以得到后一个关节相对于前一个关节的位姿变换矩阵，依次相乘，即可得机器人末端 TCP 的笛卡儿值与各关节值之间的关系：

$$ {}^{0}\boldsymbol{T}_6 = {}^{0}\boldsymbol{T}_1\,{}^{1}\boldsymbol{T}_2\,{}^{2}\boldsymbol{T}_3\,{}^{3}\boldsymbol{T}_4\,{}^{4}\boldsymbol{T}_5\,{}^{5}\boldsymbol{T}_6 = \begin{bmatrix} r_{11} & r_{12} & r_{13} & p_x \\ r_{21} & r_{22} & r_{23} & p_y \\ r_{31} & r_{23} & r_{33} & p_z \\ 0 & 0 & 0 & 1 \end{bmatrix} \tag{4-17} $$

2. 逆运动学

逆向运动学，在给定机器人末端 TCP 相对于基座的位置和姿态，以及所有连杆的几何参数的情况下，求取所有关节的位置。

一般情况下，对于六自由度串联机器人，已知变换为 ${}^{0}T_6$，可以发现串联机器人的逆向运动学问题需要求解非线性方程组。有 3 个方程与其齐次变换矩阵中的位置矢量有关，另外 3 个与旋转矩阵有关。由于旋转矩阵的独立性问题，这 3 个方程不能来自相同的行或列，导致非线性方程组可能无解或者存在多解。对于一个存在的解，末端的期望位置和姿态一定位于机器人工作空间。对于确实存在解的情况，这些解常常不能表示为闭式解，所以需要采用数值方法。

1) 闭式解

由于闭式解比数值解速度快，而且容易区分所有可能的解，所以希望得到闭式解。闭式解的缺点是不通用，依赖于机器人。求去闭式解的最有效方法，是充分利用特定机构几何特征的专门技术。通常，对于六自由度机器人，仅带有特定运动结构的、大量几何参数为 0 的机器人，能够获得闭式解。大部分工业机器人具有这种结构。六自由度机器人具有逆运动学闭式解的充分条件称之为 Pieper 准则：

(1) 3 个连续的旋转关节的轴线相交于一点。

(2) 3 个连续的旋转关节的轴线平行。

闭式解方法分为代数法和几何法。

代数法涉及辨别含有关节变量的有效方程，并将其处理成可解的形式。一种常用的策略是简化为单变量超越方程，如：

$$ C_1\cos\theta_i + C_2\sin\theta_i + C_3 = 0 \tag{4-18} $$

式中，C_1、C_2 和 C_3 是常数。其解为

$$ \theta_i = 2\arctan\left(\frac{C_2 \pm \sqrt{C_2^2 - C_3^2 + C_1^2}}{C_1 - C_3}\right) \tag{4-19} $$

另一种特别有用的策略，是简化为具有如下形式的一对方程：

$$ \begin{cases} C_1\cos\theta_i + C_2\sin\theta_i + C_3 = 0 \\ C_1\cos\theta_i - C_2\sin\theta_i + C_4 = 0 \end{cases} \tag{4-20} $$

式中，C_1、C_2、C_3 和 C_4 是常数。其解为

$$ \theta_i = A\tan 2\left(-C_1C_4 - C_2C_3, C_2C_4 - C_1C_3\right) \tag{4-21} $$

几何法涉及辨别末端上的点，其位置和姿态可以表达为关节变量的简约集的函数。这相对于将空间问题分解为分离的平面问题，形成的方程采用代数方法求解。六自由度机器人闭式解存在的两个充分条件，使得逆向运动学问题分解为逆向位置运动学和逆向姿态运动学。通过重写式(4-17)，可以获得其解：

$$ {}^{0}\boldsymbol{T}_6\,{}^{6}\boldsymbol{T}_5\,{}^{5}\boldsymbol{T}_4\,{}^{4}\boldsymbol{T}_3 = {}^{0}\boldsymbol{T}_1\,{}^{1}\boldsymbol{T}_2\,{}^{2}\boldsymbol{T}_3 \tag{4-22} $$

2) 数值解

不同于求取闭式解的代数法和几何法，数值法不依赖于机器人，故可用于任意运动学结构。数值法的缺点是速度较慢，在某些情况下不能计算出所有可能的解。对于一个仅有旋转关节和棱柱式关节的六自由度串联式机器人，其平移和旋转方程总能化简为单变量的多项式，其阶次不超过 16 阶。因此，这样的机器人逆向运动学问题至多有 16 个实数解。

因为只有当一个多项式的阶次不超过 4 阶时，其闭式解才是可能得到的，所以许多机器人构型是不能获得闭式解的。通常，较多数量的非零几何参数，对应于化简后较高阶次的多项式。对于这样的机器人，最常用的数值解方法分为符号消元法、延拓法和迭代法。

符号消元法涉及从非线性方程系统删除变量的解析操作，以便将其化简为含有较少方程的方程组。Raghavan 和 Roth 采用析配消元法，将通用六自由度旋转式串联机器人的逆向运动学问题化简为一个 16 阶多项式，并求取所有可能的解。

延拓法涉及解的路径跟踪。延拓法从具有已知解的起始系统开始，随起始系统到目标系统的变换，跟踪到求解的目标系统。这些技术已用于逆向运动学问题，其多项式系统的特殊性可用于求取所有可能的解。

迭代法基于初始猜测，大部分迭代法能够收敛于一个单解。因此，初始猜测的质量对求解时间具有很大的影响。Newton-Raphson 法提供了一种对原始方程进行一阶近似的基本方法。优化方法将逆向运动学问题形式化为非线性优化问题，并采用搜索技术从初始猜测移动到解。求解运动率控制将上述问题转化为一个微分方程，而且是一种修正的预测-矫正算法，可用于对关节速度的积分。

4.3　工业机器人操作

随着机器人驱动技术、运动学、动力学算法的逐渐完善和成熟，机器人技术在我国已得到了广泛的普及。与此同时，我国也涌现出了许多优秀的机器人生产厂商，为我国机器人领域填补了技术空白，提供了有效可靠的国内解决方案。

埃夫特智能装备有限公司是中国机器人行业第一梯队企业，旗下产品链齐全，覆盖工业领域广泛。以下我们以埃夫特智能装备有限公司生产的 ER3A-C60 机器人为例对机器人的操作做详细介绍。

4.3.1　机器人的组成

机器人主要包括四部分：机器人本体、机器人电控柜、示教器以及供电电缆(机器人本体与机器人电控柜之间的电缆)，如图 4-11 所示。

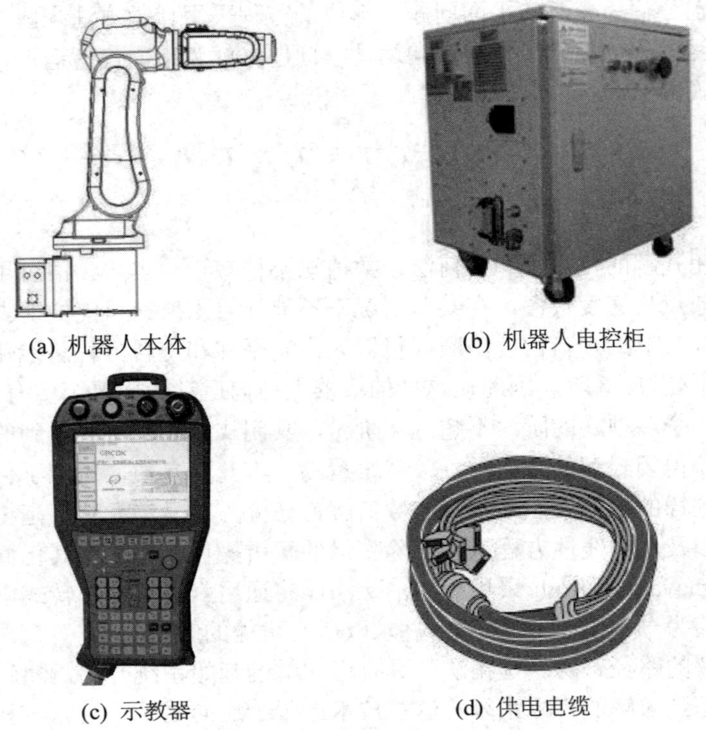

(a) 机器人本体　(b) 机器人电控柜

(c) 示教器　(d) 供电电缆

图 4-11　机器人组成

其中，由于机器人为六自由度关节型机器人，机器人拥有 6 个独立电机驱动 6 个关节进行旋转，以实现机器人末端 6 个自由度的运动。机器人本体的结构及各轴运动方向如图 4-12 所示。

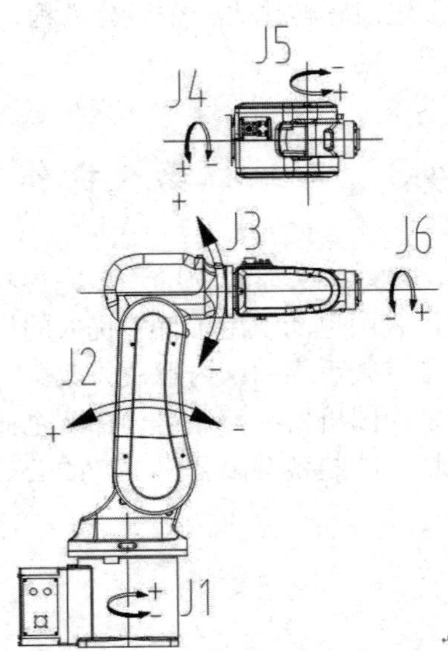

图 4-12　机器人本体结构和各轴运动方向

4.3.2　机器人示教器操作

目前，市场主流的机器人操作编程模式分为两种：示教编程和离线编程。示教编程的方法比较简单，需要人工对现场环境进行示教，因此该种模式不需要环境模型，可以修正机械结构和设备安装带来的位置误差。相较于示教编程，离线编程需要精确的环境模型，对操作人员也有极高的专业要求，所以示教编程模式在工业领域得到了广泛的应用。每种示教编程模式的机器人系统均需要示教器的辅助。因此，在该种模式下，示教器的操作显得尤为重要。

ER3A-C60 机器人的手持示教器如图 4-11(c)所示。该手持示教器由两部分组成：触屏显示界面与按键操作界面。

触屏显示界面如图 4-13 所示，该界面主要由几个功能区组成。

图 4-13　触屏显示界面

每个功能区负责的功能有所不同，详细介绍如表 4-2 所示。

表 4-2　功能区介绍

序号	功能区名称	功　能
1	主菜单区	每个菜单和子菜单都显示在主菜单区，通过按下示教器上【主菜单】键，或点击界面左下角的{主菜单}按钮，显示主菜单
2	菜单区	快速进入程序内容、工具管理功能等操作界面
3	状态显示区	显示机器电控柜当前状态，显示的信息根据机器人的状态不同而不同
4	通用显示区	可对程序文件、设置等进行显示和编辑
5	人机交互区	进行错误和操作提示或报警； 机器人运动时，实时显示机器人各关节值和末端点的运动速度

按键操作界面如图 4-14 所示，由多种功能各异的按键组成。

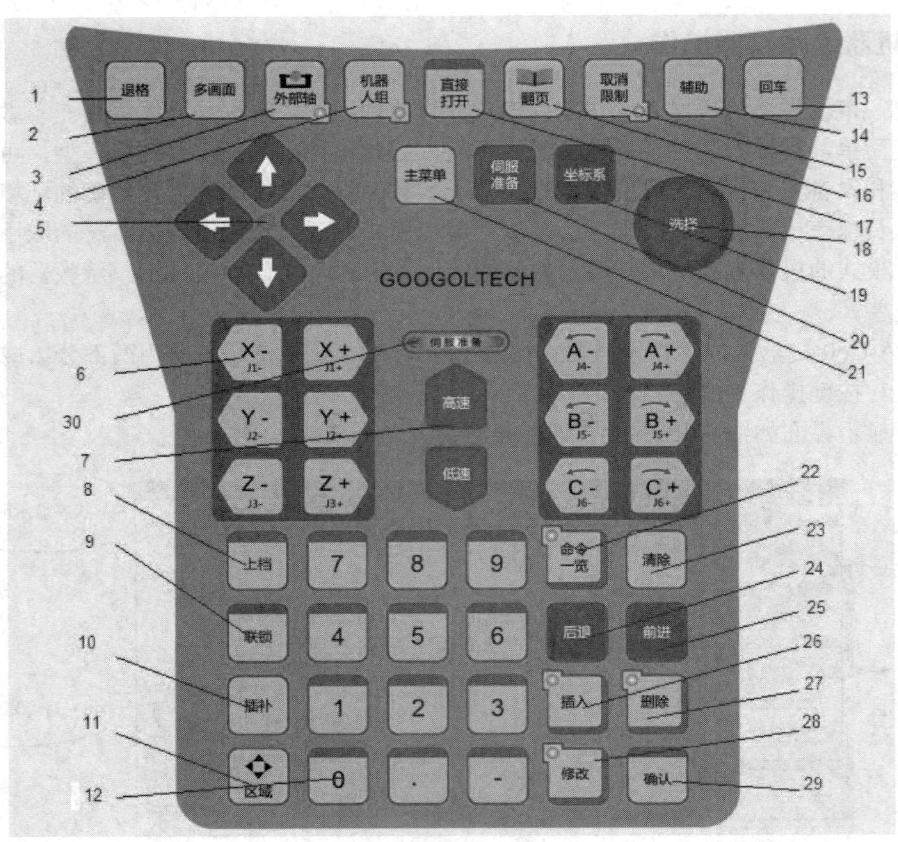

图 4-14　按键操作图

每个按键的功能各有不同，详细介绍如表 4-3 所示。

表 4-3　键位功能介绍

序号	按键	功　　能
0		按下此键，伺服电源切断。 切断伺服电源后，手持操作示教器的【伺服准备指示灯】熄灭，屏幕上显示急停信息。 故障排除后，可打开急停键，急停旋钮打开后方可继续接通伺服电源。 此键按下后将不能打开伺服电源。 打开急停键方法：顺时针旋转至急停键弹起，伴随“咔”的声音，此时表示【急停按钮】已打开
	示教　回放　远程	可选择回放模式、示教模式或远程模式。 示教(TEACH)：示教模式 可用手持操作示教器进行轴操作和编辑； 回放(PLAY)：　回放模式 可对示教完的程序进行回放运行； 远程(REMOTE)：远程模式 可通过外部 TCP/IP 协议、IO 进行启动示教程序操作

续表一

序号	按键	功　能
0	START	按下此按钮，机器人开始回放运行。 回放模式运行中，此指示灯亮起。 通过专用输入的启动信号使机器人开始回放运行时，此指示灯亮起。 按下此按钮前必须把模式旋钮设定到回放模式；确保手持操作示教器【伺服准备指示灯】亮起
	HOLD	按下此键，机器人暂停运行。 此键在任何模式下均可使用。 示教模式下：此灯被按下时灯亮，此时机器人不能进行轴操作。 回放模式下：此键指示灯按下一次后即可进入暂停模式，此时暂停指示灯亮起，机器人处于暂停状态。 按下手持操作示教器上的【启动】按钮，可使机器人继续工作
		按下此键，伺服电源接通。 操作前必须先把模式旋钮设定在示教模式→点击手持操作示教器上【伺服准备】键(【伺服准备指示灯】处于闪烁状态)→轻轻握住三段开关，伺服电源接通(【伺服准备指示灯】处于常亮状态)。此时若用力握紧，则伺服电源切断。如果不按手持操作示教器上的【伺服准备】键，即使轻握【三段开关】，伺服电源也无法接通
1	退格	输入字符时，删除最后一个字符
2	多画面	功能预留
3	外部轴	按此键时，在焊接工艺中可控制变位机的回转和倾斜。 当需要控制的轴数超过 6 时，按下此键(按钮右下角的指示灯亮起)，此时控制 1 轴即为控制 7 轴，2 轴即为 8 轴，以此类推
4	机器人组	功能预留
5		按此键时，光标朝箭头方向移动。 此键组必须在示教模式下使用。 根据画面的不同，光标的可移动范围有所不同。 在子菜单和指令列表操作时可打开下一级菜单和返回上一级菜单
6	X- X+ Y- Y+ Z- Z+ A- A+ B- B+ C- C+	对机器人各轴进行操作的键。 此键组必须在示教模式下使用。 可以按住两个或更多的键，操作多个轴。 机器人按照选定坐标系和手动速度运行，在进行轴操作前，请务必确认设定的坐标系和手动速度是否适当。 操作前需确认机器人手持操作示教器上的【伺服准备指示灯】亮起

续表二

序号	按键	功　能
7	高速 低速	手动操作时，机器人运行速度的设定键。 此键组必须在示教模式下使用。 此时设定的速度在使用轴操作键和回零时有效。 手动速度有 8 个等级：微动 1%、微动 2%、低 5%、低 10%、中 25%、中 50%、高 75%、高 100%。 【高速】微动 1%→微动 2%→低 5%→低 10%→中 25%→中 50%→高 75%→高 100%。 【低速】高 100%→高 75%→中 50%→中 25%→低 10%→低 5%→微动 2%→微动 1%。 被设定的速度显示在状态区域
8	上档	可与其他键同时使用。 此键必须在示教模式下使用。 【上档】+【联锁】+【清除】可退出机器人控制软件，进入操作系统界面。 【上档】+【2】可实现在程序内容界面下查看运动指令的位置信息，再次按下可退出指令查看功能。 【上档】+【4】可实现机器人 YZ 平面自动平齐。 【上档】+【5】可实现机器人 XZ 平面自动平齐。 【上档】+【6】可实现机器人 XY 平面自动平齐。 【上档】+【9】可实现机器人快速回零位。 【上档】+【翻页】可实现在选择程序和程序内容界面返回上一页
9	联锁	辅助键，与其他键同时使用。 此键必须在示教模式下使用。 【联锁】+【前进】 在程序内容界面下按照示教的程序点轨迹进行连续检查。 在位置型变量界面下实现位置型变量检查功能，具体操作见位置型变量。 【上档】+【联锁】+【清除】可退出程序
10	插补	机器人运动插补方式的切换键。 此键必须在示教模式下使用。 所选定的插补方式种类显示在状态显示区。 每按一次此键，插补方式做如下变化： MOVJ→MOVL→MOVC→MOVP→MOVS
11	区域	按下此键，选中区在“主菜单区”和“通用显示区”间切换。 此键必须在示教模式下使用
12	7 8 9 4 5 6 1 2 3 0 . -	按数值键可输入键的数值和符号。 此键组必须在示教模式下使用。 “.”是小数点，“-”是减号或连字符。 数值键也作为用途键来使用。

续表三

序号	按键	功　　能
13	回车	在操作系统中，按下此键表示确认，能够进入选择的文件夹或打开选定的文件
14	辅助	功能预留
15	取消限制	运动范围超出限制时，取消范围限制，使机器人继续运动。 此键必须在示教模式下使用。 取消限制有效时，按钮右下角的指示灯亮起，当运动至范围内时，灯自动熄灭。 若取消限制后仍存在报警信息，请在指示灯亮起的情况下按下【清除】键，待运动到范围限制内继续下一步操作
16	翻页	按下此键，实现在选择程序和程序内容界面中显示下一页的功能。 此键必须在示教模式下使用
17	直接打开	在程序内容页，直接打开可直接查看运动指令的示教点信息。 此键必须在示教模式下使用
18	选择	软件界面菜单操作时，可选中“主菜单”“子菜单”。 指令列表操作时，可选中指令。 此键必须在示教模式下使用
19	坐标系	手动操作时，机器人的动作坐标系选择键。 此键必须在示教模式下使用。 可在关节、机器人、世界、工件、工具坐标系中切换选择。此键每按一次，坐标系按以下顺序变化：关节→机器人→世界→工具→工件1→工件2，被选中的坐标系显示在状态区域
20	伺服准备	按下此键，伺服电源有效接通。 由于急停等原因伺服电源被切断后，用此键有效地接通伺服电源。 回放模式和远程模式时，按下此键后，【伺服准备指示灯】亮起，伺服电源被接通。 示教模式时，按下此键后，【伺服准备指示灯】闪烁，此时轻握手持操作示教器上【三段开关】，【伺服准备指示灯】亮起，表示伺服电源被接通
21	主菜单	显示主菜单。 此键必须在示教模式下使用
22	命令一览	按此键后显示可输入的指令列表 此键必须在示教模式下使用，此键使用前必须先进入程序内容界面
23	清除	清除“人机交互信息”区域的报警信息。 此键在示教模式下使用

续表四

序号	按键	功　　能
24	后退	按住此键时，机器人按示教的程序点轨迹逆向运行。此键必须在示教模式下使用
25	前进	伺服电源接通状态下，按住此键时，机器人按示教的程序点轨迹单步运行。 此键必须在示教模式下使用。 同时按下【联锁】+【前进】时，机器人按示教的程序点轨迹连续运行
26	插入	按下此键，可插入新程序点。 此键必须在示教模式下使用。 按下此键，按键左上侧指示灯点亮起，按下【确认】键，插入完成，指示灯熄灭
27	删除	按下此键，删除已输入的程序点。 此键必须在示教模式下使用。 按下此键，按键左上侧指示灯点亮起，按下【确认】键，删除完成，指示灯熄灭
28	修改	按下此键，修改示教的位置数据、指令参数等。 此键必须在示教模式下使用。 按下此键，按键左上侧指示灯点亮起，按下【确认】键，修改完成，指示灯熄灭
29	确认	配合【插入】、【删除】、【修改】按键，此键必须在示教模式下使用。 当【插入】、【删除】、【修改】指示灯亮起时，按下此键完成插入、删除、修改等操作的确认
30	伺服准备	【伺服准备】按钮的指示灯。 在示教模式下，点击【伺服准备】按钮，此时指示灯会闪烁。轻握【三段开关】后，指示灯会亮起，表示伺服电源接通。 在回放和远程模式下，点击【伺服准备】按钮，此灯会亮起，表示伺服电源接通

4.3.3　机器人坐标系

在示教编程模式下，机器人手动操作以及程序编写，需指定在特定的坐标系下运动，因此理解和掌握机器人系统各种不同坐标系的定义与相互联系非常关键。

机器人系统通常包括以下几个坐标系：关节坐标系、机器人坐标系、世界坐标系、工具坐标系和工件坐标系。

1. 关节坐标系

关节坐标系(Axis Coordinate System，ACS)是以各轴机械零点为原点所建立的纯旋转的坐标系。机器人的各个关节可以独立地旋转，也可以一起联动。

2. 机器人坐标系

机器人坐标系(Kinematic Coordinate System，KCS)如图 4-15 所示，是用来对机器人进

行正逆向运动学建模的坐标系，它是机器人的基础笛卡儿坐标系，也可以称为机器人基础坐标系(Base Coordinate System，BCS)或运动学坐标系，机器人工具尖端点(Tool Center Point，TCP)在该坐标系下可以进行沿坐标系 *X* 轴、*Y* 轴、*Z* 轴的移动运动，以及绕坐标系轴 *X* 轴、*Y* 轴、*Z* 轴的旋转运动。

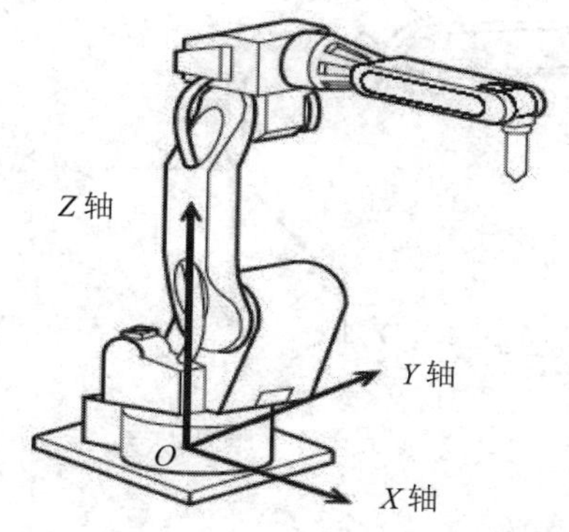

图 4-15　机器人坐标系

3. 世界坐标系

世界坐标系(Word Coordinate System，WCS)如图 4-16 所示，也是空间笛卡儿坐标系统。世界坐标系是其他笛卡儿坐标系(机器人运动学坐标系和工件坐标系)的参考坐标系统，运动学坐标系和工件坐标系的建立都是参照世界坐标系来建立的。在默认没有示教配置世界坐标系的情况下，世界坐标系到机器人坐标系之间没有位置的偏置和姿态的变换，所以世界坐标系和机器人坐标系重合。机器人工具末端在世界坐标系下可以进行沿坐标系 *X* 轴、*Y* 轴、*Z* 轴的移动运动，以及绕坐标系轴 *X* 轴、*Y* 轴、*Z* 轴的旋转运动。

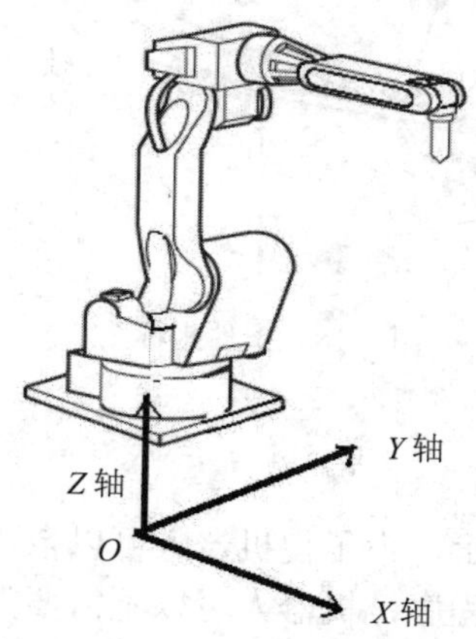

图 4-16　世界坐标系

4. 工具坐标系

工具坐标系(Tool Coordinate System，TCS)如图 4-17 所示，把机器人腕部法兰盘所持工具的有效方向作为 *Z* 轴，并把工具坐标系的原点定义在工具的尖端点(或中心点)。当机器人没有安装工具的时候，工具坐标系建立在机器人法兰盘端面中心点上，*Z* 轴方向垂直于法兰盘端面指向法兰面的前方。当机器人运动时，随着工具尖端点的运动，工具坐标系也随之运动。用户可以选择在工具坐标系下进行示教运动。TCS 下的示教运动包括沿工具坐标系的 X 轴、Y 轴、Z 轴的移动运动，以及绕工具坐标系轴 X 轴、Y 轴、Z 轴的旋转运动。

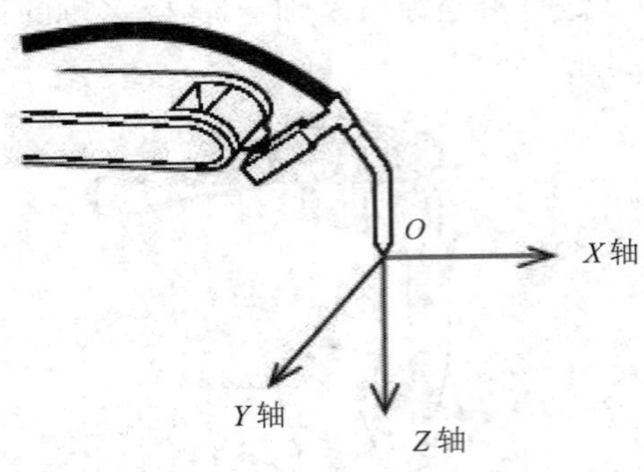

图 4-17　工具坐标系

5. 工件坐标系

工件坐标系(Piece Coordinate System，PCS)如图 4-18 所示，PCS 是建立在世界坐标系下的一个笛卡儿坐标系。工件坐标系主要是方便用户在一个应用中切换世界坐标系下的多个相同的工件。另外，示教工件坐标系后，机器人工具末端在工件坐标系下的移动运动和旋转运动能够减轻示教工作的难度。

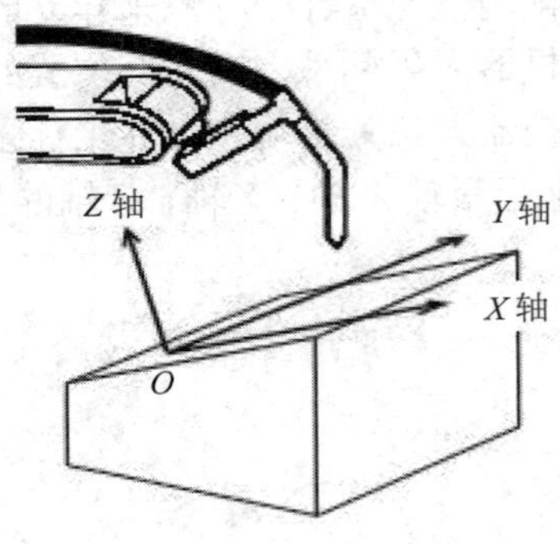

图 4-18　工件坐标系

4.3.4　机器人编程语言

在掌握手动示教操作的基础上，为了使机器人可以自动运行，需要一套机器人语言来实现这些功能。通过编写机器人程序，机器人可以不需要人工参与，按照程序逻辑自动运行。因此，了解和掌握机器人编程语言，是实现机器人功能最重要也是必不可少的一步。

根据功能的不同，机器人编程语言可以分为以下几大类指令：运动指令、逻辑控制指令、IO 指令及其他辅助指令等。

1. 运动指令

1) 关节插补指令 MOVJ

指令形式：MOVJ P=<*> V=<*> BL=<*>VBL=<*>

功能说明：用关节插补的方式移动至目标位置。

2）直接插补指令 MOVL

指令形式：MOVL P=<*> V=<*> BL=<*>VBL=<*>

功能说明：用直线插补的方式移动至目标位置。

3）圆弧插补指令 MOVC

指令形式：MOVC P=<*> P=<*> V=<*> BL=<*>VBL=<*>

功能说明：用圆弧插补的方式移动至中间位置、目标位置。

4）不规则圆弧插补指令 MOVS

指令形式：MOVS P=<*> V=<*> BL=<*>VBL=<*>

功能说明：用不规则圆弧插补的方式移动至目标位置。

参数说明：

P = <位置点>：P 的取值范围为 1～1019，其中 1～999 用于标定位置点，1000 至 1019 用于码垛运动中，自动获取码垛的位置点。

V=<运行速度百分比>：运行速度百分比取值为 1～100，默认值为 25。

BL=<过渡段长度>：过渡段长度，单位毫米。此长度不能超出运行总长度的一半，如果 BL=0，则表示不使用过渡段。

VBL =<过渡段速度>：MOVL、MOVC、MOVS 指令中设置过渡段的速度。取值范围为 0～100，取值为 0 表示不设置过渡段速度。

2. 逻辑控制指令

1）跳转指令 JUMP

指令形式：JUMP L=<行号>

功能说明：跳转到某一行。

参数说明：

<行号>：取值小于 JUMP 所在行行号。

2）调用子程序指令 CALL

指令形式：CALL PROG=<程序名称>

功能说明：调用子程序。

<程序名>：已经存在的程序文件的程序名称，不允许递归循环调用。

3）延时指令 TIMER

指令形式：TIMER T =<时间>

功能说明：延时设定时间。

参数说明：

<时间>：范围为 0～4 294 957 295 毫秒。

4）判断指令 IF…ELSE…

指令形式：IF I =<变量号>　<条件>　I=<变量号> THEN

程序 1

ELSE
程序 2
END_IF

功能说明：如果判断要素 1 与判断要素 2 相等执行程序 1，否则执行程序 2。

参数说明：

<变量号>：取值为 1～96。I = 整型变量 B = 布尔型变量 R = 实型变量。

<条件>：判断条件可选，即

EQ：等于
LT：小于
LE：小于等于
GE：大于
GT：大于等于
NE：不等于

5) 循环指令 WHILE

指令形式：WHILE I = <变量号>　<条件>　I =<变量号> DO
程序
END_WHILE

功能说明：当判断要素 1 等于判断要素 2 时，执行程序，否则退出循环。

参数说明：

<变量号>：取值为 1～96。I = 整型变量，B = 布尔型变量，R = 实型变量。

<条件>：判断条件可选，即

EQ：等于
LT：小于
LE：小于等于
GE：大于
GT：大于等于
NE：不等于

3. IO 指令

1) 输出点复位、置位指令 DOUT

指令形式：DOUT　DO = <IO 位> VALUE = <位值>

功能描述：IO 输出指令。

参数说明：

<IO 位>：表示第几个 DO 口。

<位值>：取 0 或 1。

2) IO 输入指令 WAIT

指令形式：WAIT DI = <IO 位> VALUE =<位值>

功能描述：等待 IO 输入点信号。

参数说明：

<IO 位>：表示第几个 DI 口。

<位值>：取 0 或 1。

4.3.5 机器人位置示教

示教编程模式的基础是示教，即所有的编程逻辑是在示教的基础上展开的。根据现场情况，及时示教位置，再相对于该示教点规划逻辑运动，编写程序，从而可以快速地实现一个功能，而无需复杂的环境模型。因此，掌握机器人位置示教功能，是示教编程模式不可或缺的步骤。具体位置示教的步骤如下：

(1) 通过示教器【上移】或【下移】键，以及【右移】按键选出位置型变量界面，如图 4-19 所示。

图 4-19 位置型变量界面

(2) 按下示教器【选择】按键，出现如图 4-20 所示的界面。

位置型变量

位置点 (1~999)：P 1 | 已标定 | 注释

位置点坐标			当前机器人坐标		
坐标系	关节坐标系		坐标系	关节坐标系	
J1	0.0000	度	J1	0.0000	度
J2	0.0000	度	J2	0.0000	度
J3	0.0000	度	J3	0.0000	度
J4	0.0000	度	J4	0.0000	度
J5	90.0000	度	J5	0.0000	度
J6	0.0000	度	J6	0.0000	度
Ex1	0.0000	未使用	Ex1	0.0000	未使用
Ex2	0.0000	未使用	Ex2	0.0000	未使用

保存 | 清除当前位置 | 手动修改 | 导出位置 | 导入位置

图 4-20 位置变量示教界面

(3) 点击位置点右侧输入框，输入想要保存的位置 ID 号，如图 4-21 所示。

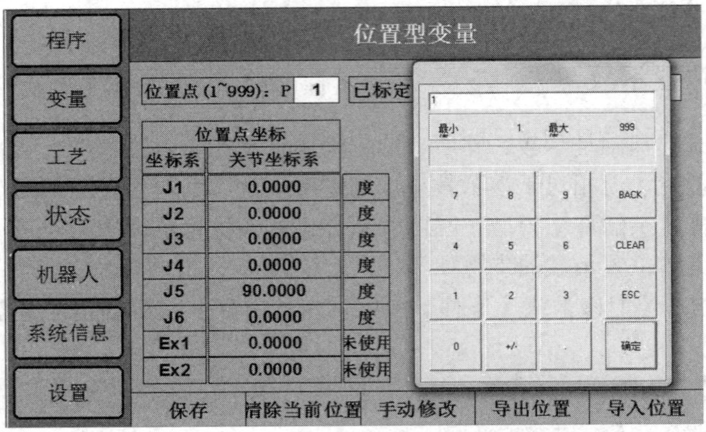

图 4-21　位置变量 ID 选择界面

(4) 点击坐标系右侧选择框，选择需要保存的坐标系，每个位置点具有唯一性，即每个位置点只能保存在一种坐标系下，如图 4-22 所示。

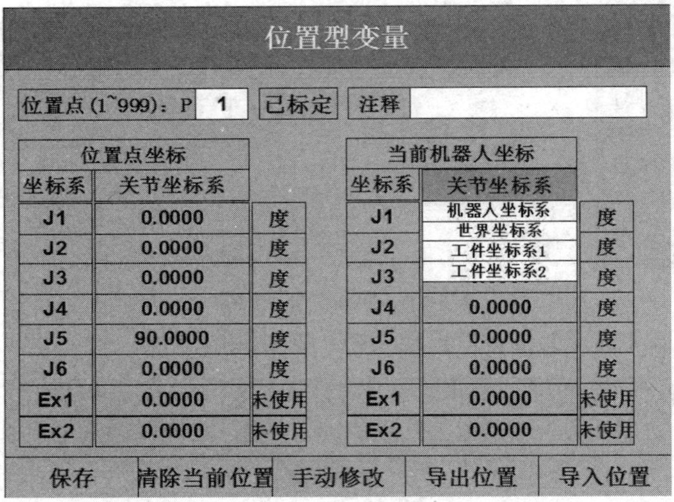

图 4-22　位置变量坐标系选择界面

(5) 按下示教器上的【示教准备】键，此时示教器【伺服准备指示灯】闪烁。

(6) 轻握示教器背面【三段开关】，此时示教器【伺服准备指示灯】亮起。

(7) 移动机器人到想要示教的位置，按下【保存】按钮，位置点右侧的【未标定】变化为【已标定】，证明示教成功。

4.4　工业机器人案例应用

目前，机器人已广泛应用于搬运、焊接、喷涂、装配等行业领域。其中，搬运码垛是工业机器人最常用也是最基础的应用场景之一。

本节通过模拟一个搬运场景(如图 4-23 所示)，对机器人的示教操作和程序编写进行一个融合。通过实现机器人物料搬运功能的过程，有效掌握示教编程模式。

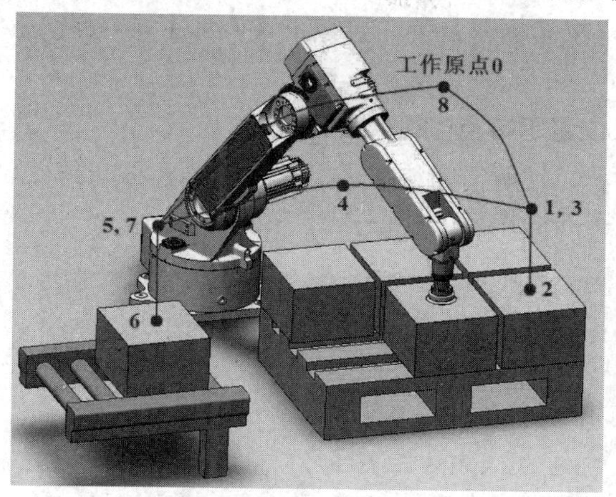

图 4-23　机器人搬运案例

机器人要实现一个物料搬运的功能，首先要进行分析和规划，规划出机器人所需要的所有点位，这些点位通过操作机器人示教生成，主要包括：

(1) 工作原点 0。

(2) 物料抓取等待点 1，3(可共用一个点)。

(3) 物料抓取点 2。

(4) 物料搬运过渡点 4。

(5) 物料放置等待点 5，7(可共用一个点)。

(6) 物料放置点 6。

规划完成，根据前面章节学习的示教操作流程和编程语言，按照程序编写步骤依次编写程序。

1. 程序点 0：开始位置

把机器人移动到完全离开周边物体的位置，如图 4-24 所示。

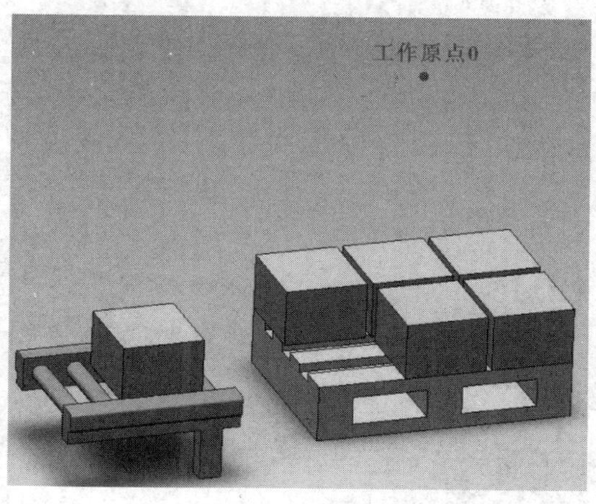

图 4-24　工作点 0 示意图

(1) 手持示教器示教工作原点 0，位置点 ID 为 1。

(2) 在程序界面，按【命令一览】键，选择【移动 1】子列表，选择 MOVJ 指令。

(3) 修改指令参数，按【插入】键，再按下【确认】键，插入指令。指令内容如下：MOVJ P=1 V=25 BL=0。

2. 程序点 1：抓取位置等待点(抓取点正上方)

为了不接触其他物料，把所需物料抓走，需把机器人移动到抓取物料的正上方，且保证路径上没有与机器人干涉的东西，如图 4-25 所示。

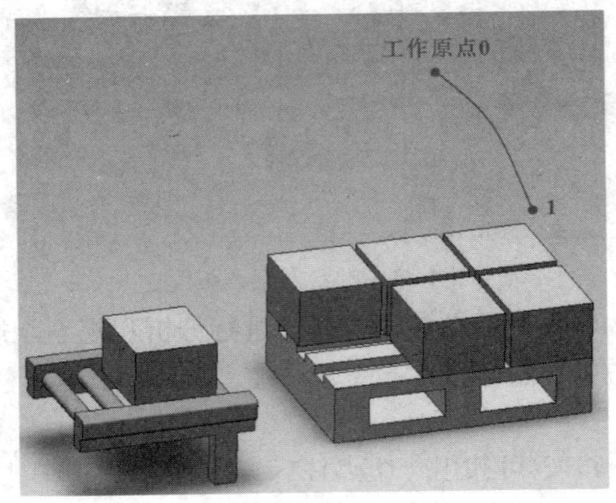

图 4-25　工作点 1 示意图

(1) 手持示教器示教抓取等待点 1，位置点 ID 为 2。

(2) 在程序界面，按【命令一览】键，选择【移动 1】子列表，选择 MOVJ 指令。

(3) 修改指令参数，按【插入】键，再按【确认】键，插入指令。指令内容如下：MOV J P=2 V=25 BL=0。

3. 程序点 2：抓取位置

把机器人移动到抓取物料表面的上方，准备抓取物料，如图 4-26 所示。

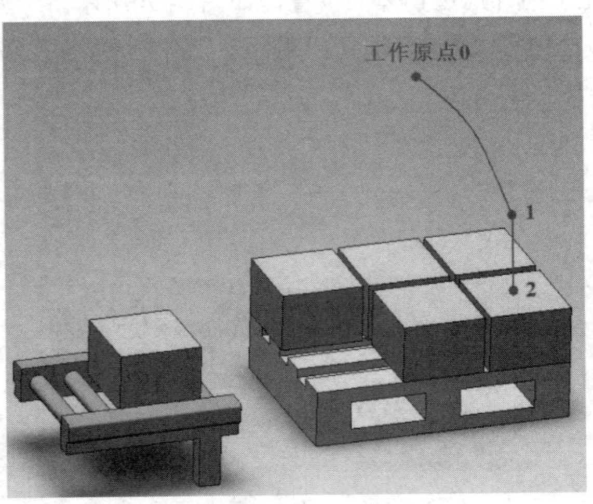

图 4-26　工作点 2 示意图

(1) 手持示教器示教抓取点 2，位置点 ID 为 3。

(2) 在程序界面，按【命令一览】键，选择【移动 1】子列表，选择 MOVL 指令。

(3) 修改指令参数，按【插入】键，再按【确认】键，插入指令。指令内容如下：MOV L P=3 V=5 BL=0。

(4) 在程序界面，按【命令一览】键，选择【I/O】子列表，选择 DOUT 指令。

(5) 修改指令参数，按【插入】键，再按【确认】键，插入指令。指令内容如下：DOUT DO=1 VALUE=1。

4. 程序点 3：抓取位置等待点(同程序点 1)

物料抓取完毕，把机器人垂直向上移动，以保证不接触其他物料，可以与程序点 1 为一个点，如图 4-27 所示。

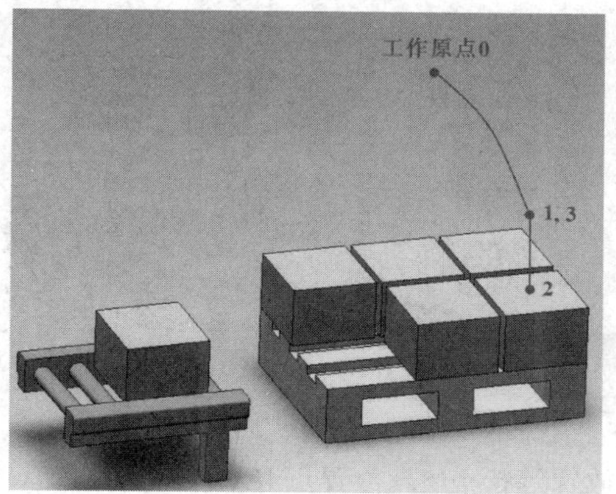

图 4-27　工作点 3 示意图

(1) 在程序界面，按【命令一览】键，选择【移动 1】子列表，选择 MOVL 指令。

(2) 修改指令参数，按【插入】键，再按【确认】键，插入指令。指令内容如下：MOVL P=2 V=10 BL=0。

5. 程序点 4：搬运过渡点(中间辅助位置)

把机器人移动到抓取点位与放置点位之间的一个过渡点位，保证整个抓放路径上机器人不干涉，如图 4-28 所示。

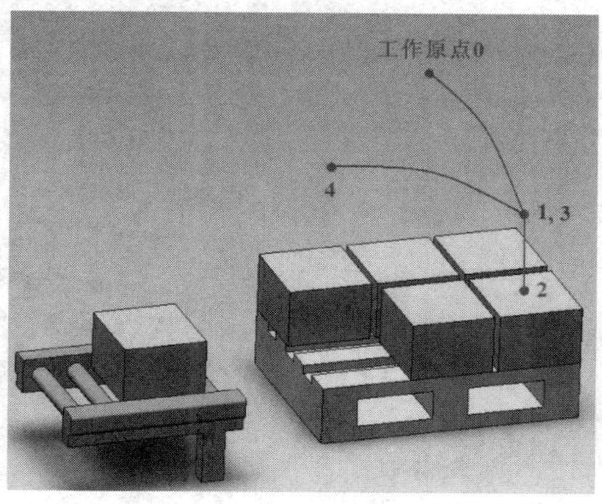

图 4-28　工作点 4 示意图

(1) 手持示教器示教过渡点 4，位置点 ID 为 4。

(2) 在程序界面，按【命令一览】键，选择【移动 1】子列表，选择 MOVJ 指令。

(3) 修改指令参数，按【插入】键，再按【确认】键，插入指令。指令内容如下：MOVJ P=4 V=50 BL=0。

6. 程序点 5：放置位置等待点(放置点正上方)

为了可以有效可靠地将物料放置在所需点位上，首先把机器人移动到放置物料的正上方，如图 4-29 所示。

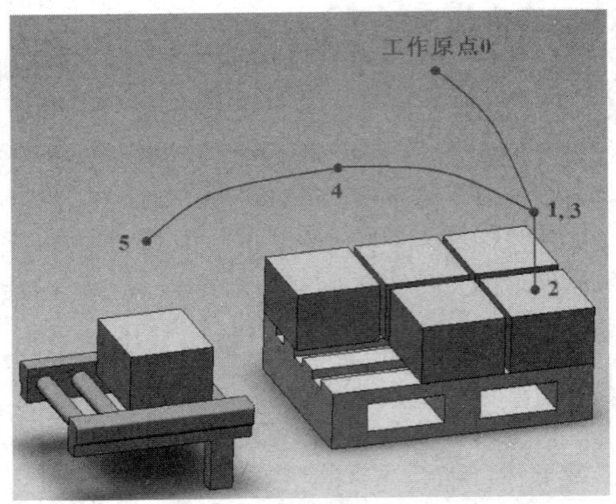

图 4-29　工作点 5 示意图

(1) 手持示教器示教放置等待点 5，位置点 ID 为 5。

(2) 在程序界面，按【命令一览】键，选择【移动 1】子列表，选择 MOVJ 指令。

(3) 修改指令参数，按【插入】键，再按【确认】键，插入指令。指令内容如下：MOVJ P=5 V=25 BL=0。

7. 程序点 6：放置点

把机器人移动到放置点位上，放置物料，如图 4-30 所示。

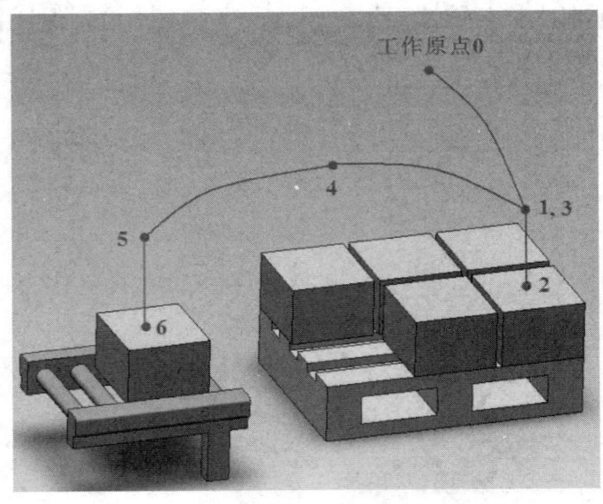

图 4-30　工作点 6 示意图

(1) 手持示教器示教放置点 7，位置点 ID 为 6。

(2) 在程序界面，按【命令一览】按键，选择【移动 1】子列表，选择 MOVL 指令。

(3) 修改指令参数，按【插入】键，再按【确认】键，插入指令。指令内容如下：MOVL P=6 V=5 BL=0。

(4) 在程序界面，按【命令一览】键，选择【I/O】子列表，选择 DOUT 指令。

(5) 修改指令参数，按【插入】键，再按【确认】键，插入指令。指令内容如下：DOUT DO=1 VALUE=0。

8. 程序点 7：放置位置等待点(同程序点 5)

机器人垂直向上移动，以保证不接触刚放置的物料，如图 4-31 所示。

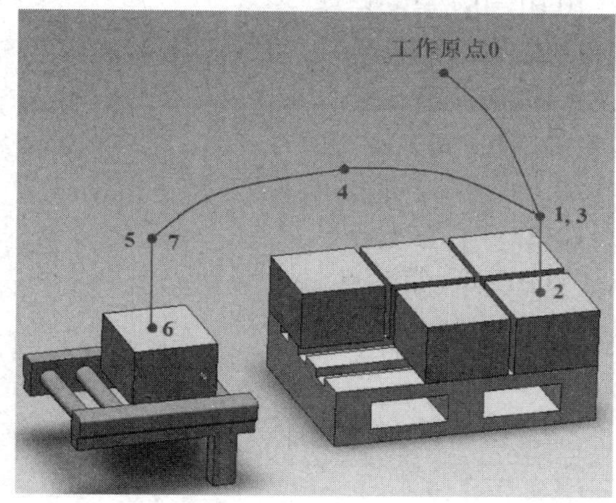

图 4-31　工作点 7 示意图

(1) 在程序界面，按【命令一览】键，选择【移动 1】子列表，选择 MOVL 指令。

(2) 修改指令参数，按【插入】键，再按【确认】键，插入指令。指令内容如下：MOVL P=5 V=10 BL=0。

9. 程序点 8：回到原点(程序结束)

把机器人移动到原点，一个物料搬运结束，如图 4-32 所示。

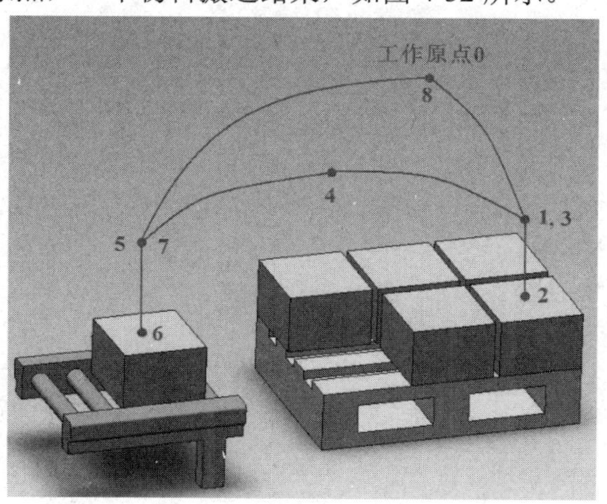

图 4-32　工作点 8 示意图

(1) 在程序界面，按【命令一览】键，选择【移动 1】子列表，选择 MOVJ 指令。

(2) 修改指令参数，按【插入】键，再按【确认】键，插入指令。指令内容如下：MOVJ P=1 V=100 BL=0。

综上，最终物料搬运的程序整理为：

0000：NOP

0001：MOVJ P=1 V=25 BL=0；工作原点

0002：MOVJ P=2 V=25 BL=0；第一点

0003：MOVL P=3 V=5 BL=0；第二点

0004：DOUT DO=1 VALUE=1；手爪夹取或吸盘吸附指令

0005：MOVL P=2 V=10 BL=0；第三点

0006：MOVJ P=4 V=50 BL=0；第四点

0007：MOVJ P=5 V=25 BL=0；第五点

0008：MOVL P=6 V=5 BL=0；第六点

0009：DOUT DO=1 VALUE=0；手爪松开或吸盘放下指令

0010：MOVL P=5 V=10 BL=0；第七点

0011：MOVJ P=1 V=100 BL=0；第八点

第五章　智能制造企业管理系统

5.1　ERP 概　述

5.1.1　ERP 定义

ERP(Enterprise Resource Planning)企业资源计划。它代表了当前在全球范围内应用最广泛、最有效的一种企业管理方法，这种管理方法的理念已经通过计算机软件得到了体现。因此，ERP 也代表了一类企业管理软件系统。

ERP 由美国著名 IT 咨询公司高德纳集团(Gartner Group)于 20 世纪 90 年代初首先提出并应用的。他们认为 ERP 具有的功能标准应包括 4 个方面，由此来界定 ERP 系统：

(1) 超越 MRPⅡ范围的集成功能。

(2) 支持混合方式的制造环境。

(3) 支持能动的监控能力，提高业务绩效。

(4) 支持开放的客户机/服务器计算环境。

5.1.2　ERP 发展历程

ERP 系统起源于制造业的信息计划与管理，从 20 世纪 60 年代发展到今天，经历了不同的阶段。根据时间的先后，一般可分为 5 个阶段：经济批量法阶段、物料需求规划(MRP)阶段、闭环 MRP 阶段、制造资源计划(MRPⅡ)阶段和企业资源计划(ERP)阶段。这 5 个阶段的系统虽然名字和内容各有不同，但并不是后面的系统取代了前一个，而是后面每一个系统都是对前面系统的扩充和进一步发展。

1. 经济批量的订货点法

在 20 世纪 60 年代以前，企业生产能力较低，制造资源矛盾的焦点是供与需的矛盾，计划管理问题局限于确定库存水平和选择补充库存的策略。人们尝试用各种方法确定采购的批量和安全库存的数量，经济批量的订货点法成为最初的科学计划理论，订货点=单位时间的需求量×订货提前期+安全库存量，注意这个时候采购和库存与生产之间没有建立直接的联系。

订货点法应用的条件主要有：

(1) 物料的消耗相对稳定。

(2) 物料的供应相对稳定。

(3) 物料的需求是独立的。

(4) 物料的价格不是太高。

2. 基本 MRP

20 世纪 60 年代初，多品种小批量生产被认为是最重要的生产模式，生产中多余的消耗和资源分配的不合理，大多表现在物料的多余库存上。为此，美国 IBM 公司奥列基博士(Dr.Joseph A.Orlicky)首先提出了以相关需求原则、最少投入和关键路径为基础的“物料需求计划”(Material Requirement Planning，MRP)原理。

MRP 是基于物料库存计划管理的生产管理系统，其目标是：围绕所要生产的产品，在正确的时间、地点，按照规定的数量得到真正需要的物料；通过按照各种物料真正需要的时间来确定订货与生产日期，避免造成库存积压。

3. 闭环 MRP

同订货点法相比，MRP 有了质的进步，但只说明了需求的优先顺序，没有考虑生产企业现有的生产能力和采购等条件的约束，计算结果可能不可行，更不会根据计划实施情况的反馈信息对计划进行调整，所以也叫基本 MRP。

20 世纪 70 年代初，随着企业需求的发展和竞争的加剧，企业对自身资源管理范围不断扩大，对制造资源计划不断细化和精确化，MRP 的计划与控制也不单纯面向物料，而是扩展到与生产能力相关的人力、设备等更多资源，这就是闭环 MRP。除了物料需求计划外，还将生产能力需求计划、车间作业计划和采购作业计划也全部纳入 MRP，要编制资源需求计划、制订能力需求计划，平衡各个工作中心的能力，形成结构完整、具有环形回路的生产资源计划及执行控制系统。

4. 制造资源计划 MRPⅡ

闭环 MRP 系统的出现，使生产方面的各项活动得到了统一。但生产管理只是企业管理的一个方面，而且 MRP 仅仅涉及了物流，没有反映与物流密切相关的资金流等相关方面。1977 年 9 月，美国著名的生产管理专家奥列弗·怀特(Olives W，Wight)在美国《现代物料搬运》(Modern Materials Handling)月刊上，首倡与资金信息等集成的闭环 MRP 系统——制造资源计划(Manufacturing Resource Planning，MRPⅡ)。

MRPⅡ把企业作为一个有机整体，有效集成生产、财务、销售、工程技术、采购等各个子系统，是一种计划主导型管理模式，计划层次从宏观到微观、从战略到技术、由粗到细逐层优化，但始终保证与企业经营战略目标一致；基于企业经营目标制订生产计划，围绕物料需求转化和组织制造资源，实现按需按时生产；从整体最优角度出发，运用科学方法对企业各种制造资源和产、供、销、财等各个环节进行有效的计划、组织和控制，使它们得以协调发展，并充分地发挥作用。

MRPⅡ同 MRP 的主要区别之一是它运用管理会计的概念，用货币形式说明了执行企业“物料计划”带来的效益，把传统的账务处理同发生账务的事务结合起来，既说明资金现状，还要追溯其来龙去脉。例如，将体现债务债权关系的应付账、应收账同采购业务和销售业务集成起来，同供应商或客户的业绩或信誉集成起来，同销售和生产计划集成起来等，使与生产相关的财务信息直接由生产活动生成，保证了资金流(财务账)与物流(实物账)的同步和一致，改变了资金信息滞后于物料信息的状况，便于实时做出决策。

5. 企业资源计划(ERP)

随着管理需求和技术发展的变化，MRP Ⅱ在广泛应用的同时，也表现出一些不足。比如，需求量、提前期与加工能力是MRP Ⅱ制订计划的主要依据，但在市场形势复杂多变、产品更新换代周期短的情况下，MRP Ⅱ对需求与能力的变更，特别是计划期内的变动适应性差，需要较大的库存量来吸收需求与能力的波动。因此，单靠“计划推动”式的管理难以适应竞争的加剧以及用户对产品多样性和交货期日趋苛刻的要求。

在MRP Ⅱ的概念产生后的10年间，企业计划与控制的原理、方法和软件都成熟和完善起来，出现了许多新的管理方法、思想和战略，如JIT(Just in Time，及时生产)、CIMS(计算机集成制造系统)和LP(Lean Product，精益生产)等，信息技术更是飞速发展。各个MRP Ⅱ软件厂商不断在自己的产品中加入新内容，使之逐渐演变形成功能更完善、技术更先进的制造企业的计划与控制系统。20世纪90年代初，高德纳集团总结当时MRP Ⅱ软件在应用环境和功能方面主要的发展趋势，提出ERP的概念，认为其功能标准应包括4个方面：

(1) 超越MRP Ⅱ范围的集成功能，包括质量管理、实验室管理、流程作业管理、配方管理、产品数据管理、维护管理、管制报告和仓库管理。

(2) 支持混合方式的制造环境，包括既支持离散又支持流程的制造环境，按照面向对象的业务模型组合业务过程的能力和在国际范围内的应用。

(3) 支持能动的监控能力，包括在整个企业内采用控制和工程方法、模拟功能、决策支持和用于生产及分析的图形能力。

(4) 支持开放的客户机/服务器计算环境，包括客户机/服务器体系结构，图形用户界面(GUI)，计算机辅助设计工程(CASE)，面向对象技术，使用SQL对关系数据库查询，内部的集成的工程系统、商业系统、数据采集和外部集成(EDI)。

此后，ERP系统的研制与应用快速增长。在资源计划和控制功能进步的基础上，ERP的功能和性能得到极大丰富和提高，计划和控制的范围从制造延伸到整个企业和它的供应链；资源计划的原理和方法得到进一步扩充和发展；ERP系统扩展应用到非制造业；新的信息技术成果不断应用在 ERP 系统研制之中。

在MRP Ⅱ之前，系统以生产制造资源的计划和控制管理内容及能力的不断扩展为主，各阶段的重点在资源涵盖的多少、计划和控制的方法；而ERP阶段却更需要从企业竞争环境以及应对方法的变化，从企业信息技术应用发展趋势，以及从企业与信息系统之间的互动去理解。主生产计划、物料需求计划和能力需求计划这三大计划仍然是ERP的主线，但企业管理的核心却是财务管理。企业一切的物流都要伴随着资金流和信息流的发生，在企业整个生产制造过程中贯穿了财务管理和成本控制的思想，使得ERP更能够贴近企业重视提高收入、降低成本的经营目标。

5.2　主生产计划(MPS)

5.2.1　MPS概述

主生产计划(MPS)是对企业生产计划大纲的细化，用以协调生产需求与可用资源之间的差距。MPS将生产计划大纲的大类计划转换为具体的产品计划，按时间分段计划企业应生产的最终产品的数量和交货期，说明在可用资源的条件下，企业在一定时间内生产什么，生产多少，什么时间生产，等等。

MPS输入与输出逻辑见图5-1。它由预测、订单和生产计划驱动，根据能力和产品提前期的限制，识别生产产品品种，安排生产时间，确定生产数量，在短期内作为物料需求计划、零件生产计划、订单优先计划、短期资源计划的依据；在长期内作为估计本厂生产能力、仓储能力、技术人员和资金等资源需求的依据。

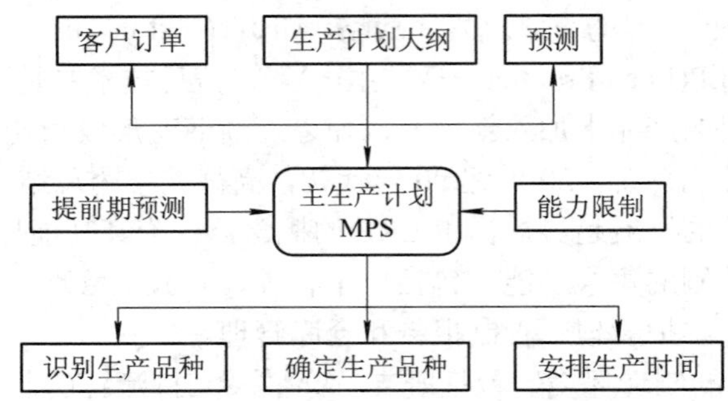

图5-1 MPS输入与输出逻辑

MPS在MRPⅡ/ERP系统中处于上下内外交叉枢纽的位置，十分重要。

内外交叉反映在MPS是生产部门的工具，它指出了将要生产什么。同时，MPS也是市场销售部门的工具，它指出了将要为用户生产什么。所以，MPS是联系市场销售和生产制造的桥梁，向销售部门提供生产和库存的信息，使生产计划和能力计划符合销售计划要求的优先顺序，满足不断变化的市场需求，起着沟通内外的作用。

上下交叉反映在MPS是MRPⅡ/ERP的一个重要的计划层次，起着承上启下、从宏观计划到微观计划过渡的作用。MPS在三个计划模块中起“龙头”作用，决定后续所有计划及制造行为的目标。MPS在综合平衡客户需求和可用库存的现状后，依据生产的实际情况，综合平衡生产需求和可用资源的矛盾，产生详细、合理、可行的产品出产进度计划。

为什么要先有MPS，再根据MPS制订物料需求计划(MRP)？直接根据销售预测和客户订单来制订物料需求计划不行吗？

产生这样疑问和想法的原因在于不了解MRPⅡ/ERP的计划方式。概括地说，MRPⅡ/ERP的计划方式就是追踪需求。如果直接根据销量预测和客户订单的需求来运行MRPⅡ/ERP，那么得到的计划将在数量和时间上与销量预测和客户订单需求完全匹配。但是，预测和订单都是不稳定、不均衡的，直接用来安排生产将会出现时而加班加点也不能完成任务，时而设备闲置、很多人没有活干的现象，这将给企业带来灾难性的后果，而且企业的生产能力和其他资源是有限的，这样的安排也不是总能做得到的。

在MPS这一层次，通过人工干预和均衡安排，使得在一段时间内主生产计划量和预测及客户订单在总量上相匹配，而不追求在每个具体时刻上均与需求相匹配，从而得到一份稳定、均衡的计划。由于在产品或最终项目(独立需求项目)这一级上的计划(即MPS)是稳定和均衡的，据此所得到的关于非独立需求项目的物料需求计划也将是稳定和匀称的。因此，制订MPS是为了得到一份稳定、均衡的生产计划。

5.2.2 MPS 编制原则

MPS 根据企业的能力，通过均衡安排生产实现生产规划的目标，使企业在客户服务水平、库存周转率和生产率方面都能得到提高，并及时更新、保持计划的切实可行和有效性。主生产计划中不能有超越可用物料和可能能力的项目。

编制 MPS 应遵循以下基本原则：

1. 最少项目原则

用最少的项目数(即物料数)进行主生产计划的安排。如果项目数过多，就会使预测和管理都变得困难。因此，要根据不同的制造环境，选取产品结构不同层次来进行 MPS 的编制，使得在产品结构这一级的制造和装配过程中，产品(或)部件选型的数目最少。

2. 独立具体原则

MPS 应列出实际的、独立的、具有特定型号的产品项目，而不是一些项目组。这些产品可分解成可识别的零件或组件，它是可以采购或制造的项目，而不是计划清单项目。

3. 关键项目原则

MPS 应列出对生产能力、财务指标或关键材料有重大影响的项目。对生产能力有重大影响的项目，是指那些对生产和装配过程起重大影响的项目。如一些大批量项目、造成生产能力的瓶颈环节的项目或通过关键工作中心的项目。对财务指标而言，指的是对公司的利润效益最为关键的项目。如含有贵重部件、昂贵原材料，生产工艺制造费用高，或有特殊要求的部件项目，以及虽然不贵重，但是公司主要利润来源的项目。对关键材料而言，指的是那些提前期很长或供应厂商有限的项目。

4. 全面代表原则

计划的项目应尽可能全面代表企业的生产产品。MPS 应覆盖被该 MPS 驱动的 MRP 程序中尽可能多数的组件，反映关于制造设施，特别是瓶颈资源或关键工作中心尽可能多的信息。

5. 适当余量原则

MPS 应留有适当余地，并考虑预防性维修设备的时间。可把预防性维修作为一个项目安排在 MPS 中，也可以按预防性维修的时间，减少工作中心的能力。

6. 适当稳定原则

在有效的期限内应保持适当稳定。如果只按照主观愿望随意改动 MPS，将会破坏系统原有的合理、正常的优先级计划，削弱系统的计划能力。

5.2.3 MPS 编制过程

主生产计划学习的主要问题包括：

(1) 主生产计划的对象，即选择什么物料(项目)进行 MPS 运算。

(2) 主生产计划的来源，即用什么信息推动 MPS 运算。

(3) 主生产计划的过程，即 MPS 运算逻辑。

1. 主生产计划的对象

主生产计划的对象是最终项目(End Item)。“最终项目”通常是具有独立需求的物料，但由于产生计划的环境不同，对需求响应的策略不同，最终项目的含义也不相同。表 5-1 总结了 MPS 计划的对象与方法，表明了销售环境与生产类型对 MPS 的影响。

表 5-1 MPS 计划的对象与方法

销售环境	计划依据	MPS 计划的对象	计划方法	说 明
现货生产 MTS	主要根据市场预测安排生产；产品完成后先入库，逐渐销售	独立需求类型的物料(产品、组件、备件)	单层 MPS、制造 BOM、计划 BOM	可与分销资源计划接口
订货生产 MTO 工程生产 ETO	根据客户订单合同组织生产，甚至专门设计	独立需求类型的物料(产品、组件、备件)	单层 MPS、制造 BOM	在 ETO 环境下会用到网络计划技术[关键路线法(CPM)、计划评审技术(PERT)]
订货组装 ATO	产品成系列，有各种变型，根据合同选择装配	基本组件、通用件及可选件	多层 MPS、制造 BOM、计划 BOM、总装进度 FAS	

备货生产环境下的企业用很多原材料和部件制造出少量品种的标准产品，产品市场需求预测的可靠性较高，通常是在流通领域直接销售的产品，因此，可将最终产品预先生产出来，放置于仓库，随时准备交货。在这种情况下，MPS 计划对象通常是产品结构中的顶层。这类产品的需求量往往来源于分销网点的信息反馈(分销资源计划)或预测。对产品系列下有多种具体产品的情况，有时要根据市场分析、估计各类产品占系列产品总产量的比例。此时生产规划的计划对象是系列产品，MPS 的计划对象则是按预测比例计算的具体产品。产品系列同具体产品的比例结构形式，类似于一个产品结构图，通常称为计划物料清单或计划 BOM。

订货生产环境下的企业用少量品种的原材料和部件，根据客户要求生产出各种不同品种的产品和组件。该专项生产的最终成品一般是标准定型产品或按订货要求设计的产品，通常也是产品结构中处于零层的最终产品。但也有例外，比如，对钢材生产这种类型的订货生产，同一种钢号的钢坯可轧制出规格繁多的钢材，这时，MPS 的计划对象可以放在按钢号区分的钢坯上(相当于 T 形或 V 形产品结构的低层)，以减少计划物料的数量，再根据订单确定最终产品。

订货组装生产环境下的企业生产具有高度选择性的产品，其产品常常呈系列化，结构基本相同，都是由若干组件和一些通用件组成的，每项基本组件又可有多种可选件，从而可形成一系列多种规格的变型产品。对模块化产品结构，产品可有多种搭配选择时，用总装进度安排出厂产品的计划，用多层 MPS 和计划 BOM 制订通用件、基本组件和可选件的计划。这时，MPS 的计划对象相当于产品结构中“腰部”的物料，其顶部物料则是总装进度的计划对象。

2. 主生产计划的来源

企业的经营生产活动由需求信息引发，但市场需求不等于企业的销售计划，更不一定就是企业的生产计划，还要根据企业的经营战略和资源条件来决定取舍。MPS 需求信息一般包括预测量、合同量和其他需求。

1) 预测

多数是根据历史销售记录，推测未来的需求。在预测的时候应按产品大类或系列来预测，使包罗范围广、误差尽可能小，用多种预测方法相互对比。经常复核预测结果，因预测不是一次就可以定案的。

销售预测是生产规划和主生产计划的原始输入信息，它不考虑物料和能力的可用性问题。不能把计划完全建立在预测基础上，要时刻注意市场变化，做好需求管理。

2) 合同

合同(或客户订单)是运行 MRPⅡ/ERP 系统的重要依据。在一份客户合同上记录多行物料，不同物料可以有不同的交货期，同一物料也可以有不同数量和不同交货期。每一行都必须说明物料号、交货期、数量、单价、客户方的采购单号、客户提出的需求日期等。这些信息将作为计划、提货和发运、开具发票和结算等作业的输入数据。

3) 其他需求来源

其他来源包括未交付的客户订单，最终项目的预测，工厂内部的需求，维修件、客户可选件和附件等的需求，此外还包括备品备件、展览品、破坏性试验品、企业内各部门之间的协作件、地区仓库提出的补库单等。这些需求可以是独立需求件，也可以是相关需求件，可以在 MPS 或 MRP 层人工输入。

未交付的订单是那些未发运的订单项目，可以是上期没完成拖欠下来，或是新的指定在本期内要求供货的项目；预测是用现有和历史资料来估计将来的可能需求；工厂内部需求是将一个大的部件或成品作为最终项目产品来对待，以满足工厂内其他部门的需要，如汽车厂中发动机分厂生产的发动机可视为工厂内部需求；备件是销售给使用部门的一些零部件，以满足使用维护时更换的需要，如电视机厂生产的显像管等。客户可选件和附件在销售时独立于成品，是根据客户的需要而配置的，这些选件也是独立需求。

3. 主生产计划的编制

MPS 是闭环计划系统的一个关键部分。MPS 试图在生产需求与可用资源之间做出平衡，其质量在很大程度上决定了企业的生产组织效率和资源利用水平。MPS 不稳定、不可靠，将可能出现很多紧急订单，或造成大量在制品积压，占用大量资金；降低对用户的服务水平；最终失去整个计划编制系统的可靠性，不能及时交货，失去客户和市场，造成经济损失。因此，MPS 编制是 MRPⅡ/ERP 的核心工作内容。

MPS 的编制，重点包括编制 MPS 项目的初步计划、进行粗能力平衡和调整 MPS 初步计划三个方面，涉及的工作包括收集需求信息、编制主生产计划、编制粗能力计划、评估主生产计划和下达主生产计划等。

1) 进行需求预测

由于在制订年度生产计划时已充分考虑了预测因素，形成了完善的年度生产规划体系，所以在编制 MPS 时，可直接根据年度生产规划大纲和计划清单确定对每个最终项目的生产预测。它一定程度上反映了某产品类的生产规划，总生产量中预期分配到该项产品的部分，使得主生产计划员在编制 MPS 时能遵循生产规划的目标。

2) 计算毛需求

毛需求量是指在任意给定的计划周期内对产品的总需求量。根据生产预测、已收到的客户订单、配件预测以及该 MPS 对象物料作为非独立需求项的需求数量，计算毛需求。

值得注意的是，MPS 的毛需求量已不再是预测信息，而是一个初步的需求数量，是具有指导意义的生产信息。其确定的依据可参考预测量或订单量，系统会根据计划参数的设置值进行计算。如何通过对预测值与合同值的取舍来确定毛需求量，是首先要确定的原则。不同时区取舍的方法不同，但取舍规则基本上都是以下四种：按合同值、按预测值、按二者数值之和，或者按其中的最大值。

根据时区与时界对计划的影响，在需求时区内车间的生产日程是不宜变动的，否则计划变动的代价极大。因此，该时区内的毛需求量等于其合同量。在计划时区内，车间在此区间内要做的产品，此时还未开始制造，因此就不会引发计划变动造成的额外成本，在物料供应状况允许的前提下，可以允许业务部门插单，以掌握更多商机。因此，该时区内的毛需求量可以有四种取舍规则：按合同值、按预测值、按二者数值之和，或者按其中的最大值。一般可以取二者之中的最大值。在预测时区内，原则上取决于业务需求，企业生产的内容主要是依据业务部门提出的市场需求，即客户订单与销售预测的内容而定。因此，该时区内的毛需求量等于预测量。

3) 计算计划产出量和预计可用库存量

根据毛需求量和事先确定好的批量和批量策略，以及安全库存量、期初库存量和计划接收量，按每个时段逐段计算各时段的预计可用库存量、净需求量和计划产出量。

(1) 计划接收量(Scheduled Receipts)是前期已经下达的、正在执行中的订单，将在本计划展望期内某个时段产出的数量。

(2) 批量(Lot Sizing)是指花费一次准备时间采购或生产同一种物料的数量。批量在 MRPH/ERP 中是一项不可缺少的基本数据，MPS 用其来确定产品的制造批量，MRP 用其来确定采购或制造批量。批量的大小直接与成本和能力相关，对加工周期的长短有很大影响，进而直接影响生产制造全过程。

(3) 批量规则表示做 MPS 或 MRP 计划时，计算物料的计划下达数量所使用的规则。批量规则通常分为静态批量规则与动态批量规则两类，前者中每一批的批量都不变；后者则允许每批下达的批量都可以不同。常用的批量规则有：

① 最大批量：当计划下达数量大于此批量时，系统取此批量作为计划下达量。

② 最小批量：当计划下达数量小于此批量时，系统取此批量作为计划下达量。

③ 固定批量：每次计划数量按一个固定值下达，一般用于订货费用或加工费用较大的物料。

④ 直接批量：完全根据计划(或实际)需求量决定的批量。

⑤ 固定周期批量：每次订货(或加工)的间隔周期相同，但批量数可以不同。按定义的批量周期合并净需求，作为计划下达量。

⑥ 周期批量：由固定周期批量演变而来，根据 EOQ 计算间隔期(即周期)，决定订货(或加工)批量。在一个订货(或加工)周期内，系统取各时间段中物料净需求不为零的纪录，将

其净需求进行汇总，产生的计划量下达在这一订货周期内的第一个时间段上。

⑦ 倍数批量：需求量若小于批量，则按批量计算；如果需求量大于批量，则按批量的倍数计算。

安全库存量是除了预计出去的库存量，还留在库里的适当库存。安全库存量的大小主要由顾客服务水平(或订货满足)来决定。

(4) 预计可用库存量是指某个时段的期末库存量，净需求量是指任意给定的计划周期内某物料实际需求的数量。计算公式如下：

预计可用库存量 = (前一时段的预计可用库存量 + 本时段计划接收量 + 本时段计划产出量) − 本时段毛需求量

净需求量 = 本时段毛需求量 − (前一时段的预计可用库存量 + 本时段计划接收量) + 安全库存量

对计划展望期内的每个时段，按照由近及远的顺序，首先计算其净需求量，净需求是个触发器，以此触动 MPS 的批量排产。如净需求量为零或负值，表示无须生产，无须增加产出，原有库存及接收可以满足当前需求(即毛需求和安全库存保有量的需求)，这时本时段计划产出量为零，可直接计算出本时段的预计可用库存量。如净需求量为正值，则表明是本时段对该物料实际需求的数量，这时为了满足净需求，需要根据批量规则选取一个数量作为计划产出量，再由此计算出本时段末的预计可用库存量，完成本时段三个指标的计算。

4. 计算和调整可供销售量供销售部门决策选用

由于批量规则的缘故，在某一个或某一些时段内，物料的计划产出数量可能会超出实际需求(即订单数量或合同数量)。这个差值就是可供销售量(Available to Promise，ATP)，或称可签约量。将有产出的时段到下次有产出的时段作为一个产出时间间隔，其计算公式如下：

产品产出某间隔期内可供销售量 ATP = 该间隔期内的计划产出量 − 该间隔期内的订单量总和

此项计算从计划展望期的最远时区由远及近逐个时区计算。如果在一个时区内需求量大于计划量，超出的需求可从早先时区的可供销售量中预留出来。

可供销售量是一个颇有价值的数据，这个数量信息可供销售部门机动决策选用，以应付一些不速之客的零星需求，它也是销售人员同临时来的客户洽谈供货条件时的重要依据。

5. 进行粗能力计划核算

主生产计划的可行性主要通过粗能力计划进行校验。粗能力计划是对生产中所需的关键资源进行计算和分析，其编制方法主要有资源清单法和分时间周期的资源清单法。粗能力计划用于核定主要生产资源的情况，即关键工作中心、人力和原材料能否满足 MPS 的需要，以使得 MPS 在需求与能力之间取得平衡。

6. 评估和调整主生产计划

一旦初步的主生产计划测算了生产量，测试了关键工作中心的生产能力，并对主生产计划与能力进行平衡之后，初步的主生产计划就确定了。下面的工作是对主生产计划进行评估，对存在的问题提出建议，同意主生产计划或者否定主生产计划。

如果需求和能力基本平衡，则同意主生产计划。如果需求和能力偏差较大，则否定主生产计划。

如果能力和需求不平衡，主生产计划员应首先进行调整，力求达到平衡。调整的方法有：

(1) 改变预计负荷，如重新安排订单、拖延订单、终止订单、订单拆零、改变产品组合等。

(2) 改变生产能力，如改变生产工艺、申请加班、外协加工、加速生产、雇用临时工等。

7. 批准和下达主生产计划

这里还要将 MPS 初稿相对于生产计划大纲进行再次分析。MPS 应该和生产计划大纲保持一致，即 MPS 中产品类的总数应该等于相应周期内的生产计划大纲的数量。然后，向负责进行审批的人提交 MPS 初稿及分析报告，等待审批；MPS 经过正式批准之后，作为下一步制订物料需求计划的依据。正式批准后的主生产计划，应下达给有关的使用部门，包括生产制造部门、采购部门、工程技术部门、市场销售部门、财务部门以及其他有关人员等。

总的来说，MPS 的实质是保证销售规划和生产规划对规定的需求(需求什么、需求多少和什么时候需求)与所使用的资源取得一致。MPS 考虑了经营规划和销售规划，使生产规划同它们相协调。它着眼于销售什么和能制造什么，这就能为车间制订一个合适的主生产计划，并且以粗能力数据调整这个计划，直到负荷平衡。

然后，主生产计划作为物料需求计划(MRP)的输入，MRP 用来制订所需零件和组件的生产作业计划或物料采购计划。当生产或采购不能满足 MPS 的要求时，采购系统和车间作业计划就要把信息返回给 MPS，形成一个闭环反馈系统。

要说明的是，有些人认为只要把销售预测、客户订单、物料清单、生产成本、库存记录等数据输入到计算机中，就可以自动生成主生产计划，这实在是一种误解。主生产计划包括许多来自人的经验的决策，这是无法由计算机来完成的。制订和调整主生产计划的责任在人，而不在计算机，而且这是一个手工的过程，是应当特别强调的。

5.3 物料需求计划(MRP)

5.3.1 MRP 概述

在制造业的生产经营活动中，一方面需对原材料、零部件、在制品和半成品进行合理储备，以使得生产连续不断地有序进行，满足波动不定的市场需求；另一方面，原材料、零部件和在制品的库存又占用大量资金，为加快企业的资金周转，提高资金的利用率，需要尽量降低库存。MRP 正是为了解决这一矛盾而提出的，它既是一种较精确的生产计划系统，又是一种有效的物料控制系统，保证在及时满足物料需求的前提下，使物料的库存水平保持在最小值内，协调生产的物料需求和库存之间的差距。

物料需求计划是一种分时段的优先级计划，是 MRP Ⅱ/ERP 系统微观计划阶段的开始，是 MRP Ⅱ/ERP 的核心。

MRP 是 MPS 需求的进一步展开，也是实现 MPS 的保证和支持。MPS 常常只是对最终产品的计划，一个产品可能由成百上千种相关物料组成，如果把企业所有产品的相关需求件汇合起来，数量更大。一种物料可能会用在几种产品上，不同产品对同一个物料的需用量又不相同。另外，不同物料的加工周期或采购周期不同，需用日期也不同。要使每种物料能在需用日期配套备齐，满足装配或交货期的要求，又要在不需要的时期不过量占用库存，还要考虑合理的生产批量，靠手工管理是不可能进行如此大量数据运算的。这也是手工管理难以解决物料短缺和库存量过大问题的症结所在。要对制造系统的复杂生产过程进行控制，必须随时检查一切必备的物料是否能满足需要。个别物料的短缺往往会引起严重的连锁反应，使生产陷于停顿。MRP 根据 MPS、物料清单和物料可用量，计算出企业要生产的全部加工件和采购件的需求量，按照产品出厂的优先顺序，计算出全部加工件和采购件的需求时间，将生产作业计划和物料供应计划统一起来。

5.3.2　MRP 计算模型

1. 低层码

MRP 解决的是物料的相关需求，其计算逻辑与 MPS 类似，但存在两个主要区别。首先，参与 MRP 计算的物料，其各时段毛需求量的主要来源不再是市场预测和客户订单，而是由 MPS 计划产出量的需求经由 BOM 自然引发产生的相关需求。其次，对于同时处于不同产品或同一产品不同层级 BOM 里的公共物料，其可用库存的分配，以及计划产出量等的计算，需要根据 BOM 层级的计算进行安排。

在展开 MRP 进行物料需求计算时，计算的顺序是从上而下进行的，即从产品的 0 层次开始，按低层码顺序从低层码数字小的物料往低层码数字大的物料进行计算。当计算到该产品的某一层次(如 1 层)，若低层码不同(假定该物料的低层码为 2)，则只计算层级高的物料，层级比计算层次低的物料的计算结果暂时存储起来。可以汇总存储总的需求量，但不进行 MRP 需求计算与原材料的库存分配，这样，可用库存量优先分配给了处于最低层的物料，保证了时间上最先需求的物料先得到库存分配，避免了晚需求的物料提前下达计划并占用库存。因此，低层码是 MRP 的计算顺序。

2. 确认 MRP

生成 MRP 后，进行能力计划运算，通过能力需求计划校验其可执行性。进行能力平衡后，要对 MRP 进行确认。企业应该按照确认的 MRP 执行，给生产车间和采购部门下达制造订单和采购订单。在下达订单前，计划人员应检查：物料的需求日期是否有变化、工作中心的能力是否有效、必要的工装夹具是否备好，等等。如发现问题，计划人员应及时采取措施解决。

5.4　能力需求计划

5.4.1　能力需求计划概述

能力需求计划是对生产过程中所需要的能力进行核算，以确定是否有足够的生产能力来满足生产需求的计划方法。能力需求计划将生产需求转换成相应的能力需求，分析生产计划大纲、主生产计划和物料需求计划等的可行性，估计可用的能力并确定应采取的措施，以协调生产负荷和生产能力之间的差距。

在能力计划中，对于生产管理的不同层次，有不同的能力计划方法与之相协调，形成包括资源需求计划、粗能力需求计划、细能力需求计划、生产能力控制的能力计划层次体系，如表 5-2 所示。它们分别对应于生产规划、主生产计划、物料需求计划和车间作业管理的不同层次。

表 5-2　能力计划层次体系

能力计划名称	对应的生产计划	计划展望期	计划周期	计划频度	使用计算机
资源需求计划	生产规划	长期	季、月	每月	可用
粗能力需求计划	主生产计划	中长期	月	需要时	用
细能力需求计划	物料需求计划	中期	月、周	每周	用
生产能力控制	车间作业管理	短期	周、天	每周	不用

资源需求计划(Resource Requirement Planning，RRP)是与生产计划大纲对应的能力计划，表示在生产规划确定产品系列的生产量时，要考虑生产这些产品系列需要占用多少有效资源，如果资源不足，应如何协调这些差距。

粗能力需求计划(Rough-Cut Capacity Planning，RCCP)是与主生产计划(MPS)相伴运行的能力计划，对生产中所需的关键资源进行计算和分析，给出能力需求的概貌。

能力需求计划(Capacity Requirement Planning，CRP)即细能力需求计划，有时也泛指所有的能力计划层次体系。能力需求计划对全部物料需求计划(MRP)所需要的能力进行核算。

生产能力控制则用于车间作业层的协调控制管理，通过对生产过程中各种实时状况的监测来发现实际生产过程中使用能力与计划能力之间的偏差，并通过控制手段处理偏差，使生产按计划稳定地正常运作。

能力需求计划中有两个要素：负荷和能力。解决负荷过小或超负荷能力问题的方法有 3 种：调整能力、调整负荷，以及同时调整这两者。

调整能力的方法有加班，增加人员和设备，提高工作效率，更改工艺路线，增加外协处理等。

调整负荷的方法有修改计划，调整生产批量，推迟交货期，撤销订单，交叉作业等。

能力需求计划是 MRP Ⅱ 中的重要反馈环节。MRP Ⅱ 系统克服了 MRP 系统的不足之处，在软件中增加了生产能力计划、生产活动控制、财务管理等功能，形成闭环 MRP 系统。首先集中于生产计划的编制，在每一个计划级，先编制生产计划，然后用能力需求计划评价这个计划，最后采取必要的措施使计划得以实施。生产计划大纲、主生产计划等是否可行，生产设备是否有保证，生产负荷是否合理，这些问题都需要通过能力需求计划来进行平衡，以此修正生产计划，达到生产状况的最佳平衡。能力需求计划的对象是工作中心，因此，还能对企业的技术改造规划提供有价值的信息，找出真正的瓶颈，是一种非常有用的计划平衡工具。

5.4.2　粗能力需求计划(RCCP)

RCCP 通常是对生产中所需的关键资源进行计算和分析。关键资源通常是指：

(1) 关键工作中心，其处于瓶颈位置。

(2) 特别供应商，其供应能力有限。

(3) 自然资源，其可供的数量有限。

(4) 专门技能，属稀有资源。

(5) 其他还有资金、仓库、运输、不可外协的工作等。

RCCP 一般只考虑关键工作中心等关键能力，这种能力核定方法简单、粗略、快速，计算量较小，占用计算机机时较少。配合 MPS 的处理过程，一般每月处理一次。对于企业只有一条装配流水线的情况，只需以它为关键工作中心运行 RCCP，不再需要运行 CRP，从而大大减少能力核算的人力、物力及时间消耗。

运行 RCCP 包括以下步骤：

(1) 建立资源清单，说明每种产品的数量及各月占用关键工作中心的负荷小时数，同时与关键工作中心的能力进行对比。

(2) 在产品的计划期内，对超负荷的关键工作中心要进一步确定其负荷超限的时段。

(3) 确定各时段超负荷出现的原因。

(4) 协调、平衡矛盾，解决负荷超限。

MPS 的计划对象主要是 BOM 中位于 0 层的独立需求型物料，但这个独立需求件的工艺路线中往往并不一定直接含有关键工作中心，可能要到下属低层某个子件的工艺路线上才出现。所以，编制粗能力计划，首先要确定关键工作中心的资源清单(能力清单)。

MPS 的资源清单根据 BOM 和工艺路线文件得到，它描述了项目生产制造所需的生产资料及生产地点。

编制粗能力计划有两种方法：资源清单法和分时间周期的资源清单法。

1. 资源清单法

利用资源清单法编制粗能力计划，通常按下列步骤进行：

(1) 定义关键资源。

(2) 从 MPS 中的每种产品系列中选出代表产品。

(3) 对每个代表产品确定其单位产品对关键资源的需求量，确定的根据包括 MPS、BOM、工艺路线、定额工时、平均批量等。

(4) 对每个产品系列，确定每月的主生产计划产量。

(5) 将 MPS 中的计划产量与资源清单中定义的资源需求量相乘。

(6) 将每个产品系列所需求的能力加起来，得到对应计划的总能力需求。

用资源清单进行粗能力计划编制，资源清单的建立与存储比较简单。一旦建立了资源清单，可对不同 MPS 重复使用，计算量小，简化了能力计划的编制、维护和应用。缺点和不足是，忽略了提前期，特别是在 MPS 计划周期短、制造提前期长的情况下，能力需求计划在时间性上的精度差。其次，用这种方法编制能力计划，没有考虑在制品或成品的库存，所以对负荷的估计偏高。

2. 分时间周期的资源清单法

分时间周期的资源清单法与资源清单法基本类似，差别只在于对资源能力的需求按时间周期分配，将各种资源需求分配在对应的一段时间内，克服了资源清单法没有考虑提前期的缺点。分时间周期的资源清单法编制的关键点如下：

(1) 画出某类代表产品的工序网络图。

(2) 计算该类产品的分时间周期的能力清单。

(3) 根据主生产计划和每个代表产品的能力清单，求出分阶段的能力计划。

建立分时间周期的资源清单所需的附加信息是时间周期。用时间周期把能力需求量和工序网络图进行时间上的划分，就构成了按时间周期编制能力需求计划的基础，它表明按照制造工序，在整个提前期范围内，资源需求量是如何分布的。

分时间阶段的时间周期应该与主生产计划相对应。如果这个周期是周，那么主生产计划也应当按周给出；如果计划周期是月，那么主生产计划的计划量就应当按月给出。但不论选择哪种时间周期，它必须小于累计的提前期，否则分时间周期就没有意义了。

由于划分了时间周期，所以建立和维护这些清单，需要付出更多的努力，但它最后生成的能力计划比没考虑时间因素的能力计划更加可信。对于工艺阶段和工序生产制造周期长，而计划周期相对较短的企业，如重型机器制造厂，其粗能力计划采用分时间周期资源能力清单法比较合适。

5.4.3　细能力需求计划(CRP)

1. 概述

细能力需求计划(CRP)，又称为能力需求计划，是对具体物料需求计划所需能力进行核算的一种计划管理方法。其对象是物料和能力，物料是具体、形象和可见的，能力是抽象的，且随工作效率、人员出勤率、设备完好率等的变化而变化。CRP 将物料需求转换为能力需求，估计可用的能力，并确定应采取的措施，以便协调能力需求和可用能力之间的关系。生产计划能否顺利实施，生产任务能否按计划完成，能否达到既定的生产指标，都需要在能力需求计划中进行平衡。

CRP 把 MRP 的计划下达生产订单和已下达但尚未完工的生产订单所需求的负荷小时，按工厂日历转换为每个工作中心各时区的能力需求，对比工作中心在该时段的可用能力，生成能力需求报表。CRP 与 MRP 类似，也要回答以下几个问题：

(1) 生产什么？何时生产？

(2) 使用什么工作中心？负荷(即需用能力)是多少？

(3) 工作中心的可用能力是多少？分时段的能力需求情况如何？

MRP Ⅱ系统中，MPS 阶段和 MRP 阶段都要求进行能力平衡，编制能力平衡计划。由于 MPS 和 MRP 之间内在的联系，所以 RCCP 和 CRP 之间也是一脉相承的。实际上，MRP/CRP 的运算是建立在 MPS/RCCP 的基础上的，CRP 是 RCCP 的深化。它们之间的区别见表 5-3。

表 5-3　RCCP 与 CRP 的区别

对比项目	区　别	
	RCCP	CRP
计划阶段	MPS 制定阶段	MRP 与 SFC 制定阶段
能力对象	关键工作中心	各个工作中心
负荷计算对象	独立需求件	相关需求件
订单范围	计划及确认的订单(不含已下达的计划订单)	全部订单(含已下达的计划订单)
使用的工作日历	工厂工作日历或工作中心日历	工作中心工作日历
计划的提前期考虑	偏置天数	开始与完工时间，有时精确到小时
现有库存量	不扣除	扣除

对于 MRP 包含的产品结构中的每一级项目，CRP 分时间将制造订单的排产计划转换成能力需求，并考虑制造过程中排队、准备、搬运等时间消耗，使生产需求切实成为可控制的因素。CRP 有追溯负荷来源的功能，可查明超负荷的现象是由什么订单引起的。但是，CRP 只说明能力需求的信息，不直接提供解决方案。处理能力供需之间的矛盾，还是要靠计划人员的分析与判断。

2. 制定方式

能力需求计划(CRP)的编制方式有两种：无限能力计划和有限能力计划。

无限能力计划在做 MRP 时不考虑生产能力的限制，得到 MPR 后，再计算各个工作中心的能力、负荷，产生能力报告。当负荷大于能力时，调整超负荷工作中心的负荷或能力。这里所说的无限能力只是在做 MRP 时暂时不考虑能力的约束，尽量去平衡与调度能力，发挥最大能力，或进行能力扩充。现行的多数 ERP 系统均采用这种方式，这也体现了企业以市场为中心、尽量满足市场需求的战略思想。

有限能力计划则突出了以自身能力为中心的管理思想，认为工作中心的能力是不变的。由于考虑了能力限制，在做 MRP 时，工作中心的负荷工时总是不会超过该工作中心的能力工时，不会出现超负荷的现象。因此，用该方法计算出的计划可以不进行负荷与能力平衡。

按照负荷分配选择方式，有限能力计划又分为有限顺排计划和优先级计划。

有限顺排计划(Finite Forward Scheduling)是指假定能力是固定不能调整的，因而计划可完全由计算机自动编排。有限顺排计划通常适用于某种单一的工作中心或较难调整的能力单元，有时也可用在短期或近期车间作业进度编排上。作为 CRP 的补充，不少软件都设置了有限顺排计划的功能。但有限顺排计划往往只对头道工序有效，对后续工序则会增加复杂性，甚至可能影响交货期。

优先级是指物料加工的紧迫程度，数字越小则优先级越高。优先级计划根据订单状况等因素为计划负荷指定一个优先级，按优先级高低顺序分配给工作中心负荷，先执行优先级较高的计划负荷，推迟优先级较低的计划。这种方式保证了工作中心工作的有序化，并反映了市场和客户的实际需求。由于按优先级别分配负荷、这种方法不会出现工作中心超负荷情况。

一般 MRP 的出发点首先是满足客户和市场的需求，这也是计划工作的基本原则。因此，只有先不考虑能力的约束，才能谈得上对需求的计划。如果考虑了能力的约束再做需求计划，这样的计划有可能不一定符合客户和市场的需求日期，因而会偏离 MRPⅡ的计划原则。此外，在编制计划时，首先要确定需求的优先级计划，然后再进行能力的计划。如果不说明需求的优先级，工作中心负荷的顺序就无所依从。如果某个工作中心在某个时段加工了优先级低的物料，就会使优先级别高的物料排不上号，不能按计划加工。其结果从表面上看似乎是一种能力不足的现象，但实质上是资源没有得到有效利用。因此，必须先有优先级计划，能力计划才有意义。

3. 编制过程

1) CRP 的数据环境

CRP 的数据环境主要有工作中心文件、工艺路线文件、已下达车间订单、MRP 计划订单和车间日历等。

已下达车间订单指已释放或正在加工的订单，订单上说明了每种零部件的数量、交货期、加工工序、准备时间和加工时间、工作中心号或部门号及设备号等，已经占用工作中心的一部分能力。计划订单是 MRP 输出的尚未释放的订单，记录了通过 MRP 的运行计算出的产品零部件的净需求量和需求日期，将占用工作中心的能力。

车间日历是用于编制计划的特殊形式的日历，将普通日历转换成工作日历，常常表示成顺序计数的工作日，并除去周末、节日、停工和其他不生产的日子。

2) CRP 编制过程

收集数据，如前所述，用于 CRP 输入的数据包括已下达的车间订单、MRP 计划订单、工艺路线文件、工作中心日历、车间日历。编制工序计划包括以下步骤：

(1) 根据订单、工艺路线和工作中心文件计算每道工序的负荷。

(2) 计算每道工序在每个工作中心上的负荷。

(3) 计算每道工序的交货日期和开工时间。

(4) 按时间周期计算每个工作中心的负荷。MRP 用倒序排产方式确定订单下达日期，即从订单交货期开始，以时间倒排的方式编制工序计划，从而确定工艺路线上各工序的开工日期。如果倒序排产方式得到的是一个负数的开工日期，即意味着该工件开工时间已过期。这时为了按预订的交货期完工，最好的办法是重新计划订单并压缩提前期。如果这是不可能的，那就必须将交货期推迟；编制负荷图，一般可用负荷图来直观表示能力与负荷的匹配情况。当收集了必要的数据之后，就能够开始处理订单，编制负荷图，分析结果，调整能力。

4. 编制评述

CRP 将制造订单的排产计划转换成分时间周期的能力需求，对于产品结构的所有级别，它考虑了：

(1) 现有库存和在制库存。这将减少执行 MPS 所需的总能力。

(2) 实际批量。这样对每个工作中心的加工时间和生产准备时间的估计更加精确。

(3) 制造提前期。依次生成了分时间周期的能力计划。

(4) 考虑了维修件、废品和安全库存等因素。

(5) 考虑了返工所需的能力需求。

但 CRP 也有一些缺点和不足：

(1) 涉及 MPS、MRP、工艺路线、车间管理系统等各个层次的大量信息，运行 CRP 的先决条件比运行 RCCP 更多。

(2) CRP 信息处理计算的工作量非常大，处理过程比较复杂，所以 CRP 必须是一个计算机化的处理过程。

(3) CRP 常在“无限能力”的假设前提下进行，排产时没有考虑工作中心的可用能力。在实际生产中，每个工作中心的任务按照每日任务分配单上印发的优先级排列，所以，每个任务的实际排队时间与在能力计划编制中所用的平均排队时间相差很大，这就意味着在计划排产中所用的开始日期和结束日期并没有精确地反映实际情况。另外，如果管理人员对某时间周期的超负荷不做任何处理，那么订单就会拖期，并进一步偏离工序的开始日期和结束日期，于是也就改变了一段时间负荷的分布。

总的来说，只有经过 MRP/CRP 运算落实后，才能作为 MRP 的建议计划下达给计划的执行层。CRP 作为优先计划的工具，可以把生产上的制造瓶颈、人力短缺或机器上的超负荷/低负荷等潜在的资源问题都先行揭示出来，为管理者提供必要的信息，使管理者能及时进行准备和安排，从而有把握地确定各部门生产节奏，更合理地安排生产。

此外，核定和维护工作中心能力，通过分析投入/产出的小时工作量来修正工作中心能力，也是 CRP 的一项重要工作。而为了保证工作中心有持续可靠的能力，又一定要做好设备的预防性维护制度，保证设备的完好率。同时还要抓好质量管理，尽量减少甚至消除废品和返修，防止因追加任务而破坏能力需求计划。ERP 软件一般对设备故障和质量事故都可设置原因码，供管理人员分析改进。从这一点也可以看出，成功实施 ERP 系统绝不仅仅限于会用一个 ERP 软件，它需要众多方面管理工作的改革与配合。

5.5 ERP 生产管理软件系统

5.5.1 系统功能概述

ERP 中生产管理子系统的主要功能是利用集成的信息系统制订生产计划并控制计划的执行。传统手工生产管理过程存在诸多问题，ERP 中的生产管理子系统通过利用先进的信息技术和与其他子系统的信息集成，有效地解决了这些问题。

1. 解决计划和管理的难题

利用 ERP 软件制订计划时可以全面获得来自采购、库存、销售等其他系统中的准确数据，而且可以利用软件提供的各种计划方法和模型，当有数据变动时，计划可以及时调整，为管理提供科学依据。

2. 解决生产和控制的难题

由于采用信息技术，可以及时获知生产中的各种实时数据，实行有效控制，同时生产计划的变动情况会及时反映在生产控制中。

3. 解决库存和资金周转期的难题

良好的计划保证库存资金积压保持在良好的水平。

4. 解决数据的及时查询和控制难题

生产管理人员可以随时查阅生产车间、库存、采购计划等数据，会计人员和管理者可以随时查阅成本、资金使用等数据。

5.5.2 SAP ERP 生产计划系统

SAP ERP 中的生产计划与控制(Production Planning，PP)模块属于后勤模块之一，与 MM 模块、SD 模块一同构成生产型企业最基本的产供销体系。PP 模块是基于企业生产业务执行以及经营管理而设计的综合性功能模块，其目的在于帮助生产制造型企业对生产计划、物料需求计划、能力计划以及生产执行等各方面的生产经营管理行为进行控制。

PP 模块的基本功能主要覆盖三个领域：生产主数据管理、生产计划管理和生产控制管理。基础数据维护、需求管理、生产计划、物料需求计划、能力计划、生产控制和结算等是企业应用比较多的功能。

PP 模块生产主数据包括物料清单、工作中心、工艺路线、生产版本，它们是制定有效的计划的基础。

PP 模块的生产计划管理主要包括销售与运作计划、主生产计划、物料需求计划、能力需求计划。PP 模块协助企业上下从生产经理到操作工的全体员工来计划生产过程。比如，它对原材料的运输与存储、生产设备、副产品甚至废品都能够作出计划。利用 PP 模块提供的物料需求计划运算工具，通过分析计划需求、库存状态以及相关采购信息，可以为企业生产计划、采购计划的制订提供有力的支持，提高企业计划体系的工作效率。

PP 模块的生产控制管理主要包括生产订单、流程订单、重复制造、看板生产，其中生产订单是最常用的功能之一。在生产主数据和生产计划的支撑下，借助生产订单功能，PP 模块将展开一系列以生产订单为中心的生产执行操作，如定义生产在何处执行、由谁来执行、如何执行、何时执行、执行数量等。同时生产订单还担负成本收集的重担，作为生产过程中成本归集的载体，汇总成本、材料、工艺、数量和进度各项信息，收集在实际过程中消耗的料、工、费等信息，为企业准确核算产品成本提供有力的支持，同时，对成本核算数据的合理分析、也为企业全方位掌控生产方向提供重要的参考价值。在完成生产订单业务操作的同时，生产成本报表也初步形成，从而实现物流和资金流的统一。

PP 模块与其他模块紧密集成。PP 模块通过生产订单发料及收货，产生物料凭证和会计凭证，更新库存的同时完成材料成本的归集，实现与物料管理、管理会计模块的集成；通过生产订单的完工确认，完成公用工程等能源消耗量或人工工时、机器工时等作业量的收集，根据各种能源或作业实际价格，计算出能源或作业费用成本，实现与管理会计模块的集成。用户可享受到集成带来的诸多好处。例如，SAP 将销售订单的需求量转换至主计划，新的客户需求量立即显示在主计划员面前。这是保证按时发货的最快途径；所有存货消耗量及货物入库事务处理同步地过账到总账科目；车间订单确认及倒冲发料联机过账到所有总账的有关科目；生产成本中心及时从生产作业活动得到贷方金额；分配到生产成本采集点的成本同步发生；任何时候都可以联机得到与生产有关的最新成本信息。

5.5.3 物料主文件/主数据

物料主文件/主数据用来存储物料在 ERP 系统中的各种基本属性和业务数据。它是进行主生产计划和物料需求计划运算的最基本文件，包含多方面和多角度的信息，基本涵盖了企业涉及物料管理活动的各个方面。

各种 ERP 软件的物料主文件/主数据的内容不尽相同，一般包括技术资料信息、库存信息、计划管理信息、采购管理信息、销售管理信息、财务有关信息和质量管理信息等。

1. 物料的技术资料信息

物料主文件/主数据提供物料的有关设计与工艺等技术资料，如物料名称、品种规格、型号、图号/配方、计算单位、默认工艺路线、单位重量、重量单位、单位体积、体积单位、设计修改号、版次、生效日期、失效日期及成组工艺码等。

采购、销售与存储可能采用不同的计量单位，存储与发料也可能采用不同的计量单位。例如，盘钢采购计量单位是吨，发料是米，这时要有相应的换算系数。

物料的用量在 BOM 中标识，无法在物料主文件里说明。许多 ERP 软件把物料主文件同仓库、货位、批次等文件一起，放在物料管理或库存管理子系统中维护；而把物料清单同工作中心、工艺路线等文件一起，放在制造数据子系统中维护。

2. 物料的库存信息

物料主文件/主数据提供物料库存管理方面的信息，如物品来源(制造、采购、外加工、虚拟件等)、库存类型、库存单位、成品率、ABC 码、循环盘点间隔期、积压期限、默认的仓库和货位、分类码、现有库存量、安全库存或最小库存量、最长存储天数、最大库存限量、批量规则、批量周期及调整因素等。

3. 物料的计划管理信息

物料主文件/主数据涉及物料与计划相关的信息。在计算主生产计划与物料需求计划时，首先读取物料的该类信息，如计划属性(MPS、FAS、MRP、订货点等)、生产周期、固定/变动和累计提前期、JIT 码(Y/N)、最终装配标志(Y/N)、需求时界和计划时界、低层码、计划员码、成组码、主要工艺路线码(当物料有几种加工方法时)等。

以上数据中有些直接影响 MRP 的运算结果，如提前期、成品率、安全库存、批量规则等，在确定这些数据时要特别慎重。

4. 物料的采购管理信息

物料主文件/主数据用于物料采购管理，如上次订货日期、物料日耗费量、订货点数量、订货批量、采购员码、主要和次要供应商等。

5. 物料的销售管理信息

用于物料的销售及相关管理，主要有销售类型、销售收入科目、销售成本科目、销售单位、销售员码、计划价格、折扣计算和佣金等。

6. 物料的财务有关信息

物料主文件/主数据涉及物料的相关财务信息，一般有财务类别(财务分类方法)、增值税代码、标准单位成本、实际单位成本、成本核算方法(计划成本或实际成本)、计划价、计划价币种、成本标准批量和成本项目代码等。

7. 物料的质量管理信息

物料主文件/主数据一般有批号、待验期、复验间隔天数、检测标志(Y/N)、检测方式(全检、抽检)、检验标准文件、是否有存储期以及存储期限等。

在以上各类物料信息中，有的是在设置物料基本资料时就必须设置(如物料编码、物料名称、计量单位和来源码等)，而另外的是在各相关业务需要时编辑和设置(如在库数量、可用与不可用量等)。当然各种 ERP 软件的物料代码文件在内容(字段)方面会有所不同。物料属性的内涵是否丰富以及是否对各类行业物料有一定的包容性，在一定程度上反映某一个 ERP 软件产品是否具有很强的生命力，是否可取得广泛的应用范围，或者说行业性是否强。

SAP ERP 的物料主文件分为基本数据、分类、销售、采购、MRP 计划、库存、会计、成本等多类数据和标签页。

5.5.4 其他生产数据

生产计划系统中，除了物料主文件/主数据，还有物料清单、工艺路线、工作中心等重要数据。SAP 提供了多种物料清单(BOM)，用于不同工作目的。就功能来说，有设计 BOM、维修 BOM、生产 BOM、采购 BOM、销售 BOM、配置 BOM，还有专用于 MRP 的计划 BOM 和专用于成本估算的成本 BOM 等。在 PP 中，只有生产 BOM 才会参与 MRP 运算，MRP 只会把生产 BOM 展开，计算出半成品、原材料的需求量。生产 BOM 由生产技术部产生。

第六章　个性化智能制造模式

6.1　C2B 模式：基于个性化的大规模定制

6.1.1　C2B 模式概述

C2B 是电子商务模式的一种，即消费者对企业(Consumer to Business)，简言之是在消费者的需求下企业展开设计，进行按需生产的商业模式。C2B 将会带来价值链的重构。由信息技术和互联网引发的 C2B 运行的经济范式，已成为可进行各种资源互动的大平台。它将商业链中的各方直接连接起来并建立协同关系，在成功实现各方信息共享的同时，使企业与市场和消费者之间形成密切联系，从而把企业按需生产的理念变为现实。C2B 模式将加速扭转标准化的大规模生产格局，推进生产流水线的革新设计，提高柔性化生产技术，为个性化定制提供发展基础和消费平台。

个性化定制是一种企业依据用户提出的个体特性需求而提供的具有特色的产品或服务。其核心内容是尊重用户的个性化需求，通过对每位用户开展差异性服务，最大程度地满足用户需求。

当今，个性化定制的快速发展离不开信息网络技术和高端生产技术发展的整体环境。在新的经济环境中，行业产业的相互跨界融合、产品从研发设计到生产方式的变化、物联网对资源的快速配置和延缓的柔性生产，都为个性化定制产品的实现提供了物质技术基础。个性化定制通过用户需求改变了企业单向供应的生产模式，将经济运行的服务模式中心开始从厂商转变为客户，市场资源的流动也以客户需求进行合理配置，厂商企业根据需求变动掌握市场消费动向，可以有效控制成本，在新的竞争环境中寻得生存发展的有效路径。

生产企业应用 C2B 模式，能够通过互联网平台直接对接消费者，减少传统商业中间冗长的价值链环节。企业围绕消费者的订单，直接设计、采购、生产和满足需求，最终创造价值。企业由于实现精准营销、按需生产，因此降低成本、实现零库存、提高了交易效率。消费者同样受益于 C2B 模式，因为在此模式下，消费者真正成为市场的主导，个性化和多样化需求获得了充分满足。最终，C2B 模式为企业和消费者带来了双赢。

6.1.2　C2B 模式的产生背景

1. 工业大生产导致库存积压，倒逼传统企业变革

随着工业化进程加快和市场开放，机器大规模生产逐步导致供过于求，商品市场由“卖

方市场”进入“买方市场”，消费者成为市场的主导。传统生产的盲目性，导致产品大量积压。为了去库存，企业不得不降价销售，导致利润降低，甚至是负债倒闭。企业为了推销商品，不得不增加销售渠道，建设批发、零售等多个链条，无形中又增加了企业的成本。传统领域的供给侧结构性改革迫在眉睫。

2. 生活水平提高，消费者需求呈现多样化和个性化的发展趋势

随着社会进步和收入增长，人们生活水平显著提高，人们从关注温饱问题转向追求生活品质，差异化、品牌化、即时化，甚至是高端化成为发展趋势。个性化需求驱动市场的多样化，整个大市场被切分成更细小的市场，呈现碎片化状态。市场碎片化无疑增加了企业运营的难度，工业时代的大规模批量生产已经不再适应市场的需求。企业必须与消费者构建全方位的互动沟通体系，以消费者的个性化需求为导向，进行快速反应。

3. 信息技术快速发展，使得满足个性化需求和大规模生产成为可能

近年来，互联网、物联网、云计算、大数据、移动互联网等快速发展，给企业信息化应用带来新的机会和根本性变革。互联网让全球的主体互相连接，企业和消费者直接对接，信息更加透明、互动更加频繁、交易的效率更高、成本更低。物联网技术能够轻松感知物体和机器的变化，随时随地掌控设备的运行。云计算和大数据技术可以快速、低成本处理大量纷繁复杂的数据，抽丝剥茧地提供有价值的信息。移动互联网拓展信息的沟通渠道，方便与消费者即时互动。这些技术创新，推动了生产的变革，加速了经济的转型，为满足消费者个性化、多样化需求提供了更多可能性。

4. 资源整合加速，专业化分工与价值链合作日益紧密

要满足用户个性化和即时化的需求，传统大规模生产方式已经不能满足市场和竞争需要，小批量、多品种的生产模式成为发展趋势。在企业资源有限的情况下，如果要快速响应用户的需求，必须联合外部资源，形成紧密的价值链合作伙伴关系，分割任务，让专业的企业承担专业的任务，实现整个价值链资源的有效整合和联动，从而做到柔性制造，形成为完成特定目标任务的动态型虚拟组织。目前，这种全球范围内的分工合作已经成为发展趋势，即使苹果等国际巨头企业也纷纷在全球范围内采取价值链合作方式。

6.1.3　C2B 模式的主要类型和发展状况

C2B 模式满足企业和消费者的双重需求，是商业模式发展的必然趋势。虽然这个概念才引入几年，C2B 模式还是处在培育阶段，但是在各领域的探索却像星星之火，不断涌现出典型的特色案例。根据当前的实践情况，国内外 C2B 模式的探索主要有定制、预售和反向购买三种类型。

1. 定制

现代人的消费观念更加关注个性化和品质，喜欢张扬和独特性。因此对个性化的产品和服务需求越来越强烈，C2B 模式恰巧能够满足这种需要。在淘宝搜索框页面输入“个性化定制”关键词，竟然显示出 100 多页的结果，产品包括 T 恤衫、杯子、台历、钥匙链、工艺品，甚至还有鞋子，而且竟然还出现了大量支持 3D 打印的创意产品。

个性化定制又可以分为两种类型，一种是完全个性化定制，另一种是模块化定制。

1) 个性化定制

个性化定制是指产品创意、原材料选择、规格型号和生产工艺等各方面需求完全来自消费者。生产者通过电子商务平台与消费者沟通，确定详细需求。消费者在电子商务平台上下单、支付。个性化定制能够最大限度地满足消费者的需求。

个性化定制模式能够完全按照消费者的喜好设计和生产，产品具有独特性。个性化定制不仅能够彰显消费者飞扬的个性，而且消费者动手参与产品的设计过程，能体验到与众不同的动手、动脑乐趣。

在淘宝网，搜索到这样一家个性化定制毛衣店，如图 6-1 所示。在这家网店，没有一件成品毛衣在售，所有销售都来自消费者的主动需求。消费者提供自己想要毛衣的图样、面料选择，再附上自己身体的各维尺寸，就会有专业设计师确认需求。一旦订单形成，工艺师就会按照消费者的需求进行制作。不久，消费者就会收到一件独一无二的专属羊绒衫。

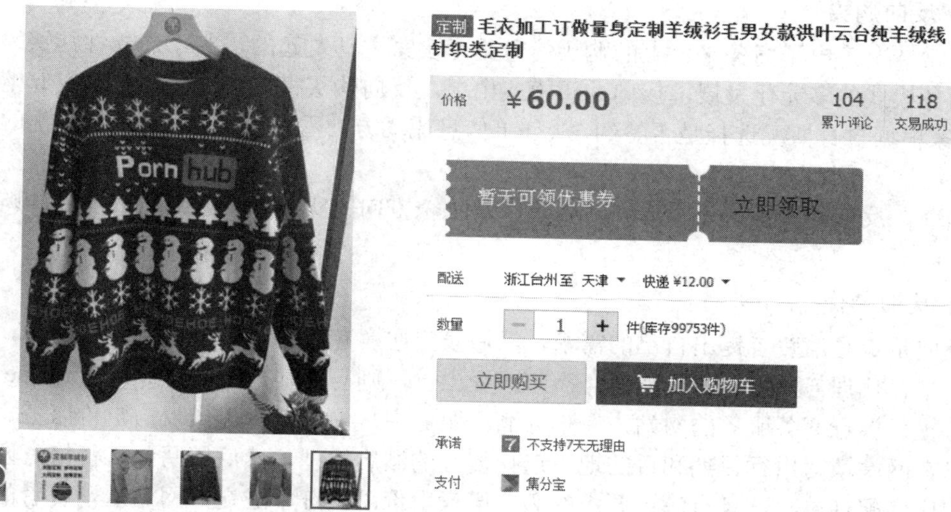

图 6-1　淘宝店的羊绒衫定制页面

2) 模块化定制

个性化定制虽然受到消费者的欢迎，但是由于完全是个性化生产，企业很难扩大产能，制约企业发展壮大。目前，C2B 模式比较流行的另一种模式是模块化定制。模块化定制的原理是企业把一个完整的产品，按照关键属性分解成若干个模块，每个模块给消费者若干选择项，消费者可以在电子商务平台上进行有限的选择，完成产品定制。企业在生产端，汇聚消费者海量的个性化需求，拆解成不同模块，相同模块分别进行大规模生产，然后再进行组装。

个性化定制企业因小而美，发展目标是传统的百年老店；模块化定制是现代化大规模生产与个性化定制的完美结合，有助于企业做大做强。

2. 预售

预售是指在产品还没正式进入市场前，就利用电子商务平台进行销售。电子商务平台直接对接了全国的大市场，而预售有助于产品宣传，在短时间内快速聚集单个分散的消费者需求订单。生产者在电子商务平台上获取了预售订单和定金，按需组织生产，既可以规避库存风险，又可以降低生产成本。

近年，天猫平台在“双十一”购物节来临之前都开展大规模的预售活动。对于预售的商品，消费者可以先付定金，然后于“双十一”当日付尾款，商家随后发货。预售模式下，商家有时间按照订单量充分备货，扩大销售。消费者同样获得优惠，买到心仪商品。预售模式受到卖家和消费者的热烈欢迎，2015 年“双十一”当天，天猫的总成交金额就达到 912.17 亿元。

预售模式在农产品的销售实践中效果尤其突出。“买难卖难”一直是制约农业发展的核心问题，而导致这一问题长期无法根治的两个主要原因是农产品生产和销售的信息不对称和流通渠道过长。预售模式可以减少农民的营销成本，降低库存和仓储费用，获得流动资金，集中物流发货还可以提高效率。

3. 反向购买

通常情况，电子商务平台上的购买信息是由卖家主动发起的，买家选择性购买。随着电子商务模式的多元化发展，反向购买模式出现。反向购买模式是由买家主动发起购买信息，卖家根据自身情况选择是否签约。从订单信息流动方向看，反向购买模式是真正的 C2B 模式。

当前，反向购买模式还不成熟，主要涉及三个方向的实践：反向定价、反向团购和反向设计。

1) 反向定价

反向定价是消费者提出自己的需求，然后设定愿意花钱购买的价格，支付定金，由电子商务平台代理与商家议价，如果有商家接受出价，则与消费者形成订单。Priceline 网站是一家提供旅行商务服务的网站，在预订酒店服务中，向消费者提供反向定价服务。消费者可以在网站填写出行日期和目的地，选择偏好的酒店类型，然后填写预订价格。网站随后与酒店匹配订单，一旦有满足要求的酒店愿意出价，则订单成交，网站从消费者的信用卡中划转预定保证金，如图 6-2 所示。

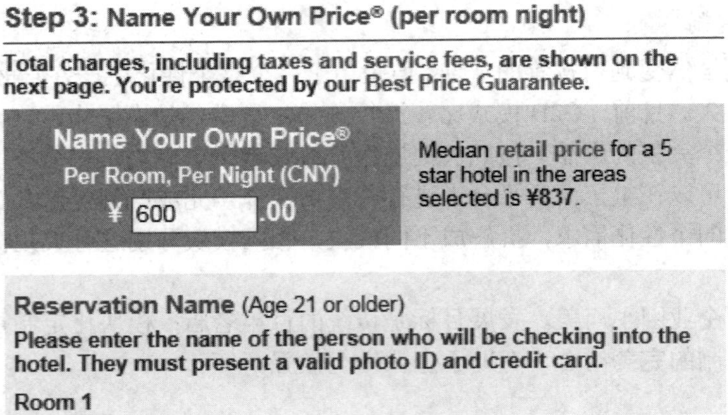

图 6-2　反向定价

2) 反向团购

反向团购是由消费者主动发起的团购。消费者在网站发起团购，然后聚集同样需求的消费者一起参加，形成批量购买，以此增加议价能力。平台系统将团购信息通知所有相关卖家，让他们来参与竞价。

在竞价的过程中，每个商家都不知道其他商家出多少钱。最后会有若干个商家胜出，消费者可以从这几家中任意选择一家购买。反向团购主要适合单品价格高、议价空间大的商品，比如在车友论坛团购汽车，在业主论坛团购建材等。

Buckete 网站提供反向团购服务。在网站上，发起人提出购买意向，有同样需求的消费者在有效期内可以选择加入。有效期结束，发起人打包为一个批量“购买意愿”，与供货商协商，获得理想价格。据悉，Buckete 网站已经通过反向团购方式出售 100 多台钢琴，每台钢琴的价格比在专卖店购买便宜 40%左右。

3) 反向设计

反向设计是指由消费者决定产品的设计。现代营销理念就是根据消费者的需求确定设计、生产、销售、定价和服务的每一个环节。尤其是产品设计环节，越来越多的消费者的需求被融入产品中。获得消费者的需求成为企业营销的关键。互联网时代，C2B 模式成为企业获得消费者需求的最有效途径。

6.1.4　C2B 模式在发展中存在的问题及对策

随着传统行业产能过剩情况日益严重，以及消费者个性化诉求的逐步增长，电子商务 C2B 模式一定会成为未来的发展方向。然而，C2B 模式仍然处在探索的初级阶段，典型成功案例还不多，在推广和应用中还存在一些亟待解决的问题和挑战。

1. 认识存在误区，制约 C2B 模式发展

目前，C2B 模式从理论到实践层面都处在不断探索中，社会上也存在一些认识误区需要澄清。一是思想上不重视 C2B 模式，没有把消费者和市场需求放在企业发展的核心位置上，仍然沿袭“产品导向”或者是“生产导向”。二是在应用模式上存在误区，以为 C2B 模式就是简单地把传统销售渠道搬到互联网上，而没有充分发挥消费者驱动营销的作用。三是企业内部和外部没有根据 C2B 模式的需要进行相应变革和调整，导致实际运营过程中障碍重重。

2. 获得用户难，需求预测难

实现 C2B 模式的关键点是准确判断消费者的需求，才能根据需求及时组织设计和生产。分解这个难点，又包括三个关键环节：首先，企业需要和众多的潜在用户建立联系，只有用户规模足够大或者具有代表性，才能减少所获取需求信息的误差；其次，能够与潜在消费者进行实时互动，获得有价值的信息；最后，要具有专业的数据分析和判断能力，去粗取精，去伪存真，得出真正的结论。

3. 生产成本高，信息化管理能力滞后

C2B 追求的是小批量、多品种、高品质，因此很难规模化批量生产。个性化生产会带来一系列问题：生产成本高，生产周期长，生产效率低，管理难度大，企业很难做大。即使模块化定制，也需要企业具备一系列的较高能力，包括大数据处理能力、信息化管理能力、价值链的资源协同能力及柔性生产能力。而当前情况下，我国大多数企业还不具备这些能力。

4. 消费者期望高，用户满意度面临挑战

在 C2B 模式下，消费者在一定程度上参与了产品的设计、生产和流通过程，并且付出了相对较高的购买价格，因此 C2B 用户对产品质量和服务都有更高的期望。这也对企业生产、营销、服务等环节都提出了更高的要求。一旦不能满足消费者的预期，企业就会面临较低的用户满意度和大量退换货，同样会造成库存积压。

5. 发展 C2B 电商模式的对策建议

C2B 模式是未来的商业模式的发展方向，能够满足消费者个性化的需求，促进企业提升竞争力。借助 C2B 模式转型是当下传统企业可供选择的路径之一。但是，C2B 模式还处在发展初期，针对当前存在的问题，提出如下对策建议：

转变意识，宣传推广 C2B 模式，全社会要积极宣传 C2B 模式的概念及发展意义，唤起消费者个性化消费意识，培养个性化消费习惯。传统企业应破除传统的“生产导向”观念，将消费者需求放在市场营销的核心地位，调整企业在价值链中的角色和定位。鼓励传统企业根据自身情况，探索可行的 C2B 模式，不管是定制、预售还是反向营销都是未来的发展方向。要适应 C2B 电子商务模式，企业必须组建以消费者订单为导向的能够实现快速反应的价值链协同网络。这就要求企业彻底变革传统的组织架构、生产模式和整个价值链组织方式，从而提高柔性化生产能力和价值网络的协同能力。

借助大型电子商务平台的流量优势，培养企业的用户。中小企业可以基于大型电子商务平台，实施 C2B 模式。大型电子商务平台上聚集着庞大的用户群、提供完善的服务。依托大型电子商务平台，能够低成本与消费者建立良好的互动关系，培育用户和忠实粉丝，快速汇聚消费需求。利用大型电子商务平台作为切入点，可以解决自建平台高投入和低流量的问题。

深入研究 C2B 模式理论，积累典型应用案例；加强 C2B 模式研究，在全国范围内推广典型案例经验；建议进一步深化对 C2B 模式的研究，研究其产生和发展的机理和内在驱动因素及其对经济转型的重要意义；积极寻找典型案例，分析其成功的原因和经验，树立各种应用模式的标杆企业，在全国范围内进行推广宣传。

6.2 按需生产：重构与消费者的关系

6.2.1 精准对接用户的个性化需求

3D 打印、机器人等技术的发展与应用，将深刻变革工厂的生产方式，使按需生产模式迎来快速发展期。消费者可以利用智能手机等移动终端将自身的个性需求实时反馈给制造企业，让后者按单生产并将商品快速送到用户手中。制造企业通过建立全自动化智能工厂，可以大幅度缩短供应链，与消费者进行无缝对接。

虽然新一代信息技术的发展使按需生产具备了落地基础，但该模式的核心驱动并非技术，而是C端用户。消费升级使需求越发个性化、差异化，而且人们愿意为优质的个性商品买单。

早在20世纪80年代，在市场化程度极高的汽车行业，按需生产就被日本车企采用。日本车企凭借按需生产打破了底特律汽车制造商的垄断，成功开辟美国市场。当时，美国民众将汽车作为身份、地位象征的观念不断弱化，开始强调汽车的实用性、舒适性、经济性、便利性，这种情况下，丰田等日本车企通过生产小巧、低价、舒适平稳、维修便利的汽车逐渐赢得了美国民众的认可。

而家电、服装等领域旺盛的大众市场需求，使企业无暇顾及小众化的个性消费，直到最近几年产能过剩后，才开始尝试按需生产。移动互联网的大规模应用，使信息传播效率得到质的提升，成本显著降低，让消费者可以随时随地通过智能手机从多种渠道了解商品的详细信息，以及用户评论，并通过线上社区聚集起来，要求厂商定制提供个性商品。

得益于个性商品的较高溢价能力，通过打造柔性生产线实现定制供应的制造企业将会大为受益。供应链一体化管理的应用，使企业响应用户需求的速度与效率显著提升，生产、库存、物流等环节的成本进一步降低，可以在一定程度上缓解定制生产造成的成本增长，使制造企业在满足用户个性需求与利润回报之间达到相对平衡。

美国初创公司 Local Motors 的案例可以让我们更为深入地认识未来的制造业。Local Motors 在全球范围内拥有5家微型工厂，这些工厂主要利用3D打印设备生产汽车。2014年，该公司携带全球首辆3D打印汽车 Strati 参加了拉斯维加斯汽配展后，迅速吸引了全球范围内的广泛关注。除了打印汽车 Strati 外，该公司还推出了3D打印无人驾驶班车 Olli(由 IBM Watson 提供人工智能技术支持，可以通过 App 线上叫车)、载货型3D打印无人驾驶飞机 Zelator 等产品。

需要指出的是，3D打印汽车只不过是该公司诸多可探索业务模式中的冰山一角，比如，该公司以众包形式在线上开展产品设计征集活动，邀请全球网民广泛参与，最终一位24岁的哥伦比亚青年获奖，奖金包括现金奖励及产品销售提成，并且有机会前往该公司制造团队中学习。

和很多制造企业不同的是，Local Motors 将在目标用户所在地开设新的微型工厂，其产品生产以用户需求为导向，极具个性化，可以显著提高产品溢价能力。微型工厂并不强调订单规模，而是注重柔性化、低成本，尤其注重从设计、生产工艺、效率等方面进行成本控制。Local Motors 致力于为目标市场用户提供符合当地文化、风俗习惯的定制商品。由于其产品融入了现代科技、绿色可持续理念等，虽然售价高于普通同类商品，仍得到了很多消费者的支持。

虽然 Local Motors 仍处于初级发展阶段，用户规模及业绩仍有很大的提升空间，但其按需生产理念对推动行业生产模式的变革将产生关键影响。在相当长的一段时间里，制造企业为了降低生产成本，进行大规模批量生产，在全球各地开设工厂，将非核心业务外包，建立全球分销网络销售产品。然而，个性需求集中爆发的背景下，传统制造企业运营模式变得不再适用，冗长而复杂的供应链、同质化的商品、时间成本较高的物流运输等也极大地限制了制造企业服务用户的灵活性，使其在激烈的市场竞争中处于劣势。

从交易本质角度上看，对制造企业而言，最为高效的运营模式自然是根据用户需求进行按单生产，在满足用户个性需求的同时，还能实现低库存甚至零库存。当然，这离不开物联网、移动互联网、大数据、3D 打印等现代科技提供的强有力支持。

虽然消费需求始终处于动态变化之中，但通过对海量用户数据的收集与分析，制造企业是可以对用户需求进行有效预测的，而且也可以通过预售定制模式，让消费者在线下单，然后按单生产。部分商品的深度定制可能需要较高的成本，导致售价高昂，而且用户要等待较长的时间，商业价值相对有限。想要解决这一问题，还需要在相关技术方面有所突破。

按需生产模式的影响不仅局限于 B2C 领域，那些以企业级客户为主的供应商也必须做出相应的调整。由于用户购买呈现出移动化、碎片化的特征，零售企业为了避免库存积压而选择小批量、多频率采购，这要求供应商要尽可能地适应这种变化。

技术的发展与应用，使企业洞察用户需求的能力快速提升，实现供给可以精准对接用户需求，库存积压问题也能得到彻底解决，企业的运营成本会进一步降低，盈利能力将大幅度提升。更为关键的是，企业可以将更多的时间与精力放在满足用户需求方面，不必因为过度关注竞争对手而出现战略决策重大失误，以及产业内耗，而是真正回归到为用户创造价值的本质。

6.2.2 按需生产模式的关键技术

新技术发展是按需生产得以落地的重要基础。没有移动互联网、大数据等技术，按需生产的成本太过高昂，效率极低，根本不能成为制造企业赖以生存的发展模式，更不用说成为现代制造业的主流趋势了。

新技术的发展使得供应链得以优化，去除了制造企业到 C 端用户之间的大量中间环节，使小批量定制生产能够创造足够的收益。按需生产目前仍处于初级发展阶段，但新技术的应用为创业者及企业提供了广阔的发展机遇，促使越来越多的传统制造企业向按需生产模式转型升级。

具体而言，在按需制造模式中发挥不可取代作用的技术主要包括图 6-3 所示 3 类。

图 6-3 按需生产中不可取代的技术

1. 客户导向型软件

客户导向型软件的应用形式较为简单，已经相对成熟，iPhone 等智能手机为用户提供的各类 App 应用就是典型代表。对于苹果用户而言，iPhone 手机更像是一种硬件装置，用户可以通过 iOS 系统的个性设置及安装各类 App 获得独特体验。应用商店 AppleStore 可以让全球开发者上传软件产品，并设置价格，用户购买后，开发者将获得一定提成，这使苹果公司不但能通过销售硬件产品获得丰厚利润，还能通过提供软件下载等增值服务获得一定收益。

当然不只是苹果公司采用了这种模式，很多互联网企业也将客户导向型软件作为自身的重要业务，毕竟为一家大型企业或某个政府部门定制开发一套软件产品是能获得相当可观的利润的。

此外，虽然目前人们将焦点主要放在区块链金融领域，但区块链技术在制造业的应用是值得我们高度期待的。将区块链技术应用到制造业后，供应商、制造企业、物流服务商及用户都将被纳入区块链网络之中，而且可以通过该网络进行实时交易，那些需求量较大或者产品结构复杂的订单可以由多家制造企业合作共同生产，从而将交付周期控制在合理范围内。

2. 数字化工厂

应用物联网、大数据、传感器、人工智能等现代科技的全自动数字化工厂可以实现制造流程自动化与全程监督，有效降低人力成本的同时，充分保障产品质量。更为关键的是，这类工厂可以在全球范围内快速复制，为产品的定制化制造奠定坚实的基础。

为了更好地迎合中国、中东等地区客户追求更短项目周期的需要，美国某家工业设备制造商制订了一项全新的生产计划，该计划为数字化工厂的建设提供了巨大推力。该制造商发现部分客户在新工厂项目启动前，没有足够的准备时间，在组建工厂时，多半选择购买那些市场中正在销售的设备，而不是向知名厂商订购。经过研究发现，如果厂商能够将交付周期缩短两周，便能够在当地抢占大量市场份额。

不久后，该制造商制订并执行了一项新生产计划：由美国工厂提供工业设备的精简框架，之后利用物联网、数字工程等技术与设备在目标客户所在地周边的定制化中心进行产品组装，组装时，可以根据客户的个性化需要增减相关模块，从而满足特殊的应用场景的需求。

数字化工厂的建立，使该制造商能够深度发掘产品运行状况、产品使用情况、库存水平、客户个性需求，以及供应链整体运行状况等丰富多元的海量数据，显著提高其灵活性与适应力。比如，该制造商可以根据不同市场客户的差异化需要，对自身的生产、库存、营销、售后等计划做出动态调整，在满足客户现有需求的同时，发掘其潜在需求。

制药行业在探索数字化工厂建设与数据分析方面具有一定的领先优势。很多国际制药巨头及新药物研发团队积极布局便捷式制造软件套件，以便更好地迎合目标市场用户的个性需求。不过作为敏感行业的典型代表，目前制药类数字化工厂大多处于试运行阶段，或者正在等待监管部门的审核。

制造巨头西门子也在积极进行数字化工厂建设。它将智能可视化和模拟软件深入结合，在正式进行工厂建设前，先对工厂的工程设计、自动化与生产流程、产能利用、设备运行、质量控制等进行科学规划，帮助客户打造可以适应市场环境与用户需求变化的按需生产工厂，并通过提供工厂设备运行状态监测、设备维修、系统升级等售后服务获得较高利润回报。

3. 3D 打印技术

利用 3D 打印这种最为前沿的生产方式，工厂可以直接完成零部件及成品生产。由于 3D 打印通过建立三维元件层来生产产品，也被称为增材制造，它可以将制造产业链中有较高附加值的定制设计等环节引流至当地工厂。比如，汽车制造商可以借助 3D 打印技术，根据客户意见在几分钟内为其生产定制车前灯等零部件。这种方式能够让制造商对供应商的依赖性明显降低，使其更为灵活高效地服务客户。当然，其中的丰厚利润，会吸引制造商更为积极地探索按需生产模式。

目前，3D 打印技术仍处于初级发展阶段，在制造领域的应用场景相对有限，不过其未来能够创造的巨大价值已经得到了社会各界的充分肯定。3D 打印将极大地推动云端生产落地，未来，供应商甚至不再需要向制造企业提供实物产品，而是为其提供定制化制造方案，制造企业只需在距离用户较近的工厂中使用 3D 打印技术快速生产产品，并完成产品交付即可。

6.2.3 按需生产模式的战略框架

产能过剩与经济全球化进程的加快，使制造业的竞争达到了前所未有的高度，驱动制造企业必须持续增强自身的灵活性、适应性，打造以用户为导向、更为高效低成本的生产模式。这种背景下，按需生产模式受到了大量制造企业的青睐，而企业想要成功转型按需生产模式，就要深入了解其战略框架。

具体而言，按需生产模式的战略框架如图 6-4 所示。

图 6-4　按需生产模式的战略框架

1. 产品定制化

定制生产渐成主流，大规模批量生产变得不再适用，但实现产品定制生产并不是一件简单的事情。由于技术、成本等诸多方面的限制，很多制造企业通常只是进行标准产品的浅层次定制。以各模块已经高度标准化的智能手机产品为例，品牌商可以让用户对颜色、内存、摄像头等进行选择。为了将生产周期控制在可接受范围内并进行成本控制，大部分制造企业相当保守谨慎。很多人认为产品定制化只不过是一种营销手段，用户新鲜感消失后便不再买账，在这种认知模式下，企业能够获得的收益自然也相当有限。

扩大定制模块，为消费者提供更多的选择权，是制造企业的必然选择，在这方面，部分国际品牌已经迈出了坚实的一步。比如，运动用品制造商阿迪达斯在德国和美国市场建立了 Speed Factory，Speed Factory 用机器人取代工人，自动完成运动鞋的定制生产，实现在材质、足托、鞋带、颜色、图案、品牌标识等方面的定制。

英国皇家物理学会旗下的期刊 IOP Science 曾经公布的一项定制化生产市场前景研究报告显示，仅 2014 年，德国就建立了 470 个基于 Web 的产品装配系统，美国这一数字为 332 个，其他国家共计约 200 个，当然，这和真正意义上的定制化制造仍存在较大差距。

未来，制造企业想要真正转型为按需制造企业，就必须对自身的产品生产与设计流程进行全面改造，通过技术、工艺、流程创新降低定制成本，缩短交付周期，满足用户的个性需求，从而为自身创造巨大价值。

2. 科技驱动型生产

按需制造的核心支撑技术包括物联网、3D 打印、传感器、大数据、云端程序等，其中，打造强大的数据中心尤为关键，这决定了制造企业能否高效精准地预测并满足客户的需求。在按需生产模式下，制造企业还要构建能够连接全球客户的企业网络，以便实时收集客户需求，同时，该网络要与生产系统无缝对接，以便在获取客户需求后由生产系统立即组织生产，在最短时间内完成产品交付。

得益于数据中心对海量数据的实时处理能力，制造企业可以实施客户全生命周期管理，根据往期订单对客户需求进行预测，搜集客户反馈意见并据此对产品及服务进行优化改善，从而显著提高自身的市场竞争力。挖掘数据背后的联系与规律，有助于缩短价值链，提高生产效率与灵活性，控制生产成本，在让利广大消费者的同时，实现产业链上下游企业多方共赢。

3. 精益制造的升级

在按需生产模式中，制造企业也应该坚持精益生产原则，当然，还需要应用更多的新技术来提高精益生产效能。虽然定制设计与柔性制造能够为消费者创造更多的价值，但这会让制造企业丧失此前批量生产带来的规模经济效益。企业想要解决小批量定制生产导致的成本提升与效率降低问题，就必须在数据分析、物联网、机器人技术、云端编程、制造设备等领域有所突破，在提高产能的同时，也要坚持精益生产，确保产品质量，提高产品附加值。

此前，制造企业应用精益生产模式的主要目的是对组织成员的日常工作进行规范，优化流程，减少资源浪费。而在按需生产模式中，智能机器人将会逐渐取代人工，设备发展趋向于联网化、数字化、智能化，使企业生产的效率与精准性得到显著提升，既能保障产品质量，也不需要在工人行为规范方面投入大量资源。

这并不是说人在产品制造流程中变得不再重要。因为按需生产需要由完善的柔性生产系统提供强有力支持，而流程设计、执行与持续优化是柔性生产系统的重要组成部分，这需要人的参与，要充分利用人的创造力。

建立按需制造工厂仅是基础，除此之外，企业还必须坚持精益生产原则，推动自身提质增效。想要取得领先优势，仅具备较高的重复性生产效率是远远不够的，还应该具备较强的定制产品交付能力，为此，制造企业必须培养大量定制化生产人才，为客户提供完善的个性产品解决方案，及时响应客户需求。

产品定制化是制造业的主流发展趋势。现在已经有越来越多的制造企业认识到了这一点，并为此做出了改变。诚然，在相当长的一段时间里，制造企业向往的定制化生产更多的是一种口号，消费者的选择较为有限，企业只能让他们在几个选项中选择，无法让用户的个性需求得到充分满足。但科技的快速发展，将引发新一轮制造业革命，使按需生产成为可能。未来，消费者在专业服务人员的帮助下，可以自主设计产品，并由 3D 打印机快速完成产品生产，这将给其创造前所未有的极致体验，提高其对较高价格的接受能力，并促进定制生产的发展。

那些重视按需生产并积极布局的国内制造企业，将获得打破海外巨头垄断中高端市场的重大发展机遇。不过，这需要企业为自身制订行之有效的按需生产转型方案，积极革新流程，引进新科技，加强和用户之间的交互，树立以用户为导向的企业文化。

6.2.4　基于 3D 打印的个性化生产

在消费持续升级的形势下，消费需求越发个性化、多样化，过去标准化、大规模的生产方式不再适用，在此情况下，大规模定制化生产应运而生，获得了广泛关注。大规模个性化定制就是企业根据顾客的个性化需求，以大批量生产方式定制产品，以较低的成本、较高的效率满足顾客的个性化需求。对于采用大规模定制的企业来讲，降低生产成本、提高定制水平是关键，在这方面，3D 打印技术将发挥重要作用。

过去，“神笔马良”一直是一个美好的神话故事，当前，在 3D 打印技术的加持下，神笔马良的故事早已成为现实。通过 3D 打印机，画纸上的事物很快就能以实物的形式呈现在人们眼前。3D 打印不仅降低了单个物品的生产成本，还让大规模定制有了实现的可能。

传统制造企业的运营模式无法支持 3D 打印技术实现商业化应用，在其运营模式下，即便 3D 打印技术成绩卓著，也只能起到辅助设计、开展个性化定制的作用，无法取代大规模机械化制造。但对于中小型生产企业和加工制造业来说，引入 3D 打印技术是一个非常不错的选择。对大规模标准化生产企业来说，引入 3D 打印技术不仅能帮助他们实现个性化定制生产，还能提高其生产效率。

从目前的发展形势来看，为满足消费者越发多元化、个性化的需求，加工制造企业最好建立个人化需求中心。虽然 3D 打印技术受到了热捧，但企业需要发展的不是 3D 打印技术本身，而是个性化需求与系统化的支撑环境。也就是说，随着消费者的个性化需求不断发展，整个 3D 打印技术将持续发展。

当前，制造企业在引入 3D 打印技术的过程中受到多种因素的制约，比如 3D 打印设备价格比较高，原材料的质量良莠不齐，订单少、价格较高，等等。但未来，随着 3D 打印设备的价格越来越低，用户或许可以实现自己设计、制造产品，自己满足自己的个性化需求。

现阶段，3D 打印技术的发展进入了一个关键节点。在该技术的支持下，整个制造业的产业布局得以重构，整个行业实现了全面革新。

过去的产品定制流程烦琐，成本较高，产品价格设置超出了普通消费者的消费能力，使产品最终只在特定的高消费群体中流行。而 3D 打印技术的出现降低了制造费用，缩短了生产周期，不仅让产品设计与产品制造实现了一体化，还能完成各种复杂制造，并且使生产成本大幅下降，为普通消费者购买定制产品提供了无限可能。

区块链 3D 打印币 3dp.money 是以区块链技术为基础形成的数字制造生态协议，该协议能够将 3D 打印机等数字化制造设备连接起来，创建一个数字化分布式制造生态链，以每台生产设备为节点构建一个全球制造网络。

除此之外，3D 打印技术还具有高难度、复杂化、个性化、制作快速等特点，不仅能构建柔性化的生产流程，还能使消费者多元化、个性化的需求得到有效满足，使其享受更优质的个性化定制服务。与此同时，在 3D 打印技术的支持下，消费者还能参与产品设计，提高他们对产品、企业的满意度与忠诚度。

以意大利知名的家具公司 Poltrona Frau 为例，该公司利用 3D 打印技术推出大规模定制业务，支持顾客定制家具。Poltrona Frau 在网站上推出一个 3D 工具，让顾客自己设计家具，然后进行定制。因为在引入 3D 打印技术之前，Poltrona Frau 就已推出手工定制业务，所以 3D 打印技术的引进进一步提升了定制生产的效率，降低了人工成本。

在大批量定制生产方面，3D 打印技术有极大的施展空间，甚至可以应用于汽车行业。一直以来，Mini 汽车都非常注重个性化设计与生产，在其生产模式下，车主可以根据自己的喜好选择汽车外观与内部装饰，包括车身、车顶、车轮、镜面，等等。从 2018 年开始，Mini 汽车引入了 3D 打印技术，支持用户定制汽车零部件，进一步提升了定制服务的水平，带给消费者更优质的购车体验。

在 3D 打印技术的支持下，Poltrona Frau、宝马等公司都从大规模大批量标准化生产转向了大规模智能化定制生产，为我国企业利用 3D 打印技术推行大规模个性化定制提供了有益借鉴。随着 3D 打印技术越发成熟，产品价格将持续下降，在不久的将来，企业必将实现大规模定制。

6.3 柔性制造：助力制造业提质增效

6.3.1 柔性制造的内涵与体现

在消费升级时代，大规模批量生产同质商品的传统制造模式已经很难满足市场需要，柔性化、个性化制造渐成主流趋势。20 世纪 90 年代至今，计算机技术、通信技术、微电子技术等技术与相关设备的快速发展，使制造业自动化水平持续提升，使柔性制造的落地成为可能。在新一轮工业革命中，柔性制造扮演着不可取代的关键角色。

打造柔性生产线是按需生产得以落地的重要基础，它能让制造企业高效、低成本地完成小批量、个性化的产品生产，且保证产品品质可以媲美传统手工艺品，从源头上解决库存积压问题。柔性制造整合了信息技术、制造加工、自动化技术等多种技术，打通了传统制造企业中条块分割的研发设计、制造加工、经营管理等诸多环节，利用移动互联网、物联网、数据库、信息系统等为企业建立了一个完善的有机系统。

1. 柔性制造的内涵

柔性制造中的“柔性”具有以下两个方面的内涵：

(1) 系统对外部环境变化的适应力，对新产品研发设计具有关键影响，这方面可以用系统和新产品要求的契合程度来衡量。

(2) 系统对外部环境变化的适应力，可以通过系统受某种外部环境变化干扰时的生产效率与正常运行时的生产效率之比来衡量。

柔性和刚性是相对的，传统制造模式中，自动化生产线虽然有着较高的生产效率，较低的生产成本，但只能大批量生产单一品类，无法满足多品类、个性化的生产需要。

2. 柔性制造的体现

在小而美的个性化商品备受消费者青睐的局面下，如何高效低成本地为消费者定制生产满足其需求的商品，成为制造企业面临的时代课题。制造企业想要构建较强的核心竞争力，就要在确保产品质量的同时，在较短的时间内以较低的成本生产多品类产品，也就是必须具备强大的柔性制造能力。

具体而言，这种能力(见图 6-5)可以体现在以下诸多方面：

(1) 机器柔性：它强调机器要能够方便快捷地根据不同品类的个性需要调整相关参数，从而满足生产需要。

(2) 工艺柔性：它强调制造企业各类工艺流程可以在一定程度上适应原材料或零部件变化，同时，又能根据原材料和零部件变化对工艺进行调整。

(3) 产品柔性：系统可以满足产品更新迭代或新品研发的需要，同时，新产品可以继承旧有产品的优势特性。

(4) 维护柔性：可以采用多种方式对系统进行维护，确保其高效稳定运行。

(5) 生产能力柔性：订单量发生变化时，系统能够将生产成本控制在可接受范围以内。

(6) 扩展柔性：系统可以根据实际需要，拓展结构，开发新模块。

(7) 运行柔性：通过运用不同的机器、材料、加工工序、工艺流程等来生产一系列产品。

图 6-5　柔性制造的体现

6.3.2 柔性制造模式优势与价值

柔性制造模式优势与价值如图 6-6 所示。

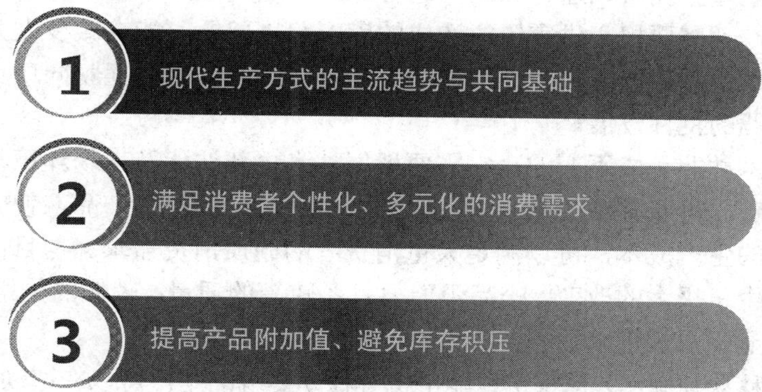
1
现代生产方式的主流趋势与共同基础
2
满足消费者个性化、多元化的消费需求
3
提高产品附加值、避免库存积压

图 6-6 柔性制造模式优势与价值

1. 现代生产方式的主流趋势与共同基础

为了更好地适应市场需求，企业界进行了一系列的生产方式变革与创新，推出了精益生产、敏捷制造、绿色制造、供应链协同制造、仿生制造、并行工程等多种现代生产方式，而柔性制造是这些生产方式的基础和前提。比如，精益生产强调基于用户实际需要为用户生产高品质商品；敏捷制造则强调企业能够快速适应订单变化；供应链协同制造则要求整个供应链具备柔性生产能力；并行工程则是将设计研发、生产制造、物流仓储、营销推广、交易支付、售后服务等视作为一个整体，要求各部分相互适应等。

2. 满足消费者个性化、多元化的消费需求

传统工业时代，市场供不应求，制造企业无须担心产品销量，只需要尽可能地扩大产能，来满足人们的购物需求即可。但如今是消费者主权时代，消费者对于标准化、同质化的商品已经有些厌倦，再加上购买力的不断提升，使个性与品质消费需求集中爆发。这就要求制造企业需要对强调产能、低成本的传统制造模式进行改造升级，提高自身对市场的适应力，缩短产品研发周期，生产更多的个性商品，此时，柔性制造就成为制造企业的必然选择。

柔性制造迎合了个性化、多元化的主流消费趋势，能够适应小批量、多品类的订单需要，有助于制造企业在竞争越发激烈复杂的市场中建立领先优势。同时，柔性制造系统可以让制造企业为用户创造更高的价值，比如，通过运用“DESIGNIN”(设计介入)模式，让消费者参与到产品设计环节之中，在满足其个性需求的同时，也能借助其社交圈实现口碑传播，助力企业品牌建设。

当然，制造企业想要更好地实施“DESIGNIN”模式，就要建立“顾问式销售、专家式服务”的销售文化，对销售人员进行专业培训，使其不但能够掌握专业的知识与技能，更能够从用户利益出发，帮助用户快速找到真正适合其需求的个性商品，给用户创造极致的购物体验，同时，让企业开发更多的增值服务，在这方面，和同质商品相比，个性商品的增值服务具有更高的溢价能力，可以为企业创造更高的利润回报。

3. 提高产品附加值、避免库存积压

融合大数据、人工智能等新一代信息技术的柔性制造，可以让产品具备更高的性能与质量，有效提高产品附加值，使制造企业获得更高的利润。同时，柔性制造是按单生产，在这种模式下，制造企业可以通过和用户进行深入沟通交流，了解用户个性需要，以用户为导向组织生产，不需要担心供需错位造成的库存积压问题，能够减少人力、物力成本消耗。此外，由于柔性制造以生产个性商品为主，可以让制造企业摆脱同质竞争与价格战泥潭，促进整个行业的良性发展。

柔性制造技术并非一成不变的，它需要根据技术更新迭代及市场环境与用户需求变化进行不断优化完善。毋庸置疑的是，大规模批量生产单一品类的产品，使企业具备较高的生产效率与较低的生产成本，可以满足大量消费者的同质消费需求。但目前的市场环境与消费需求已经发生了极大的改变，产品不但要具备较高的质量、较低的价格，更要个性化、差异化，可以彰显用户个性。

无处不在的移动互联网，使携带智能手机等移动终端的用户可以在移动化、碎片化的场景中实时购买。购物消费具有较高的不确定性，零售商为了适应这种变化，往往是小批量、多频率采购多品类商品，这种情况下，制造企业也必须做出相应的调整，通过打造柔性供应链，以用户需求为导向对业务流程等进行变革，赋予自身对内外部变化的强大适应能力。

6.3.3　柔性制造技术的类型划分

柔性制造技术是一种融合制造加工技术、自动化技术、工业机器人技术等多种先进技术的技术群。那些强调柔性，满足小批量、多品类生产需求的技术都可以被归为柔性制造技术的范畴。

从规模角度上看，我们可以将柔性制造技术分为以下类型(见图 6-7)：

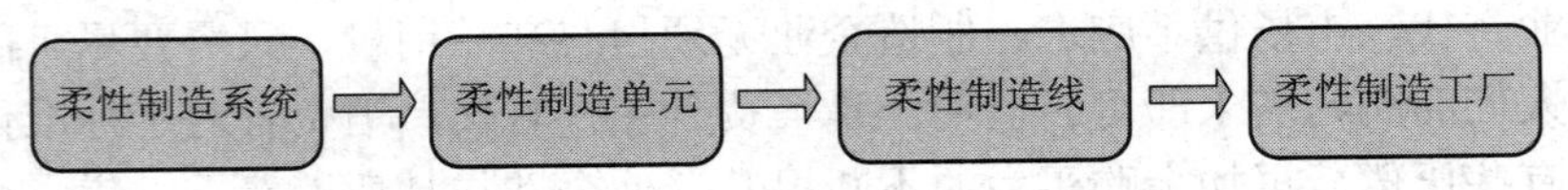

图 6-7　柔性制造技术的主要类型

1. 柔性制造系统

不同国家对柔性制造系统有着不同的定义，比如，美国国家标准局给出的定义为：“由一个传输系统联系起来的一些设备，传输装置把工件放在其他联结装置上送到各加工设备，使工件加工准确、迅速和自动化。中央计算机控制机床和传输系统，柔性制造系统有时可同时加工几种不同的零件。”

在我国国家标准中，柔性制造系统则被定义为：“由数控加工设备、物料运储装置和计算机控制系统组成的自动化制造系统，它包括多个柔性制造单元，能根据制造任务或生产环境的变化迅速进行调整，适用于多品种、中小批量生产。”

通过对主流的柔性制造系统定义进行分析，我们可以将其理解为一种借助数控装备、物料运储装备及计算机控制系统等软硬件设施，能够适应不同制造任务的自动化制造系统。大部分柔性制造系统存在 4 台及以上的自动数控机床，并与物料搬运系统、控制系统相连接，具备不停机生产小批量、多品类产品的能力。

2. 柔性制造单元

柔性制造单元是一种最小规模的柔性制造系统，其组建成本较低，难度小，正处于大范围推广阶段，对中小制造企业颇为友好。主流的柔性制造单元通常包括一两台数控机床、工业机器人、加工中心、物料运送存储装备等，可以帮助中小企业进行成本控制，同时满足用户的个性消费需要。

3. 柔性制造线

柔性制造线通过将多台数控机床、自动运送装备等联结起来，结合自动控制系统实现小批量、多品类商品的低成本生产。柔性制造线使用标准或专用加工中心与数控机床作为加工设备，相较于柔性制造系统，具有更高的生产效率。目前，主流的柔性制造线包括离散型生产中的柔性制造系统和连续生产中的分散型控制系统两大类，强调生产线的柔性化和自动化，目前相关技术已经相对成熟，在国内多家制造企业中得到了应用。

4. 柔性制造工厂

柔性制造工厂是同时整合多条柔性制造系统，配备自动化立体仓库，搭载先进计算机系统，打通订货、设计、加工、装配、质检、运送、发货等诸多环节的数字化工厂。整个工厂中的产品加工、物料储运、生产管理等由数字驱动，是工厂自动化的高级形态，目前仍处于初级发展阶段。

6.3.4 柔性制造模式的关键技术

柔性制造模式的关键技术如图 6-8 所示。

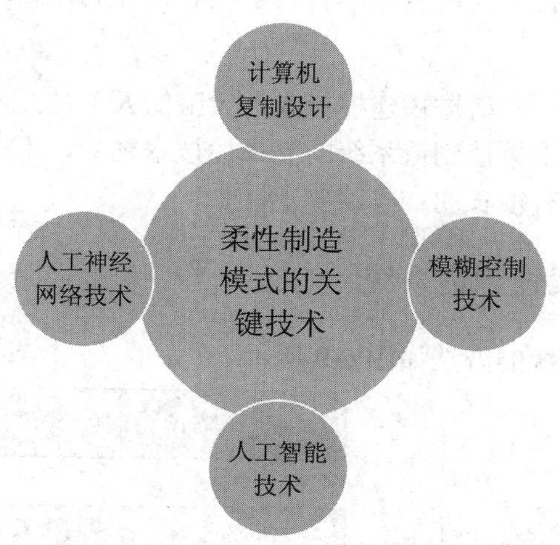

图 6-8　柔性制造模式的关键技术

1. 计算机辅助设计

通过将计算机辅助设计技术和专家系统相结合，能够使柔性制造系统具备更强的适应能力，为处理复杂问题带来诸多优势。光敏立体成型技术是设计技术领域的一个前沿技术，它通过利用计算机辅助设计数据，结合激光扫描系统，对三维数字模型进行处理，得到多层二维片状图形，然后结合二维片状图形扫描光敏树脂液面，使后者转化为固化塑料，经过多次循环，完成多层扫描成型。

在具备相关数据的基础上，通过将多层固化塑料黏合起来，便可生产出精准原型，对缩短新品研发周期具有十分积极的影响。

2. 模糊控制技术

以模糊控制技术为核心的模糊控制器是柔性制造技术的重要组成部分。目前，世界知名模糊控制器厂商正在积极研发具备自主学习能力的模糊控制器产品，这类产品可以通过对运行过程数据进行收集、分析来动态调整控制量，对系统性能进行持续优化。

3. 人工智能技术

目前，柔性制造技术中应用的人工智能以规则的专家系统为主。专家系统往往整合了海量的专家知识与推理规则，能够为解释、设计、规划、监视、诊断、修复、控制、预测等提供有效解决方案。得益于专家系统，企业可以方便快捷地将理论、实践经验等相结合，为柔性制造活动的组织开展带来诸多便利。

长期来看，人工智能技术在柔性制造领域必将得到大规模应用。未来，消费需求的不确定性将持续提升，制造企业要想将柔性制造的生产成本、交付时间控制在合理范围，就必须充分借助人工智能技术。

智能制造技术将人工智能技术应用到制造各环节之中，利用专家系统模拟人的思考与决策过程，对制造过程运行状态进行实时监测，自动调整制造系统各项参数，从而使系统始终处于最佳运行状态，是现代制造技术的发展趋势。此外，智能传感器技术在柔性制造领域也有着广泛的应用前景，传感器技术与相关设备是物联网时代的重要基础设施。智能传感器技术赋予了传感器自主决策能力，有助于提高柔性制造效率与精准性。

4. 人工神经网络技术

人工神经网络技术是一种通过搭建模拟人类大脑的人工神经网络，对海量信息进行并行处理的智能技术，是未来柔性制造系统的支撑性技术之一，不过，目前该技术尚未真正成熟，距离商业化应用还有很长的一段路要走。

6.3.5　企业如何打造柔性制造系统

企业打造柔性制造系统的方法如图 6-9 所示。

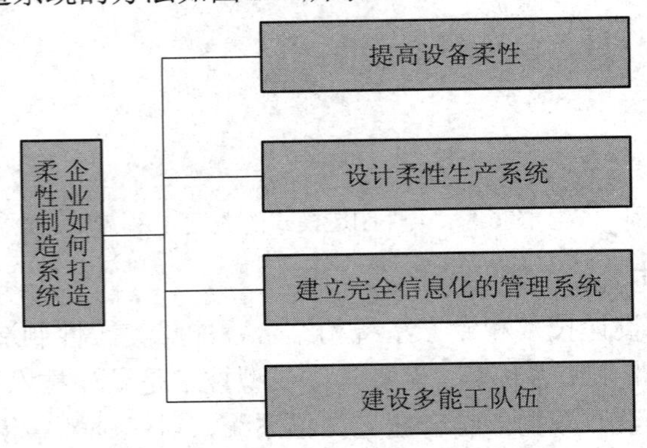

图 6-9　企业如何打造柔性制造系统

1. 提高设备柔性

1) 增加灵活性设备

为了更好地适应柔性制造需要，企业要对设备结构进行优化调整，逐渐用多功能设备取代传统单一用途设备，用转换能力强的设备取代难以转换的设备，用多用途组装型设备取代整机设备等，在增强企业柔性生产能力的同时，降低系统运行成本，使成本与效益达到相对平衡。

2) 统一设备类型

统一设备类型也就是提高设备兼容性。不同型号的设备的使用，会给企业带来设备参数重新调整等大量烦琐的工作，降低生产效率的同时，也不利于企业保障产品质量。为了避免这种问题，制造企业应该在符合技术与生产条件的前提下，对设备零部件进行统一，进而实现设备统一，提高兼容性，实现提质增效。

2. 设计柔性生产系统

在柔性制造系统建设的过程中，设计柔性生产系统扮演着十分关键的角色。由于智能制造在技术、成本等方面存在诸多痛点，目前，制造企业很难实现柔性生产系统的完全自动化，在这种情况下，设计“单元化作业+人工辅助”的柔性生产系统是更为可行的方案。

“单元化作业+人工辅助”的柔性生产系统，可以让企业在借助自动化设备提高生产效率的同时，又能利用人工控制确保产品质量，提高柔性生产能力，这也是很多中国制造企业能够成为全球知名品牌供应商的重要因素。虽然纯机器组装具备更高的生产效率，但柔性不足。以往，我国的人力成本较低，使中国制造企业可以在零部件加工生产及产品组装过程中投入较高的人力，能够在一定程度上满足品牌商的个性需要。

未来，中国制造企业在柔性制造系统建设的过程中需要进一步完善管理系统，使设备、生产工艺、生产系统、售后服务等具备更高的柔性化水平，以便更好地适应复杂多变的市场环境与用户需求。

3. 建立完全信息化的管理系统

面对高度不确定性的消费需求，库存风险让广大传统企业饱受困扰：

(1) 个性化的消费需求，降低了产品的通用性，导致多余产品容易滞销，大幅度提高了企业的经营成本。

(2) 技术、工艺的更新迭代，使新产品性能得到逐步提升，库存产品价值明显降低，给企业造成了财产损失。

(3) 部分产品有一定的保质期。随着时间的延长，产品性能、可靠性等可能会逐步降低，从而影响产品销售与用户体验。

想要解决上述问题，制造企业不但要建立先进 ERP 系统，加强自身的信息化建设，更要对自身的业务流程进行优化完善，实施精细化管理，实现库存产品的“专用型号订单化管理”与“通用型号流量化管理”，根据生产批号对库存产品开展全生命周期管理，确保库存产品的质量，降低库存风险。

4. 建设多能工队伍

按单生产是现代制造企业的主流趋势，而订单是个性化、差异化的，会使企业产量出现明显波动。在繁忙的时间段，员工需要全身心地投入到产品生产之中，甚至要连续加班才能完成生产任务；而在淡季，订单量明显下滑，员工工作较为轻松，工作日可能仅有半天是在工作。显然，这两种不同情况下的员工收入应该有所不同，繁忙时间段收入相对较高，员工工作积极性较高，而淡季收入明显下滑，可能会影响员工信心，造成员工流失，不利于组织的稳定发展。

为了解决该问题，制造企业应该建立柔性化的绩效管理机制，对核心骨干等优秀人才进行重点培训，将其培养为全能型人才，淡季时，可以一人多用，解决员工流失而影响订单生产的问题；繁忙的时间段，可以让他们帮助新员工快速适应岗位需要。这将使制造企业具备从低产能向高产能快速稳定转变的能力，推动企业的长期稳定发展。

能否适应市场环境与消费需求的动态变化，成为衡量现代企业竞争力的重要指标。在经济全球化的背景下，中国制造企业面临的竞争更为激烈、残酷，一旦无法适应变化，就容易被淘汰出局，而发展柔性制造为企业提高自身的适应能力提供了有效手段，是中国制造企业建立自主品牌，占领中高端市场的必然选择。

这要求中国制造企业要具备前瞻性战略思维，积极从海外柔性制造成功案例中借鉴经验，结合自身的实际情况，面临的竞争环境、宏观政策等，打造真正适合自身的柔性制造系统，在提高自身市场竞争力与盈利能力的同时，为中国制造业的长期稳定发展注入源源不断的活力与发展动力。

6.4　大规模个性化定制模式案例分析

6.4.1　案例一

近年来，随着社会大环境的变更，人们的穿衣观念逐渐发生了改变，这种转变给私人定制带来了广阔的市场空间。服装网络定制 C2B 营销模式能够满足人们对服装个性化的需求。随着中国经济的发展，人们生活水平的提高，人们对服装个性化的需求越来越强烈，希望拥有符合自身审美和品味独特的服装，这种 C2B 网络定制模式将顾客需求、网络定制平台和生产商巧妙地融合在一起，让消费者可以在网络普及的今天通过互联网模式便利地定制个性化的服装。

1. 报喜鸟集团的 C2B 全品类定制业务案例

浙江报喜鸟服饰股份有限公司成立于 2001 年 6 月，主要从事西服和衬衫等男士系列服饰产品的设计、生产和销售。2014 年报喜鸟集团顺应时势，推出了 C2B 全品类定制业务。尽管近年来服装业总体来说不景气，报喜鸟集团的成衣业务总体销售也在不断下降，但其私人定制的销售额却快速增长。报喜鸟的 C2B 全品类定制业务之所以能够快速发展，除了社会大环境为服装私人定制提供了市场，同时也离不开报喜鸟集团自身的努力。为了发展服装私人定制业务，报喜鸟集团在十年前就为量体定制的全面推广做准备。

2003 年报喜鸟集团开始推出私人定制业务，并逐步扩大规模、丰富品类、优化技术、规范管理。目前，报喜鸟集团在全国拥有 900 多家线下门店为开展服装私人定制业务提供服务支撑，拥有300多名资深量体师，并设立量体师三级响应机制(门店级、省会级、总部级)，确保量体业务能够覆盖到全国各个角落，从而实现72 h内上门量体服务。

如图6-10所示，消费者通过线上(报喜鸟官网)自主选择产品的面料、工艺、款式、价格等，联系在线客服辅助下单，然后填写订单信息(包括量体地址和收货地址)。下单完成后，客服在72 h内安排量体师上门服务，随后客服跟踪下单、生产、发货和交货，确保消费者在360 h后就能收到定制的服饰。顾客收到成品后，客服将会跟踪回访直至顾客满意，如果有任何不满意可联系客服要求重做，重做不满意可申请全额退款。

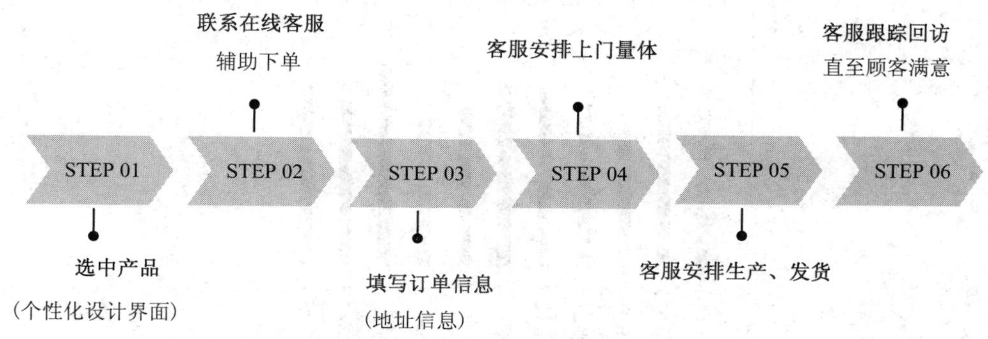

图6-10　报喜鸟集团网络定制流程

2. 案例总结

报喜鸟集团的C2B全品类定制的成功，为中国服装网络定制的发展注入了动力，但是报喜鸟集团的服装定制模式离不开量体师的上门量体，并不能全程实现线上服务，这是其C2B模式的一大弊端。

6.4.2　案例二

近二十年来，世界汽车制造业得到了快速发展。随着消费者购买能力的不断提高，产品需求模式由单纯的功能需求发展为客户化定制。消费者对汽车的需求也逐步从最初的关注其功能化转变为关注产品的差异化和个性化。越来越激烈的市场竞争促使企业利用各种现代化的信息技术和管理方法来满足客户越来越苛刻的需求。C2B模式正受到越来越多的汽车企业的重视，也为满足客户个性化需求提供了良好的解决方案。

1. 上汽大通C2B大规模定制化生产模式案例

上汽大通是首家提出C2B造车的汽车企业，用户将参与到产品定义、设计、制造、改进等各个方面。上汽大通的产品将进行全方位的定制化，而不是汽车企业惯用的配置选择模式，客户可以对产品进行深度定制，自由选择任意配置，并可以定制专属套件。

企业的生产模式也将从企业驱动转变为客户驱动，对于总装而言，其装配复杂程度和控制难度也面临巨大的挑战。

针对C2B模式下总装柔性化生产的工时平衡问题，企业通过对问题的深度分析，利用最新的数字信息技术，结合生产现场实际情况，提出了行之有效的综合方案，具体介绍如下。

通过建立智能排产系统和大数据处理，在车辆生产之前，通过对每一台车辆在每一工位的具体装配工时和订单周期的分析，计算出最优的车辆排布顺序。在保证交货周期的基础上，使得工时差异较大的车型交错排布，同时兼顾人机工程学优化，使得生产线效率趋于最大化，减少车型变化对生产线工时平衡的冲击。

通过智能排产，装配工人在装配完成低工时车型之后，就可以直接利用剩余工时去装配工时溢出车型，从而保证生产节拍，如图 6-11 所示。

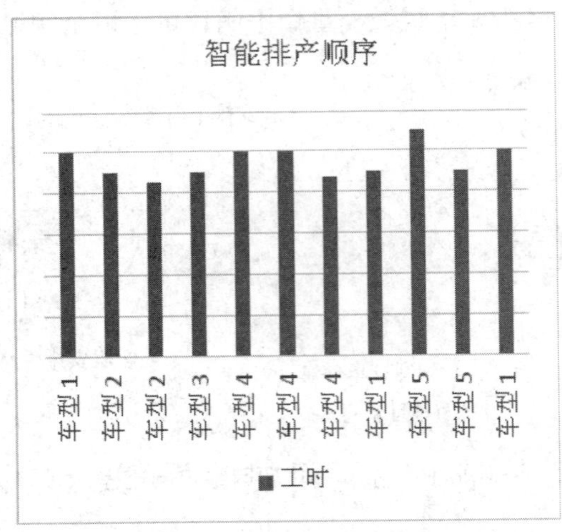

图 6-11　不同车型排产工时平衡示意图

1) 车辆信息实时提醒

根据上述智能排产系统的排产数据，通过工位上的电子屏幕，每个装配工位会得到实时的车型信息提醒，提前提醒员工工时溢出车型上线，确保员工能够提前准备，进行提前零件合成和提前装配。

如图 6-12 所示，通过工位上的信息终端，员工获取最新产线信息并得到需提前装配的任务清单。

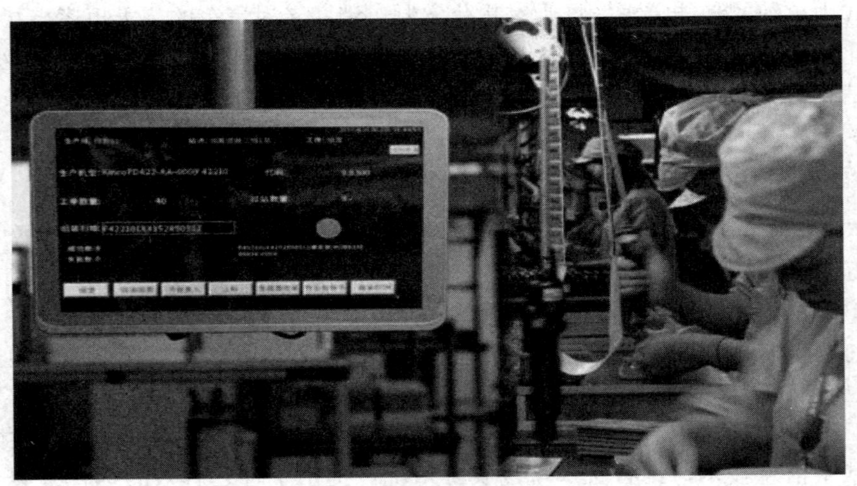

图 6-12　工位信息终端

2) 一岗多能员工、一岗全能员工机动补充

针对 C2B 模式下的大规模定制化生产，拥有单一装配能力的员工难以满足个性化车型的装配需求。企业投入相当的资源培养了一批能力突出的一岗多能员工、一岗全能员工，用以应对工时平衡受到强烈冲击的情况。例如，遇到工时溢出严重的紧急客户订单或个性化需求极高的订单。

基于大数据和信息化平台，多能员工通过手持信息终端接受指令，在生产现场机动工作，并参与现场改善工作，满足了工时平衡需求的同时，又能向现场持续改善提供强有力的支持。图 6-13 为多功能员工配备的手持终端，员工通过手持终端获得工作指令，满足柔性化生产需求。

图 6-13　手持终端

3) 线边小分装应用

在工时不满的工位设置小分装台，利用未使用工时进行小总成分拼，使工时得到充分利用。例如：在侧窗玻璃装配工位，当盲窗车辆在线时，员工不需要进行侧窗玻璃装配，则员工利用空余工时进行发动机控制与支架合成，合成好后，利用 AGV 转运至发动机控制器安装工位。如图 6-14 所示，当 V80 车型无后空调车型在线时，员工利用剩余工时提前合成带后空调车型的空调管。通过这种方式，更进一步达到了工时平衡，同时降低了复杂车型的工时溢出。

图 6-14　后空调管合成工装台

2. 案例总结

对于基于 C2B 模式的柔性化汽车总装生产而言，由于大规模个性化定制实施，其装配质量的控制难度也随之增加。尤其是对于特殊车型的质量控制更是难点中的难点。为此，企业引入了大量的 QCOS 系统和精确追溯系统，用以质量控制并提升产品质量，保证车辆的装备效果的同时还大大提高了质量检测效率。

随着信息技术的发展以及工业 4.0 的普及应用，汽车总装的柔性化生产水准将达到一个前所未有的高度。这样才能满足客户更加苛刻的定制化需求，保证 C2B 生产模式的顺利进行和发展。柔性化生产是一个紧跟时代发展的课题，相信在不久的将来，随着计算机科学和大数据技术的进步，汽车柔性化生产会走出一条引领制造业发展方向的道路。

第七章　典型纺织智能生产线实例

7.1　智能制造生产线与智能工厂

随着新一轮工业革命的发展，工业转型的呼声日渐高涨。面对信息技术和工业技术的革新浪潮，德国提出了工业 4.0 战略，美国出台了先进制造业回流计划，中国加紧推进两化深度融合，并于 2015 年发布了中国制造 2025 战略。这些战略的核心都是利用新兴信息化技术来提升工业的智能化应用水平，进而提升工业在全球市场的竞争力。而早在这些战略发布之前，包括数字化工厂、智能工厂以及智能制造等概念早已为业界所熟知。

7.1.1　智能工厂

1. 数字化工厂

对于数字化工厂，德国工程师协会的定义是：数字化工厂(DF)是由数字化模型、方法和工具构成的综合网络，包含仿真和 3D/虚拟现实可视化，通过连续的没有中断的数据管理集成在一起。数字化工厂集成了产品、过程和工厂模型数据库，通过先进的可视化、仿真和文档管理，以提高产品的质量和生产过程所涉及的质量和动态性能。

数字化工厂是在计算机虚拟环境中，对整个生产过程进行仿真、评估和优化，并进一步扩展到整个产品生命周期的新型生产组织方式，是现代数字制造技术与计算机仿真技术相结合的产物，主要作为沟通产品设计和产品制造之间的桥梁，数字化工厂模型如图 7-1 所示。

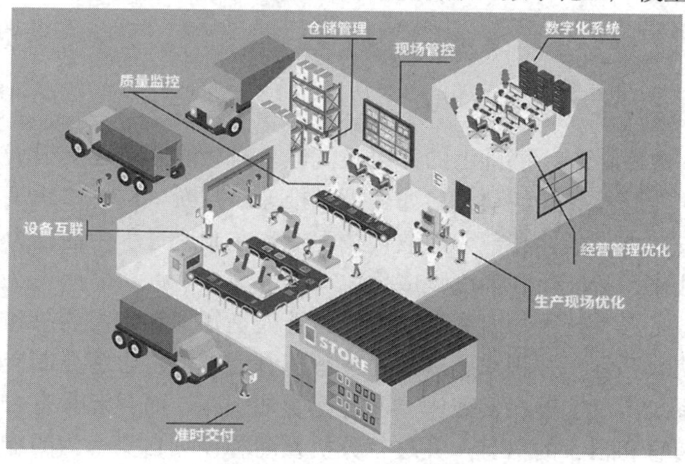

图 7-1　数字化工厂模型

2. 智能工厂

智能工厂是在数字化工厂的基础上，利用物联网技术和监控技术加强信息管理服务，提高生产过程可控性、减少生产线人工干预，同时集初步智能手段和智能系统等新兴技术于一体的高效、节能、绿色、环保、舒适的人性化工厂。

智能工厂具备自主能力，可进行采集、分析、判断、规划等一系列工作；可通过整体可视技术进行推理预测；利用仿真及多媒体技术，将实境扩增展示产品的设计与制造过程。系统中各部分可自行组成最佳系统结构，具备协调、重组及扩充特性，且具备自我学习、自行维护的能力。因此，智能工厂实现了人与机器的相互协调合作，其本质是人机交互，模型如图 7-2 所示。

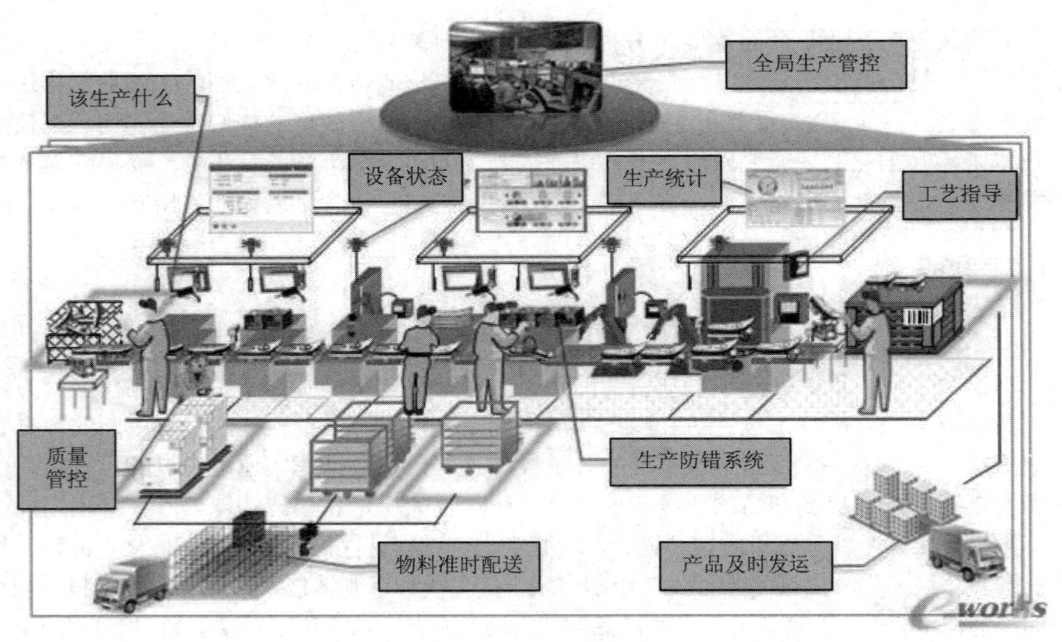

图 7-2　智能工厂模型

3. 智能制造系统

智能工厂是在数字化工厂基础上的升级版，但是与智能制造还有很大差距。智能制造系统在制造过程中能进行智能活动，诸如分析、推理、判断、构思和决策等。通过人与智能机器的合作，去扩大、延伸和部分地取代技术专家在制造过程中的脑力劳动。它把制造自动化扩展到柔性化、智能化和高度集成化。

智能制造，源于人工智能的研究。一般认为智能是知识和智力的总和，前者是智能的基础，后者是指获取和运用知识求解的能力。智能制造应当包含智能制造技术和智能制造系统，智能制造系统不仅能够在实践中不断地充实知识库，而且还具有自学习功能，还有搜集与理解环境信息和自身的信息，并进行分析判断和规划自身行为的能力。智能制造生产线是指利用智能制造技术实现产品生产过程的一种生产组织形式。

智能制造生产线包括以下三个模块：

(1) 覆盖自动化设备、数字化车间、智能化工厂三个层次；贯穿智能制造六大环节(智能管理、智能监控、智能加工、智能装配、智能检测、智能物流)；

(2) 融合“数字化、自动化、信息化、智能化”四化共性技术；

(3) 包含智能工厂与工厂控制系统、在制品与智能机器、在制品与工业云平台(及管理软件)、智能机器与智能机器、工厂控制系统与工厂云平台(及管理软件)、工厂云平台(及管理软件)与用户、工厂云平台(及管理软件)与协作平台、智能产品与工厂云平台(及管理软件)等工业互联网八类连接的全面解决方案。

智能工厂是实现智能制造的重要载体，主要通过构建智能化生产系统、网络化分布生产设施，实现生产过程的智能化。智能工厂是在数字化工厂基础上，将生产企业管理技术应用到生产过程的控制管理中，并将企业资源规划(Enterprise Resource Planning，ERP)、制造执行系统等有效融合，应用于各种各样的生产制造中，进行全面的信息控制，以确保生产的各个环节都能处于最佳状态，进行智能管控和智能决策，实现真正的智能生产过程。

智能制造对制造业的影响主要表现在三个方面：智能制造系统、智能制造装备和智能制造服务，其涵盖产品从生产加工到操作控制再到客户服务的整个过程。智能制造的本质是实现贯穿三个维度的全方面集成，包括设备层、控制层和管理层等不同层面的纵向集成，跨企业价值网络横向集成以及产品全生命周期的端到端集成。

智能工厂是智能制造的实现，智能工厂高度智能化，产品和零部件都具有智能。智能生产线根据事先输入的产品和零部件需求信息，自动调节生产系统的配置，指挥各个机器设备，把个性化的定制产品生产出来。

在智能工厂的生产过程中，产品的设计研发、零部件制造、生产装配等过程在一个数据平台上完成。在制造信息系统或者制造平台管理下，这些过程几乎同步进行，其所需的所有数据和信息都来源于大数据平台。

集成数字化的智能生产模式极大地压缩了产品的研发周期，同时为后续产品生产提供了模板和数据。智能工厂的模式极大地节省了人力成本并有效保证了产品的一致性。

7.1.2 智能工厂架构

智能工厂的构建，实际是信息网络技术和制造技术的融合，新业态和新模式会不断涌现。随着物联网、云技术和移动物联等信息技术创新体系的发展演变以及与传统工业技术的融合创新，智能工厂将发展出全新的模态和业态。

智能工厂分为感知层、控制层、决策层，在不同层次通过对智能工厂关键技术的研究，可以实现“感知—控制—决策”的闭环回路。智能工厂关键技术的构架如图 7-3 所示。

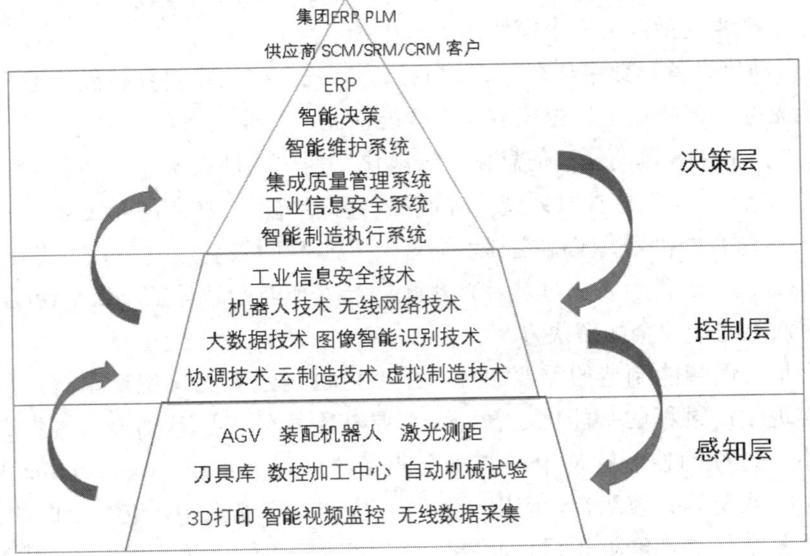

图 7-3　智能工厂关键技术架构

近年来，全球主要经济体都在大力推进制造业的复兴。在“工业 4.0”、工业互联网、物联网和云计算等热潮下，全球众多优秀制造企业都开展了智能工厂建设实践。西门子安贝格电子工厂实现了多品种工控机的混线生产，FANUC 公司实现了机器人和伺服电机生产过程的高度自动化和智能化，施耐德电气公司实现了电气开关制造和包装过程的全自动化，哈雷戴维森公司广泛利用以加工中心和机器人构成的智能制造单元实现了大批量定制，三菱电机名古屋制作所采用人机结合的新型机器人装配生产线实现了从自动化到智能化的转变。

智能工厂从功能上分为基础设施层、智能装备层、智能生产线层、智能车间层和工厂管控层，如图 7-4 所示。

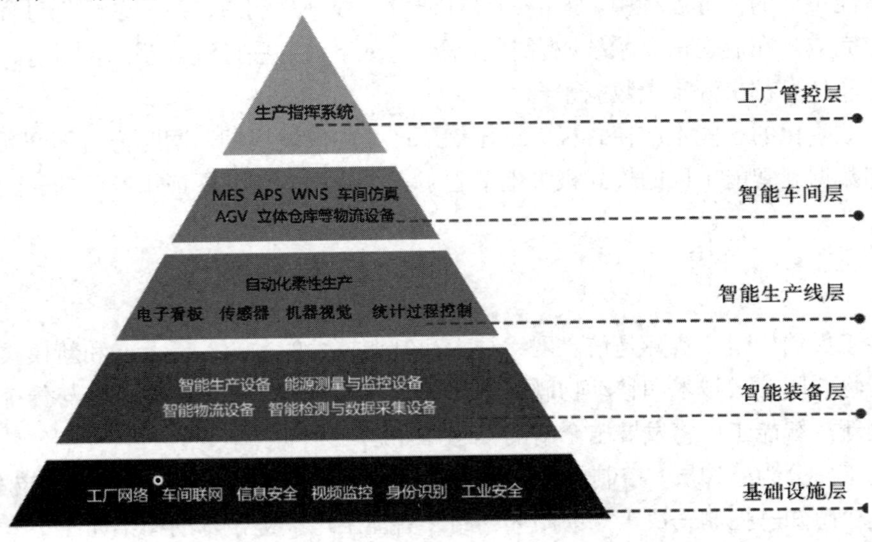

图 7-4　智能工厂功能五级金字塔

智能装备是智能工厂运作的重要手段和工具，智能装备主要包括智能生产设备、智能检测设备和智能物流设备。智能化的加工中心具有误差补偿、温度补偿等功能，能够边检测边加工。工业机器人通过集成视觉、力觉等传感器，能够准确识别工件，进行自主装配，自动避让行人，实现人机协作。金属增材制造设备可以直接制造零件，DMG MORI 公司已开发出能够同时实现增材制造和切削加工的混合制造加工中心。智能物流设备包括自动化立体仓库、智能夹具、自动导引运输车、桁架式机械手和悬挂式输入链等。

在生产和装配的过程中，智能生产线能够通过传感器、数控系统或射频识别设备自动进行生产、质量、能耗、设备综合效率等数据的采集，并通过电子看板实时显示生产状态，通过 Andon 系统实现工序间的协作。智能生产线能够实现快速换模和柔性自动化，能支持多种相似产品的混线生产和装配，灵活调整工艺，适应小批量、多品种的生产模式。

著名业务流程管理专家 August Wilhelm Scheer 教授提出了智能工厂架构，强调制造执行系统在智能工厂建设中的枢纽作用，如图 7-5 所示。

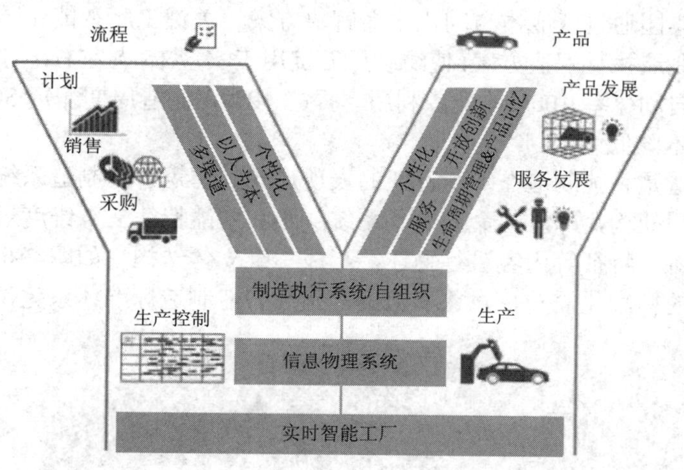

图 7-5　Scheer 教授提出的智能工厂架构

7.1.3　纺织智能制造

纺织行业作为我国国民经济的支柱产业和重要的民生产业，正处于转型升级的关键时期。整个行业面临人口红利消失、原材料价格上涨、环保压力增大、出口缩减等现实问题。面对发展困境，纺织行业积极求变，不断推进两化深度融合，加快新旧动能转换，以智能制造为手段，推动我国纺织行业向高端发展。

中国纺织行业正致力于由“大”向“大而强”的转型发展，谋求在部分领域实现突破并引领世界。借力“中国制造 2025”和“互联网+”，加快新一代信息技术与纺织业融合的创新发展已经成为大势所趋，结合持续的科技创新，推动纺织产业向绿色低碳、数字化、智能化和柔性化等方向发展，是实现这一伟大转变的必由路径。

《中国制造 2025》指出，智能制造将成为中国制造的主攻方向。当前，纺织服装行业智能化发展速度非常快，企业实施智能化改造的热情很高。根据对纺织行业 340 家企业开展的智能化应用调查结果显示，全行业开展定制化的企业逐渐增多。自动化、智能化纺纱设备的应用，有效帮助纺织企业解决了用工多、生产效率低、产品质量不稳定等系列问题，成为目前棉纺织行业发展的新方向。

盛虹集团、山东华兴纺织集团等企业陆续开始了数字化车间、智能工厂的建设，并取得了显著的效果。在盛虹集团全资子公司国望高科的纺丝车间，只有两名工人在“看管”着工作中的纺丝设备。这是盛虹集团承担研制的国内化纤行业首台(套)国产化纤生产智能物流系统的一个环节。据该集团总工程师梅峰介绍，该系统通过生产物联网，所有生产指令在总控室直接下达给车间，智能化生产车架的机器设备收到指令后马上开工生产，大大提高了生产效率。机器换人加物联网技术让盛虹年均节约成本 1500 万元，一条生产线可以节省用工 127 人，用工率减少 34%，故障率减少 55.9%，人员单产提升 29.8%，产能提升 33%。

山东华兴纺织集团的智能纺纱生产线于 2015 年年底建成投产。生产线采用粗细络联一体纺纱系统，实现了半制品、成品的在线检测和控制、筒纱智能包装输送入库，生产规模为 5 万纱锭，年产各类高档新型生物材料混纺纱 6000 t。据山东华兴纺织集团董事长胡广敏介绍，华兴集团通过低成本自动化成套解决方案、关键工序智能化装备改造方案和无浪费的产线规划制造执行解决方案，使纺纱厂万锭用工实现 15 人左右，生产效率提升 20%，纺纱生产全流程自动化率 100%，能源利用率提高 12%，制造周期缩短 30%，不良品率降低 25%，运营成本降低 20%。

纺织智能制造是智能制造在纺织行业的表现形式，纺织智能制造系统架构遵从并符合智能制造体系通用架构，即从生命周期、系统层级和智能特征三个维度对纺织智能制造所涉及的活动、装备、特征等内容进行描述，形成三维立体结构，如图 7-6 所示。系统架构可明确智能制造的标准化需求、对象和范围，指导智能制造标准体系建设。

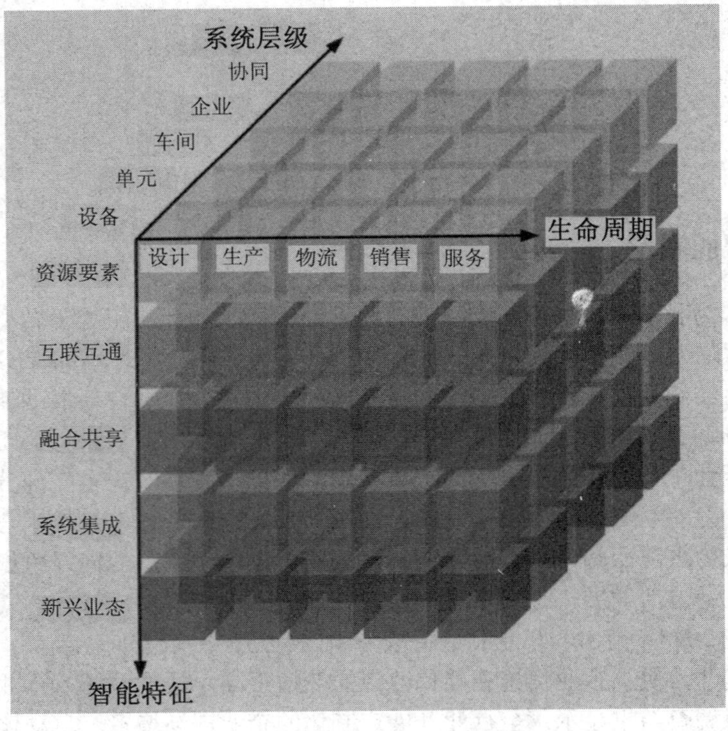

图 7-6 智能制造系统架构

纺织智能制造标准体系作为行业标准体系，其本身也是一个系统，由纺织智能制造行业通用、行业关键技术和专业领域应用三个部分组成，形成纺织智能制造标准体系结构，如图 7-7 所示。

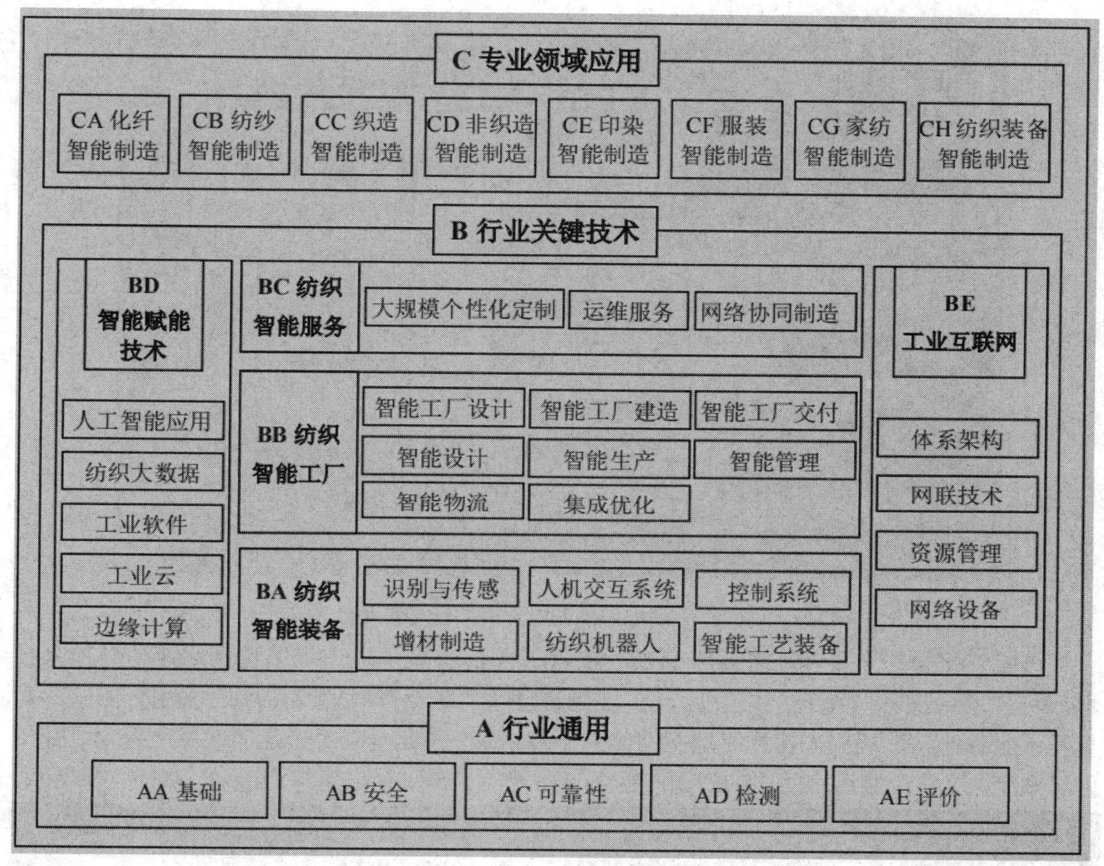

图 7-7　纺织智能制造标准体系结构

其中，A 行业通用标准包括基础、安全、可靠性、检测与评价五大类，位于结构图的最底层，是纺织智能制造标准体系的基础支撑。行业通用标准与国家智能制造标准体系结构图中的基础共性标准既有联系，又相区别，是国家智能制造标准体系中基础共性标准的应用，同时又需要结合纺织行业特点，对纺织智能制造通用的技术要求进行提炼并形成纺织智能制造行业通用标准。B 行业关键技术标准是纺织智能制造系统架构智能特征维度在生命周期维度和系统层级维度所组成的制造平面的投影，其中 BA 纺织智能装备对应智能特征维度的资源要素；BB 纺织智能工厂对应智能特征维度的系统集成；BC 纺织智能服务对应智能特征维度的新兴业态；BD 智能赋能技术对应智能特征维度的融合共享；BE 工业互联网对应智能特征维度的互联互通。C 专业领域应用标准位于纺织智能制造标准体系结构图的最顶层，包括纺织“七条线”以及纺织装备智能制造，面向各专业领域标准化需求，对 A 行业通用和 B 行业关键技术标准进行细化和落地，指导各专业领域推进智能制造。

纺织智能制造实训创新中心建设项目是集成了人体三维扫描、3D 选款、AGV 系统运送纱线、工业机器人上料、电脑横机织造、自动熨烫、成品输送及码垛等功能的智能制造生产线及 RFID 设备管理与综合应用系统、视频监控系统、智能管控系统等的纺织智能制造生产线，如图 7-8 所示。

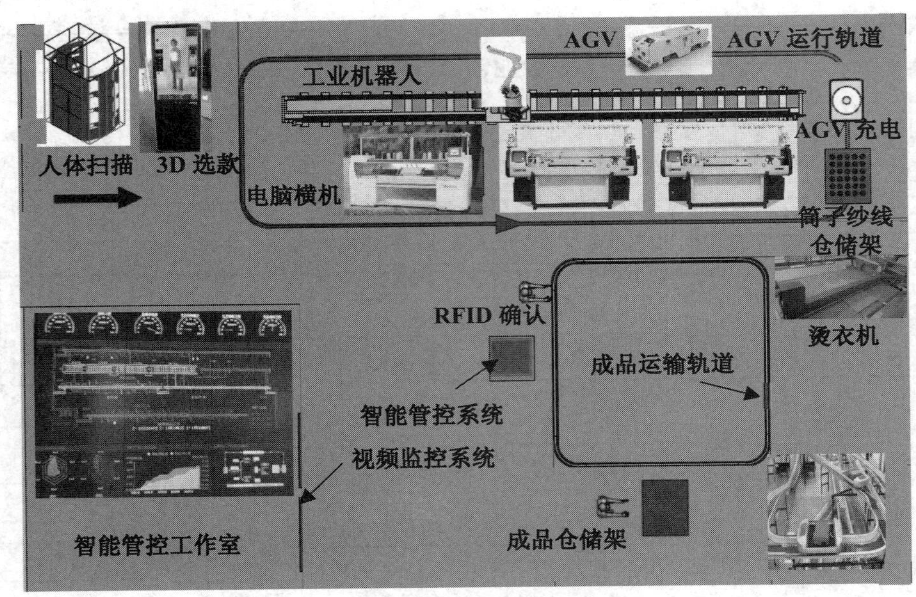

图 7-8　纺织智能制造实践平台布置图

该实践平台充分采用工业现场总线、有线及无线、近场通信等多种网络通信与接入技术，将现场层设备及系统网络互联，实现制造环境内的一体化网络环境。采用分布式计算与基于服务的软件架构来构建制造空间信息服务系统，在此基础上搭建面向生产综合管控的信息系统，对整个制造空间内的资源和业务过程进行全景、全信息综合展示，如图 7-9 所示。

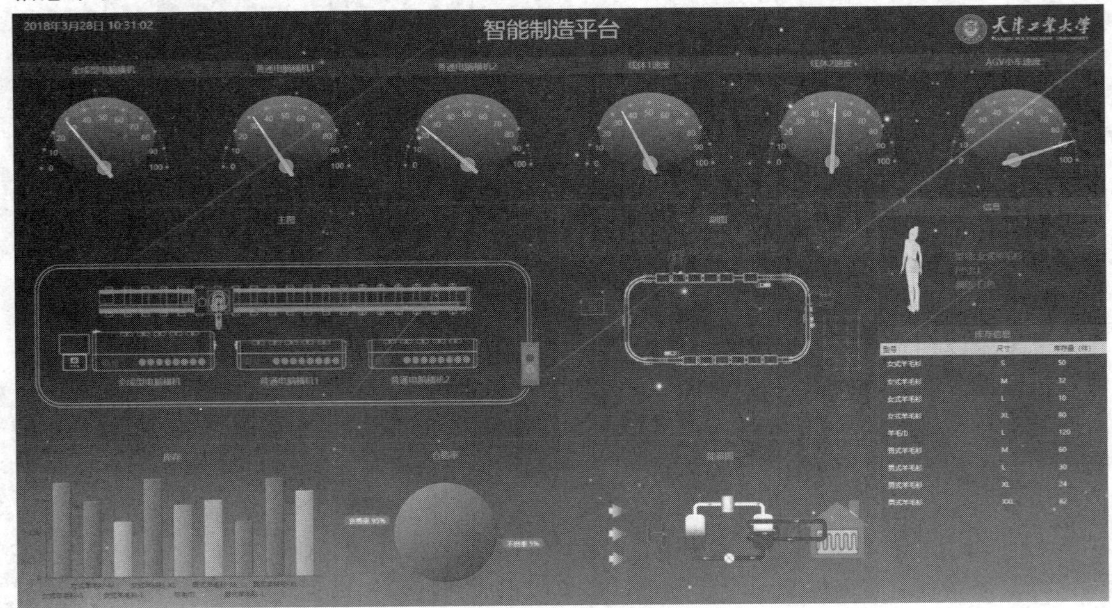

图 7-9　纺织智能制造实践平台管控系统

7.2　针织纺织智能装备——电脑横机

7.2.1　电脑横机机械结构

电脑横机是一种典型的机电一体化产品，具有非常高的技术含量，集多种学科于一体，如机械、计算机技术、针织工艺、电机控制、自动控制等。电脑横机从 20 世纪 70 年代问世到目前，已经发展到非常完善的地步，在针织物的生产制造中已经被广泛应用。电脑横机是一种全自动编织羊毛衫等衣物的机器，采用横向运动的方式进行编织，基本结构示意图如图 7-10 所示。横机适用范围广，能编织多种材质的毛绒线。横机能编织多种类型的织物，包括围巾、帽子、羊毛衫、羊毛裤等服装与配饰。横机支持的花样种类很多，包括提花、罗纹、扭绳、搬针挑孔等各种花型。

图 7-10　电脑横机基本结构示意图

目前，电脑横机的结构基本相同，其组成部分主要包括整机控制系统、密度调节机构、给纱机构、传动机构、针床横移机构、牵拉机构、检测自停机构等。图 7-11 显示的是电脑横机的结构组成框架图。

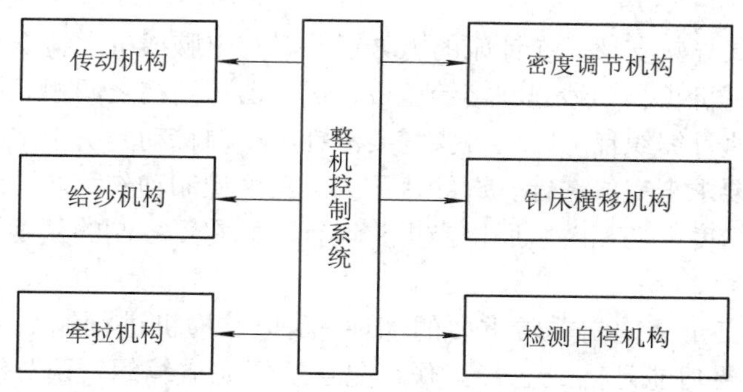

图 7-11　电脑横机的结构框图

传动机构一般为一套链轮滑块系统，有的也使用皮带传动，主要用于在机头左右往复运动时保持机头的平稳性，以保证编织质量。

给纱机构由导纱装置、张力装置、断纱自停装置和导纱器等一些装置组成。在电脑横机上，为了适应多个编织系统和满足花色组织变换纱线的需要，一般配有 8～16 只导纱器。接近针床齿口片位置，每组罗拉可通过停止转动、工作或反转以达到不同横列密度所要求的牵拉张力。

整机控制系统由一系列计算机硬件配备相应的软件组成，往往分板制作，一块电路板完成一个特定的功能，各块电路板相连构成完整的电脑系统，以便于调试和维修。

1. 机头简介

电脑横机的机床主要由机头、机身、操作杆、针板、罗拉等部件组成。其中机头是电脑横机最主要、最复杂的部件，电脑横机的大多数执行部件都分布在机头上面。按照所编制的程序，机头可以沿针床移动到任何所需的位置。机头是电脑横机的主要执行机构，上面分布的主要部件包括选针器、三角电磁铁、步进电机和纱嘴电磁铁等。机头主要是通过选针器作用来完成选针的；通过三角电磁铁作用来控制织针系统的运行高度，进而驱动舌针完成编织动作；通过度目电机作用来控制编织物的密度；通过纱嘴电磁铁作用来控制纱嘴的工作时间以及停靠位置。当电脑横机进行编织工作时，机头受主伺服电机的控制在针床上做往复运动，此时导纱器也带动纱嘴随之进行往复运动。图 7-12 和图 7-13 显示的分别是电脑横机机头结构实物图和三角结构实物图。

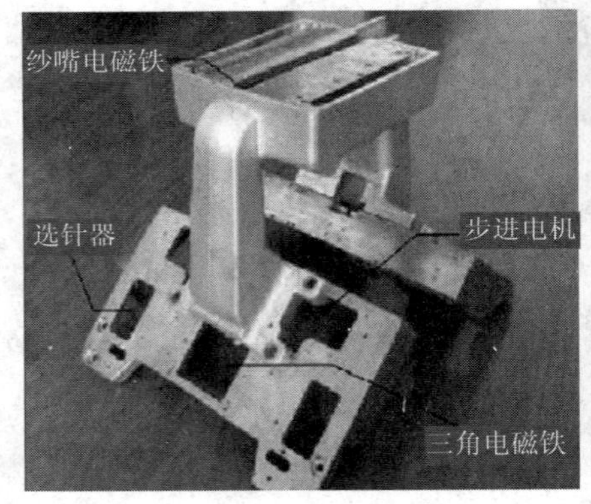

图 7-12　机头结构实物图

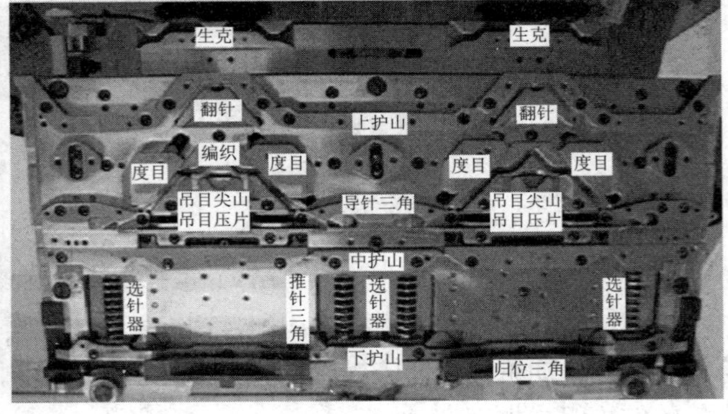

图 7-13　三角结构实物图

机头主要靠机头导轨支撑，在针床的上方运动。在电脑横机上编织织物是一个相当复杂的过程，必须通过机头、导纱器、接针压板、选针器等结构之间相互协调才能顺利完成任务。电脑横机在执行编织任务时，机头需要沿针床横向移动到所指定的不同位置，然后按照成衣编织工艺要求来完成选针、选纱、压脚、密度控制动作等。同时，织物的编织质量还与机头的定位精度密切相关。所以当机头运行时，它受控制的精确程度几乎决定了电脑横机编织物的质量。

电脑横机机头三角结构是非常重要的部件，是电脑横机进行编织工作时执行编织的核心机构，它的主要功能是完成选针工作，配合织针完成编织，调节织物密度等。三角结构的设计直接影响到织物的质量和电脑横机的编织工艺。电脑横机三角系统如图 7-14 所示。

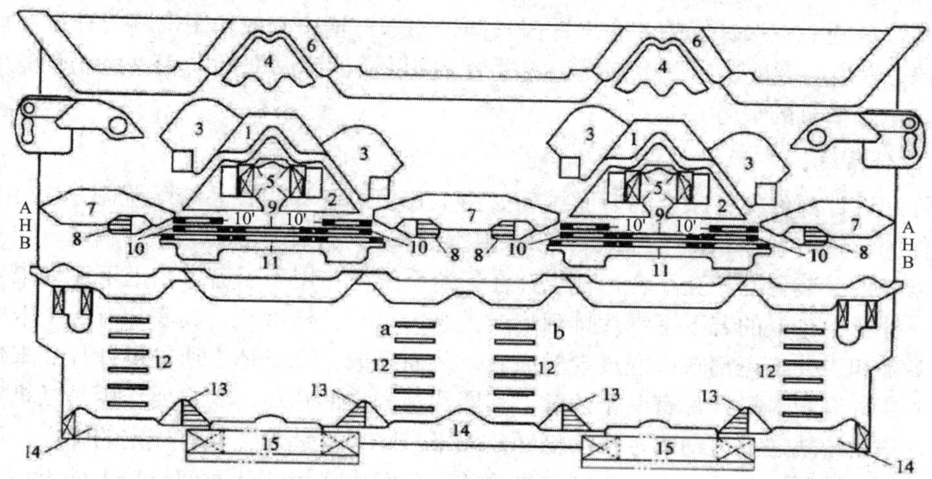

1—导向三角；2—起针三角；3—弯纱三角；4—移圈三角；5—接圈三角；6—移圈导向三角；7—选针导片复位三角；8—选针导片归位三角；9—集圈控制压块；10—接圈控制压块；10'—半弯纱控制压块；11—退出工作控制压块；12—选针器；13—选针片起针三角；14—选针片半起针三角；15—选针片重置三角

图 7-14　电脑横机三角系统的结构示意图

2. 编织组件

电脑横机的成圈编织组件是横机所有组件中的重要组成部分，主要包括针床、选针器、织针和三角系统。通过选针器直接作用在选针片上，完成电子选针，从而由对应的挺针片带动织针上下运动，使织针达到不同的编织高度，在三角系统的配合下，完成浮线、成圈编织、集圈编织、“三功位”编织、移圈编织、接圈编织以及双向移圈编织。在编织过程中，各零部件的配合是否协调，将直接影响到电脑横机的编织性能和产品质量的好坏。同时，编织组件的变换和配合还决定产品花色的变换。

1) 针床

针床俗称针板，每台电脑横机都有 2 到 4 块针床，包括主针床和辅助针床。针床分为前后两部分，称为前针床和后针床，两种呈 V 行排列，角度约为 100°，其中前床固定不动，而后床可以在一定范围内活动，故后针床又称为摇床，具体结构如图 7-15 所示。

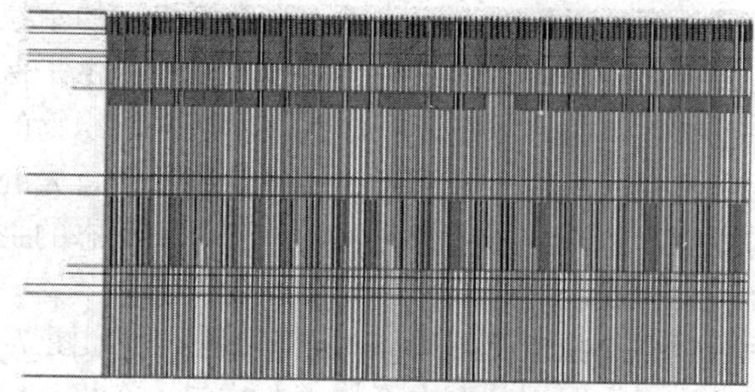

图 7-15　针床结构图

电脑横机为双针床，针床上有若干均匀排列的针槽，织针、挺针片、弹簧针脚、选针片等零件按照一定的顺序排列在针槽中，为方便分段选针而设计，8 枚织针为一组，针踵顺序排列，分别对应选针器的 8 个选针齿。两个相邻针槽中心线的距离称为针距，针板针槽的间隔、深度与宽度决定了电脑横机的型号，即以横机针板每英寸(25.4 mm)有多少个针槽来规定电脑横机的型号。

2) 织针系统

织针和选针部件在针床上的截面排列如图 7-16 所示，即织针系统配置图，它反映了织针组合件的配置关系：织针 1，挺针片 2，弹簧针脚 3，选针片 4 以及沉降片 5。它们与三角装置以及选针装置的相互配合，使织针在三角系统的作用下沿着针槽上下运动来完成编织动作。针槽由镶嵌的若干个钢片排列形成，织针 1 在针槽滑动，其底部有一个卡槽，挺针片 2 头部和织针 1 尾部缺口通过卡槽嵌套，从而形成一个整体，通过挺针片 2 来带动织针 1 完成各种编织。挺针片有两个片踵：移圈片踵和集圈片踵，其主要作用是当机头的挺针片在三角系统轨道内运动时，推动挺针片上下升降。挺针片 2 具有一定的弹性，当它受到外力时，其针踵压入针槽中，不能与机头的三角发生作用，从而使织针 1 处于不工作状态；当撤去外力时，针踵不受力由针槽内弹出，织针 1 重新进入工作，并通过若干个三角共同作用，推动织针 1 上升或者下降，完成编织工艺。弹簧针脚 3 位于挺针片 2 的上方，其片踵受到机头三角系统中集圈、接圈压片等控制。弹簧针脚下部的限位槽可以根据编织要求将弹簧针脚固定于 A、B、H 三个位置，可以在同一横列中实现各种不同编织。选针片 4 位于弹簧针脚 3 上部，除了固定的上下三个片齿外，选针片 4 还拥有 8 个等距排列的片齿，且每片选针片只保留一种高度的选针齿，与选针器对应，主要为了方便选针器选针。5 为沉降片，处于两枚织针之间，有利于编织过程中闭口、弯纱、成圈以及牵拉工作。

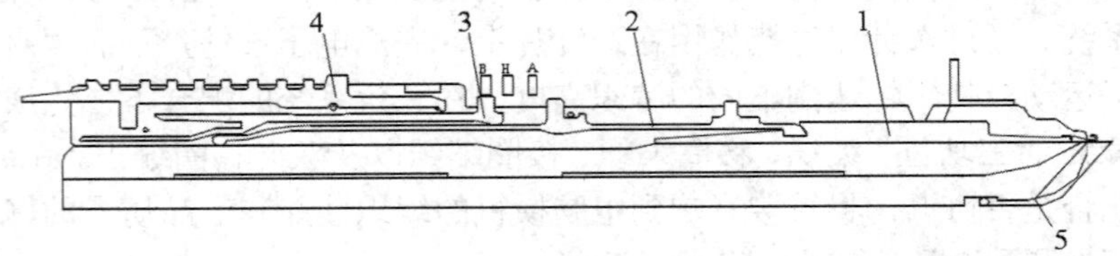

1—织针；2—挺针片；3—弹簧针脚；4—选针片；5—沉降片

图 7-16　织针系统示意图

3) 牵拉机构

牵拉机构有两方面的作用，一是辅助线圈完成编织动作；二是编织阶段完成后，将织物从针床隙口引出。后者是牵拉机构的主要作用。电脑横机上的牵拉机构采用了起底板与高位皮罗拉相互配合的装置，给优质编织织物的高效率生产提供了保障。起底板又称牵拉梳，其最大的特征是在毛衫起口时，缩短了洞口到主罗拉之间织物的长度，节省了废纱的用量。在毛衫起口过程中，在起底板上升到起口线之前主罗拉首先处于打开位置，复合针伸出挂住起口编织好的线圈，下降到主罗拉位置，处于打开状态的主罗拉作用于织物向下牵引，此时起底板复合针脱掉线圈，起底板回归到原始位置。

牵拉机构由两个牵拉辊、牵拉梳(起底板)和沉降片组成，如图 7-17 所示。牵拉辊用于将编织好的织物及时牵拉出编织区域，要求牵拉力要均匀。在机头编织完一行织物将要反向时，将织物牵拉出编织区域；在机头编织过程中保持张力不变。牵拉辊分别为主牵拉辊和副牵拉辊，其中副牵拉辊不可动，通过主牵拉辊的运动将已经编织好的衣片拉离编织区域，使成型的线圈及时被拉下来，防止线圈浮于针床上。副牵拉辊主要普遍应用在粗针距电脑横机上，在主牵拉辊拉力不足的情况下参与牵拉工作。一些特殊的编织工艺也会采用副牵拉辊，如织针组织密度较小的情况下，副牵拉辊会提供辅助牵拉功能。牵拉梳(起底板)由力矩电机驱动，用于起头，在编织新衣片的第一横列时向上运动，它上端的梳针插进新形成的线圈，通过复合针打开与关闭钩住织物，实现织物的牵拉。沉降片由信克电机控制，用于在成圈织针上升时握持织物，辅助织针成圈。在一般的国产机器中，由于牵拉辊的牵拉力不足，导致织针上的线圈上升，妨碍线圈脱下，产生多重集圈效应并使大量织物堵在成圈机件上，此时沉降片就显得尤为重要。

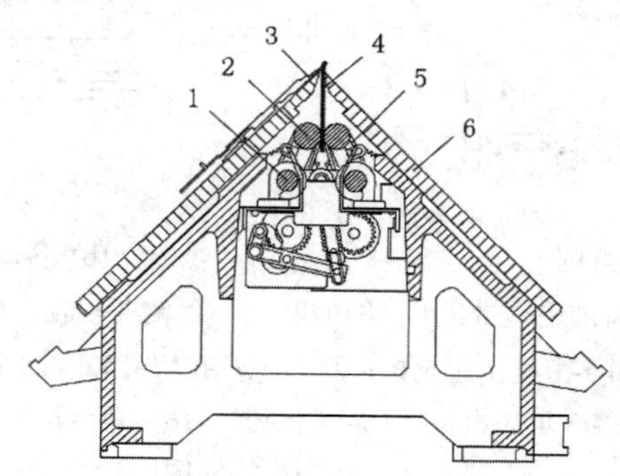

1—主牵拉辊；2—副牵拉辊；3—织针；4—织物；5—牵拉皮带；6—针板

图 7-17　牵拉机构示意图

电脑横机上的沉降片装置是一种特殊的牵拉装置，与每一枚织针相互配合，对每一个线圈进行牵拉和握持，从而顺利地完成相应线圈的编织动作。同时，沉降片的作用贯穿线圈的整个成圈过程中，对于在空针起头、成型产品的编织、立体花型组织和局部编织等十分有利。随着针织机械的发展，新式沉降片结构在编织过程中运行更稳定，限位功能更好，这使得复杂立体织物的品质和外观质感得到很大的改善。电脑横机的沉降片装置结构如图 7-18 所示。

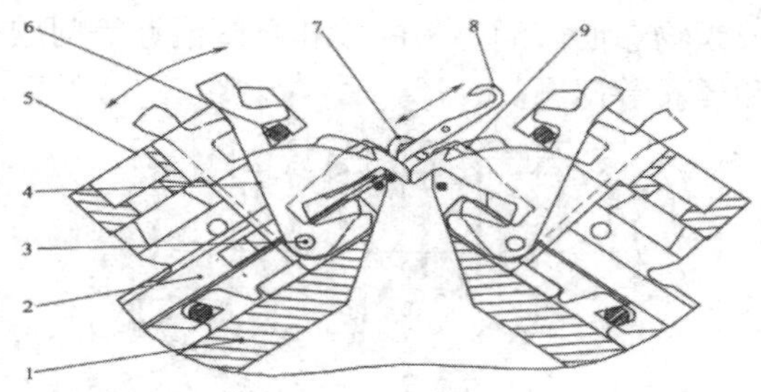

1—针床；2—针床插片；3—钢丝；4—沉降片；5—沉降片床；6—限位钢丝；7—线圈；8—织针；9—齿片

图 7-18　沉降片装置结构图

4) 传动部分

为了使电脑横机能够平稳工作，传动机构由多个电动机提供动力。传动机构的总体要求是：电脑横机的运行速度在一定范围内可调，并且运行平稳；具有故障自停和慢速运行的功能。不同型号的电脑横机，其传动方式也不相同，但传动过程基本一样，如图 7-19(a)

所示是一种电脑横机传动机构示意图。传动机构包括主电机、传动装置、机头原点信号感应装置等。在图 7-19(b)中，机头的动力由伺服电机 4 通过皮带 3 经皮带夹传递给后机头，前后机头 9 和 2 是固定连接在一起的，伺服电机 4 作为主电机通过电脑控制系统为电脑横机提供动力。密度步进电机 10 为弯纱三家提供动力；移床步进电机 14 通过皮带传动为后针床 7 的横移提供动力；直流电机 6 为主牵拉辊提供牵拉动力。

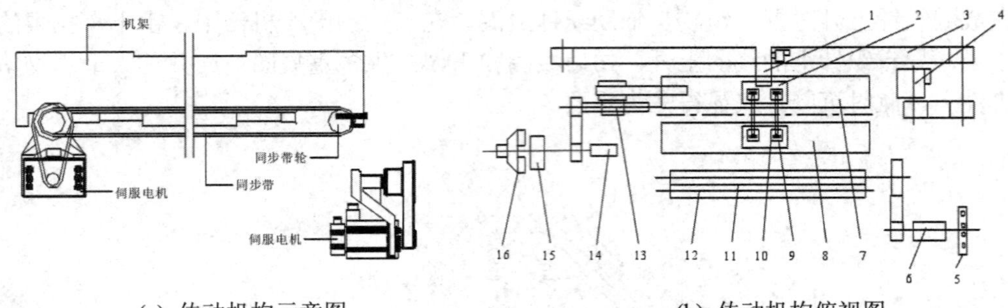

(a) 传动机构示意图　　(b) 传动机构俯视图

1—皮带夹；2—后机头；3—齿形平行带；4—主电机；5—目测监视轮；6—直流电机；7—后针床；8—前针床；9—前机头；10—密度步进电机；11—主牵拉辊；12—副牵拉辊；13—滚珠丝杠；14—移床步进电机；15—制动器；16—角度编码器

图 7-19　传动机构简图

5) 送纱机构

送纱机构主要由送纱装置、导纱器(见图 7-20)和侧送纱装置组成，包括天线系统、储纱器和挑线簧等，主要功能是存储纱线、断纱自动停机、遇到粗纱结自动停机、控制纱线张力以及准确喂纱等。天线系统装有夹线盘、粗节检测器和张力调节器等，纱线从筒纱上退绕后，通过夹线盘除去纱线毛羽，经过张力调节器调节纱线张力后，纱线在经过粗节检测器出现断纱或者粗节时，将会触发警报，横机将会自动停车并红灯闪烁蜂鸣，显示“断纱错误”，等待人工操作。在编织时，送纱机构张力的调节以及控制具有十分重要的意义，张力的不同将导致纱线质量的差异。送纱张力的大小需要根据纱线特点和织物组织结构进行调节，张力过大会造成织物布面破洞、易断纱和移圈漏针等问题；张力过小则会造成单丝、滑丝、烂边、漏针和浮布等问题。

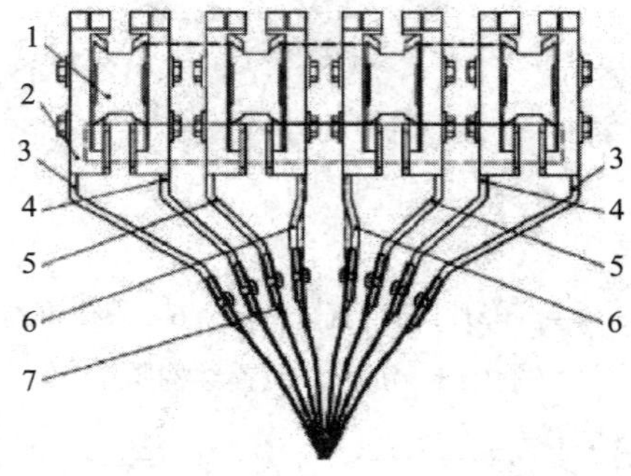

1—导纱器导轨；2—纱嘴座；3—1 号/8 号导纱杆；4—2 号/7 号导纱杆；5—3 号/6 号导纱杆；6—4 号/5 号导纱杆；7—导纱器

图 7-20　导纱器结构示意图

7.2.2　全成型电脑横机

全成型电脑横机是针织横机的一种，将设计好的成型衣片尺寸、密度、花型等数据输入计算机，控制机器按数据编织出衣片、罗口、袖子等成型衣片。计算机对针织横机的提花、移床、收放针、翻针、弯纱、牵拉卷取等动作进行控制，生产出花型和组织结构复杂、几何形状复杂(特别是三维立体结构)的产品。多种型号的横机可生产各类全成型的产品，如不经缝合即可穿用毛衫及其他用途的成型产品，如全成型汽车座套、工件等。全成型横机具有生产效率高、使用范围广、原料少、简化缝合工序等优点。

Taurus 2.170 XP 是毛衫行业的一个里程碑的设计，并开启了针织行业的新方向，其技术参数如表 7-1 所示。本机型包含两项 Steiger(斯坦格)独有的专利技术——复合针和储纱针。这一独特的创新发明，在满足以往基本编织功能的同时，还可以进行织可穿、嵌纱、同行超难结构以及嵌花组织结构的编织。此外，该机型采用具有专利技术的罗拉系统，可以保证整幅编织，如袋状织物、横绞花及全成型等结构的编织，实现真正的 3D 组织编织。同时，以“云定制平台”为中心，通过 EC、ERP、SCM、MES 等系统，将设计、生产、营销以及供应商等各大系统进行连接，实现众包设计、智能生产供应管理、可追溯订单交付、个性化柔性定制的全流程服务，进而建立一个全新的针织服装产业链。该机型仍沿用业界公认的橡胶罗拉、开放式机头以及导纱器独立工作的设计思路。同时，该机器也增加了许多新的功能结构：独立纱夹剪刀板的使用(选配)，使得机头回转距可以大幅缩短，提高了编织效率；可控式弹跳纱嘴结构，使得编制过程中纱嘴停放来去自由；新的制版软件 Model+，轻松易懂，对制版的准入门槛大幅降低，可以使更多的人无障碍使用。

表 7-1　技术参数

针　距	E12
针数/针板宽度	805 枚针/67 英寸，配有专利技术的复合针及储纱针
机头	独立开放式机头设计，方便直接喂纱
速度	最高速度：1.6 m/s
动态度目	可随时随地调整线圈密度的大小
系统数目	单机头双系统
独立控制夹纱剪刀板	由两个马达驱动，并由所设计花型直接进行控制，摆脱了机头需移动至剪刀板处进行纱线释放或夹停的控制方式，更有效地缩短了机头回转距，提高了生产效率
纱嘴(可扩展至 32)	花型文件直接控制 24 个纱嘴独立工作。独特升降技术的使用使纱嘴每行编织完毕后都可以实时提起，解决多个纱嘴难于同时停放针板的某个位置的技术难题
选针	单段选针技术，满足最高 1.6 m/s 编织速度
牵拉系统	在成圈 40 mm 的位置便可以牵拉到所编织衣片，并与花型文件进行实时动作配合。本牵拉专利技术可以保证整幅编织，如袋状织物、横绞花以及全成型组织结构等，实现真正的 3D 编织
针梳	新一代的针梳系统，在电机的控制下，可满足任何纱线的编织使用

7.3　三维人体扫描与选款

7.3.1　人体三维扫描仪

人体三维扫描仪，也叫 3D 人体扫描仪，是利用光学测量技术、计算机技术、图像处理技术、数字信号处理技术等进行三维人体表面轮廓的非接触自动测量。人体全身(半身)扫描系统充分利用光学三维扫描的快速以及白光对人体无害的优点，在 3～5 s 内对人体全身或半身进行多角度多方位的瞬间扫描。人体全身(半身)扫描系统通过计算机对多台光学三维扫描仪进行联动控制快速扫描，再通过计算机软件实现自动拼接，获得精确完整的人体点云数据，实现更强的功能，如图 7-21 所示。

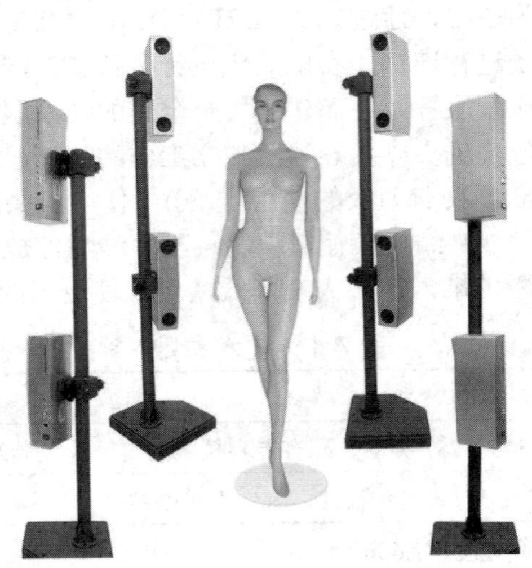

图 7-21　人体三维扫描仪概述图

人体三维扫描系统也称三维人体测量系统、人体数字化系统，广泛应用于服装、动画、人机工程以及医学等领域等，是发展人体(人脸)模式识别，特种服装设计(如航空航天服、潜水服)，人体特殊装备(人体假肢、个性化武器装备)，以及开展人机工程研究的理想工具。

慈星人体三维扫描仪是一种用于扫描、获取、分析人体的几何构造和外形数据的高精密光学测量仪器。采集到的数据常被用来进行人体三维重建计算，在虚拟世界中创建实际人体的数字模型。这些模型具有相当广泛的用途，例如在量体裁衣、人体数据统计、医疗等诸多领域都有广泛的运用。

在人体逆向工程领域，很重要的一个环节就是精确获取人体的外形数据，然而人体外形结构复杂，每个人的体型不同，很难通过传统的测量手段对其进行准确的测量。人体三维扫描仪可以快捷地扫描获取人体的外形数据，设计人员可以根据获取的数据进行曲面重构，建立需要的数字化模型。特别是在量体裁衣领域，传统的人工测量方法需要经验丰富的测量人员，而且无法保证测量数据的准确性，慈星人体三维扫描仪可以准确快速地获取人体的三维数字模型，服装设计师可以根据数据为客户量身定制合身的服装。

7.3.2 人体三维高速扫描系统操作说明

1. 系统功能

慈星三维激光扫描软系统采用国际先进的 3D 扫描技术，通过多个相机同时扫描的方式，可快速获取人体高精度的三维数据，进行 CAD/CAM 设计。该系统可广泛应用于服装号型的修改与制定、人体模型的建立、服装三维设计、服装电子商务、时装产品虚拟展示、虚拟试衣、时装表演、3D 照相馆模型采集、配套工业三维打印机领域。

2. 操作步骤

(1) 扫描前打开设备配套电脑，并将设备接入电源，打开桌面操作软件；同时检查硬件扫描头 USB 接口是否正常，硬件设备驱动是否正常加载。打开软件，如图 7-22 所示。

图 7-22　软件界面

(2) 为保证测量的准确性，建议被测对象裸体测量，或者穿紧身衣测量。人体站立在指定脚印上，并保持静止；双手握紧，并保持人体站立静止状态，如图 7-23 所示。

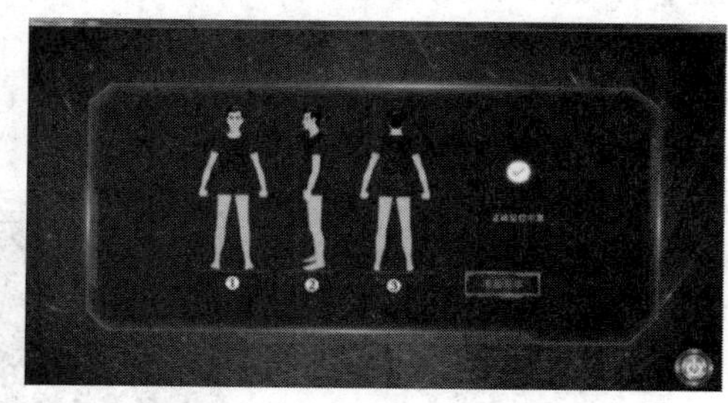

图 7-23　站立姿势示意图

(3) 人体正确站立并保证静止后，填写人体扫描仪操作系统上的个人信息，个人信息现在主要以电话号码为准，每测量一个人的数据对应一个手机号码命名的数据文件夹。按照正确姿势站立好后，点击“准备完毕”按钮。

(4) 一切准备就绪后，点击“开始扫描”按钮。注意：扫描过程中，人体保持静止不动标准姿势大约 6～8 s 后，人体扫描完成。系统数据采集完成后，人可以离开。

(5) 人体参数自动提取。操作系统进行数据处理与输出，自动弹出如图 7-24 所示界面，扫描结束后操作系统进行数据处理与输出。左侧为人体测量数据，右侧为人体 3D 数字模型，并标注尺寸测量部位，同时系统会自动弹出被测对象 Word 数据表格。测量的人体数据会自动保存在电脑硬盘中，用户可通过文件夹进行查找获取。

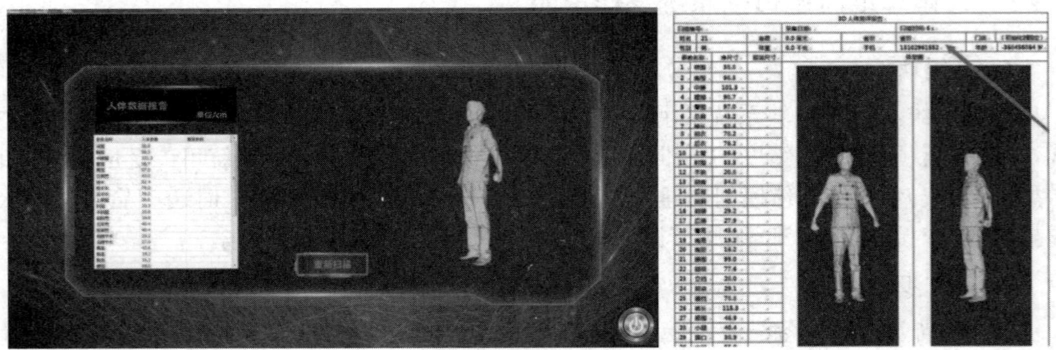

图 7-24　扫描完成参数提取图

扫描过程完成后，所形成的数据会自动存储至以手机号命名的电脑文件夹中，此文件夹就是每个人测量的整个数据包，点击进入出现如图 7-25 所示页面。

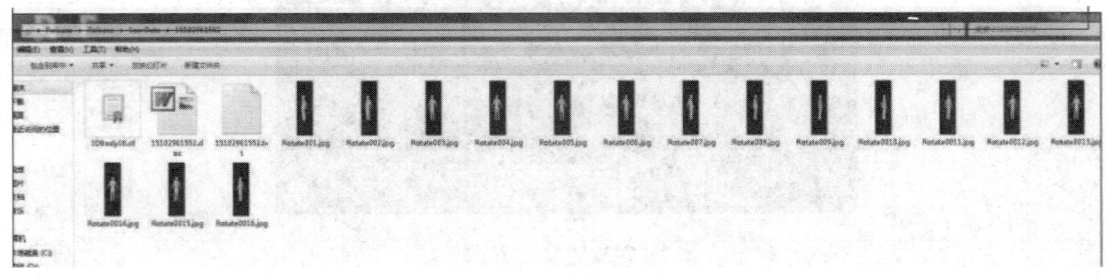

图 7-25　数据文件

文件中含有人体数据尺寸.txt、人体数据尺寸的.doc 报告、3D 人体数字模型.stl 格式的模型和 3D 人体数字模型的各个角度的模型(各个角度 16 张截图)。其中.stl、.obj 格式的数字模型可在各类 3D 软件中打开的，一些列举 Geomagic Studio、ZBrush 的软件如图 7-26 所示。

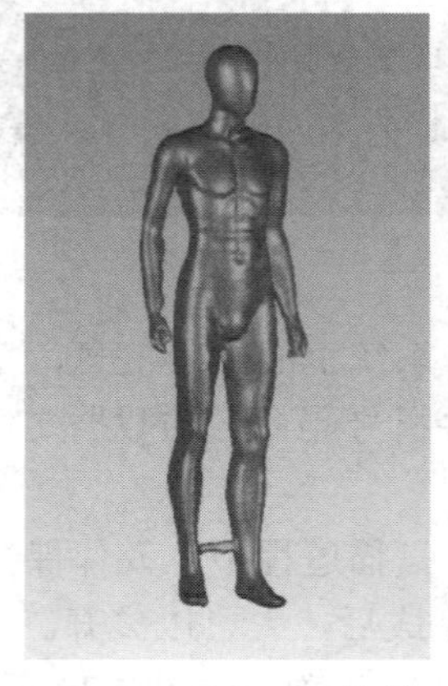

Geomagic Studio 软件

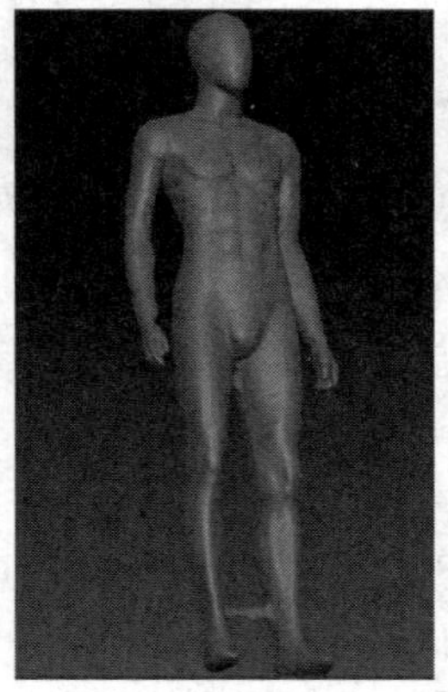

ZBrush 软件

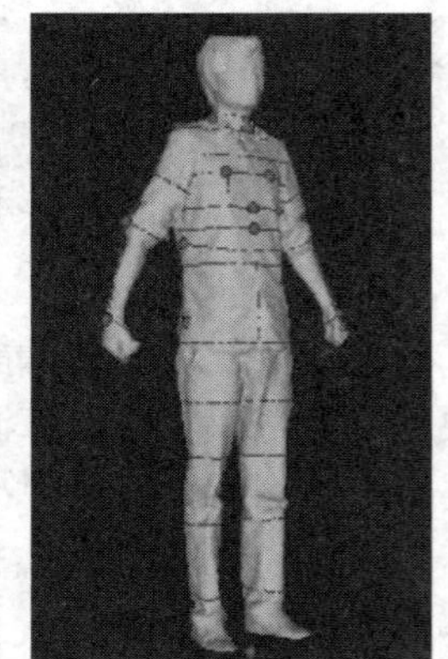

人体扫描仪操作软件

图 7-26　人体数字模型在 3D 软件中打开效果图

7.3.3 3D 体感试衣镜

3D 体感试衣镜是一套全新概念的硬件、软件集成平台，它主要由试衣终端、内容管理服务器、互联网管理三大部分组合而成。它不仅涵盖了普通的试衣镜功能、多媒体信息发布功能，还特别整合了衣服属性展示、打折促销宣传、多机联网管理等功能，同时还能接入互联网、微博等新兴媒体。此平台将人体感应技术、网络与数字显示技术完美结合，使运用该终端的服装店、商场等公共场合具有强烈的视觉冲击力、客户吸引力和科技感；提供给客户高质量试衣体验；提供给管理人员更简便的管理服务。

3D 体感试衣镜效果如图 7-27 所示，只要使用者站在大屏幕前，不需要触摸屏幕只需通过手势凌空控制，就可以实现与试衣魔镜的互动。挥一挥手，所选择的衣服将神奇自然地穿戴于使用者的身上，对于不同款式的衣服，使用者通过切换上、下页方式，便可以很轻易地替换不同的衣服。此外，对于喜欢的衣服，虚拟试衣系统还提供高清拍照功能，将衣服及时地与用户紧密合成照片，使用户体验出前所未有的购物快感。

图 7-27　3D 体感试衣镜效果图

3D 体感试衣镜实现了当购物者站在镜前时，装置将自动显示试穿新衣以后的三维图像。时装狂热分子们甚至不用移动就可以更换服装款式，要做的只是简单地挥挥手旋转屏幕上的按钮，便可以轻松换衣。Kinect 摄像头可以监测到消费者的一举一动，当他们转身的时候，机器可以自动分辨，同时将衣服的背面展示出来。

7.3.4 试衣系统的设计与实现

虚拟试衣的本质是把服装模型和人体模特结合在一起显示出来。把虚拟服装穿到一个 3D 虚拟模特身上通常是一件烦琐的、时间复杂度很高的工作。为了获得最佳实时性，通常的做法是把布片当作刚体放置在目标对象周围，然后通过模拟的缝合来显示“穿”这个效果。我们把这个过程叫作套穿过程。

简单缝合之后的服装显然还不是我们所希望看到的样子，为此系统还要实施几个后台运算过程来计算服装的外观。这些运算过程来自服装建模技术 Sweater 系统的启发，把原先需要和用户进行交互的过程简化成从服装模型数据文件获取默认输入。

1. 套穿过程

套穿这一过程是把衣服放置在虚拟模特身上并且试图使服装上的标记和人体模特上

的标记相匹配。下面从服装模型的三角剖分开始，详细描述套穿过程设计的算法。

从 Delaunay 三角剖分开始，然后迭代细化。这些三角形必须足够小，我们使用的三角形的边长一般为 0.07～0.08 个单位。三角剖分完成之后，每一个布片在最佳的状态下都是一个单一的多边形，然后我们按照缝合约束来把相邻的单一布片拼接成连续的网格结构。最后通过建立一个从网格到 3D 空间的映射来计算服装的几何外观。

这个映射一次只处理一个顶点。如果一条边的两个端点都被映射了，我们称这条边被映射了；如果一个三角形的三个顶点都被映射了，我们称这个三角形被映射了。在每个顶点完成映射之后，系统将实施一个平整过程，目的是使已经映射好的网格每一条边的长度能接近于它们对应的初态长度，同时这也是为了防止三角网格的错位。

2. 拖曳调整

拖曳调整过程是交互式微调阶段，对已经套穿在 3D 模特身上的服装做更细致的调整。就像现实世界中在试衣间试衣，顾客穿上衣服后也必然会用手调整一下穿在身上的衣物，使之达到更合适的状态。

在虚拟服装被套穿到 3D 模特身上之后，网上 3D 试衣系统可以用拖曳的方式调整服装的位置以及其他的一些细节，比如边缘。

3. 平整过程

在进行套穿过程和拖曳调整时都有一个不得不面对的问题，那就是如何使得虚拟服装始终保持在 3D 模特身上。为此在套穿和拖曳调整的过程中，系统要反复地调用一个平整过程。

平整过程有三个部分：第一，我们尽可能地让虚拟服装的每一条边很好地接近于它们原来的初态长度，这有利于防止服装的过度拉伸和收缩。第二，系统将修复那些翻折的三角形网格以防止虚拟服装发生折叠。第三，平滑三角形网格中的二面角。

第一个目标防止过度拉伸和收缩。第二个目标修复翻折，系统通过调整虚拟服装上的顶点位置，使得模型网格上的每个三角形都恢复成接近原来的初态形状。我们把每个三角形的初态形状叫作参考三角形，参考三角形由三条初态边长唯一确定。系统把一个参考三角形的一边尽可能近地放在待调整三角形的一侧，然后把待调整三角形上的三个顶点都向着参考三角形上对应的顶点做相应的移动，这一算法思想来自纹理坐标最优化算法。为了达到第三个目标平滑布料，系统通过移动顶点让每条边上的二面角都更接近于 180°，从而使得布料更加平滑。

7.3.5　3D 体感试衣操作说明

软件系统主要使用方法就是左右手的位置控制选择菜单、上下拖动等操作。在使用映射软件设定好站立位置为最佳映射效果后，可以通过左右手的摆动、停顿控制系统。

3D 试衣镜的试衣过程如下：

(1) 打开机器、软件后，站于机器前 2 m 处，自动触发体感试衣，如图 7-28 所示。

(2) 体验不同衣服的上身效果，首先需要抬起一只手臂，如图 7-29 所示。

(3) 从手臂的外侧往内侧挥动(类似指挥交通的手势)，这时可以看到衣服已经切换，如图 7-30 所示。

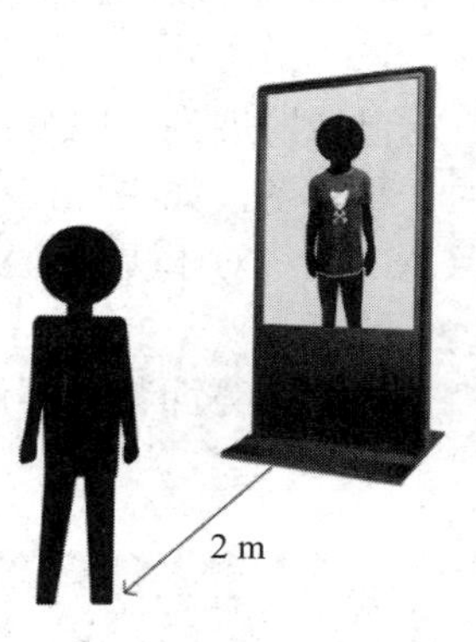

图 7-28　开启软件

图 7-29　穿衣上身

图 7-30　换衣操作

(4) 挥动后将手臂直接垂下，切勿抬起“回位”，因为软件会误以为试衣者要返回上一件衣服，如图 7-31 所示。

(5) 在体感试衣过程中试衣者左右移动的话，衣服也会一直跟随在试衣者的身上，就像真穿上了一样，如图 7-32 所示。

(6) 摆各种姿势也都能很好地展现出来，如图 7-33 所示。

图 7-31 防止误操作　　图 7-32 左右跟随图　　图 7-33 各种展示图

7.4　横机程序设计系统

7.4.1　横编 CAD

CAD(计算机辅助设计)是指设计人员利用计算机及图形设备进行设计工作的过程，它是变革传统设计模式的核心技术，该技术与生产装备的配套程序，是衡量生产技术水平的重要标准。“十三五”规划纲要提出要深入实施《中国制造 2025》，通过“三步走”实现制造强国的战略目标，第一步是到 2025 年迈入制造强国行列。在新常态的经济态势下，中国制造业想要在全球市场上占据主动，需要先进的工业技术作为支撑，其中以 CAD 软件为代表的制造业软件在企业的综合应用，是企业提升创新实力、推动转型升级的重要手段之一。

横机作为横编的主要装备，经历了手摇时代、半自动时代，目前已经发展到全电脑控制的时代。电脑横机是纺织机械中机电一体化、智能化程度较高的一种装备，如果说控制是横机的大脑，横编 CAD 则是人类与其对话的工具，高效智能的 CAD 系统对于提升企业两化融合具有重要意义。

横编产品设计灵活性强，应用广泛，在服装用、装饰用以及产业用各个方面都有不俗的表现，图 7-34 为各种横编产品。

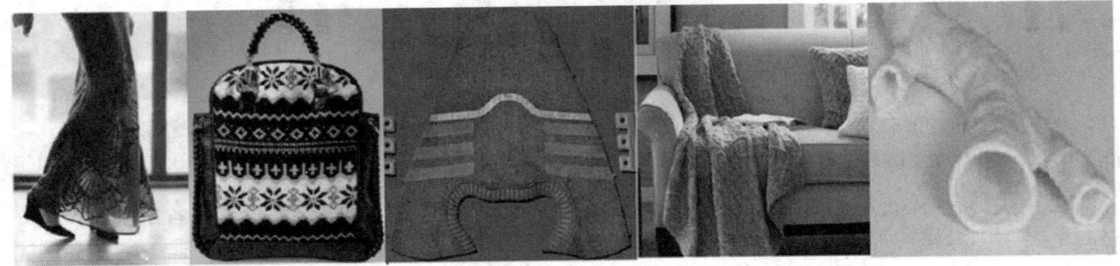

(a) 度兮连衣裙；(b) 梦芭莎提包；(c) Adidas NMD 成型鞋面；(d) 披毯和抱枕套；(e) 带侧面分支的弯管

图 7-34　横编产品

由于横机前后针床可以发生相对移动，可以自由切换纱嘴，编织区域可大可小，产品组织结构多变又兼具成型功能，在编织移圈、绞花等复杂花型上具有独特优势，利用前后针床配合还可以编织筒形织物等成型产品，编织工艺相对圆纬编要复杂，因此也对横编 CAD 的开发提出了更高的要求。

目前，电脑横机已经逐渐取代手摇横机来适应激烈的市场竞争，与之配套的横编 CAD 软件应运而生。作为设计师与电脑横机沟通的接口，横编 CAD 能够将设计师的设计思想转化为电脑横机的控制数据，是实现针织装备智能化的关键技术，在 CAD 技术开发领域，本土 CAD 与国外 CAD 存在较大差距。

国外对横编 CAD 技术的研究较早，目前在此领域引领世界发展潮流的是德国 STOLL 公司开发的 M1　PLUS 系统以及日本 SHIMA SEIKI(岛精)公司开发的 SDS-ONE APEX 系统，这两套 CAD 系统各有特色，但只为其生产的横机配套使用。国外对此类应用技术采取保密措施，相关技术理论研究资料极少。

M1 PLUS 是德国 STOLL 公司为其生产的电脑横机配套开发的横编 CAD 系统，如图 7-35 所示，在原先 M1 软件的基础上增加了设计模式，从而使得设计者能更加容易、快捷地实现编织程序。在工艺模式中可以同时打开标志视图、工艺视图以及织物视图，其中织物视图是模拟织物的真实感视图，可以在设计过程中检查花型的效果，为设计人员带来了极大便利。M1 PLUS 与电脑横机配套销售，不支持单独购买，使用 M1 PLUS 花型软件可以生成 STOLL 目前生产的所有机型的上机程序，程序主体为 Sintral 语言，类似于计算机的高级语言，由一条一条语句组成，每条语句都由行号、语句体和语句定义符组成，只适用于 STOLL 电脑横机的上机编织。

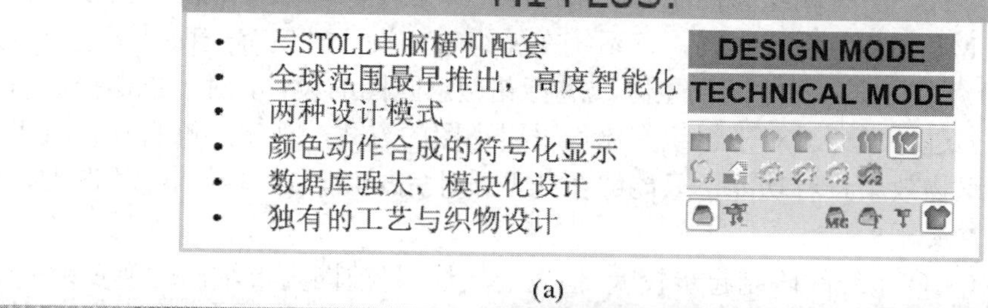

(a)

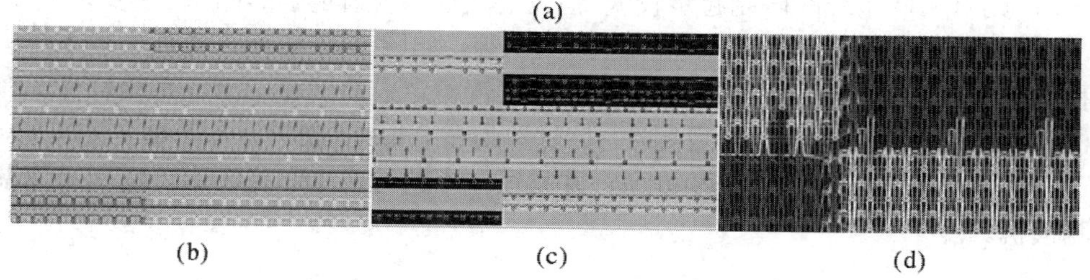

(b)　(c)　(d)

(a) 特色功能；(b) 工艺视图；(c) 标志视图；(d) 织物视图

图 7-35　M1 PLUS 花型准备系统

SDS-ONE APEX3 是日本岛精公司开发的 CAD 系统，如图 7-36 所示。该系统体现了“大针织，全流程”的设计理念。整套软件中包含多个子模块，基于多功能合一的概念，该软件贯穿了针织品生产的全过程。它是从企划、设计、纸样设计到上机编织，甚至到销售的服装设计工作系统。在花型设计与仿真功能上更具优势，可进行款式、花型以及配色的设计，可以由选择纤维开始来设计纱线，进而实现织物仿真，模拟效果接近真实织物，节省了打样的时间，还可以把服装模拟套入自定尺寸的三维立体人体上，也可以在模拟中进行轮廓编辑。

图 7-36　岛精软件 SDS-ONE APEX3

相较于 M1 PLUS，SDS-ONE APEX3 在编织工艺的可视化程度上稍弱。它采用色码表示编织和控制形式，所有编织和控制方式都用颜色来表示，可以对成圈、集圈、移圈织物进行设计，与 M1 PLUS 系统不同，该系统在编织工艺设计时仅有一种显示效果，主体衣片两边各有 20 条控制条。在中间的主区域进行花型意匠图的设计，对于机器控制信息则在两侧的控制条上进行设计。对于组织变化均采用小图的方式，观察不够直观，且不提供在设计过程中的织物效果查看功能，只能够在花型设计完成后，通过导入纱线图像，对织物进行模拟。

国内对于 CAD 系统的研制起步较晚，但发展较快，目前国内市场已出现多种横编 CAD 系统，如恒强(HQ-PDS)、智能吓数、琪利(KDS)等。如图 7-37 所示，恒强制版系统由浙江恒强科技股份有限公司开发，是目前国内一款比较稳定成熟的花型准备系统软件，在国产电脑横机上有比较好的通用性和适配性。该软件是在 Picasso 制版软件基础上开发的，在功能和可操作性上有比较多的改进和提高，并且还在不断地升级和完善中，适用于大部分国产电脑横机。

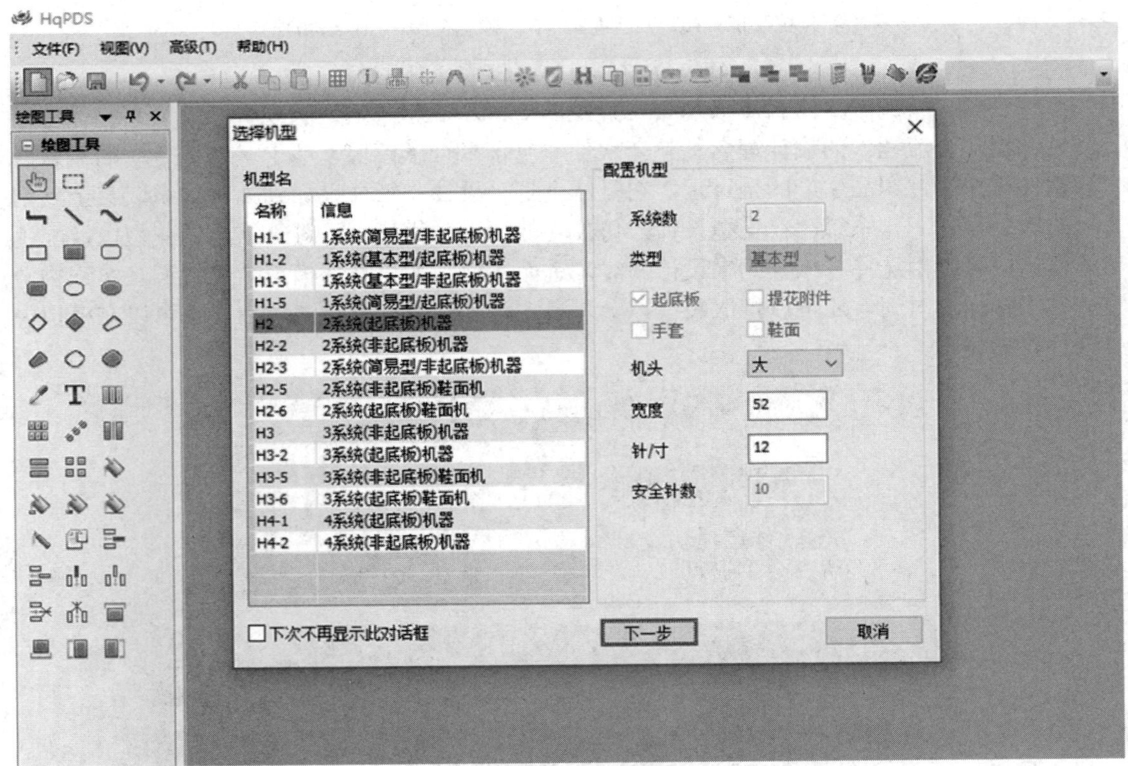

图 7-37　恒强制版系统 HQ-PDS

如图 7-38 所示，智能吓数软件由深圳智能针织品软件有限公司开发，最初仅用于计算毛衫成型工艺，在毛衫行业中评价较高，后来功能扩展到制版方向，可以生成多种电脑横机的上机文件。

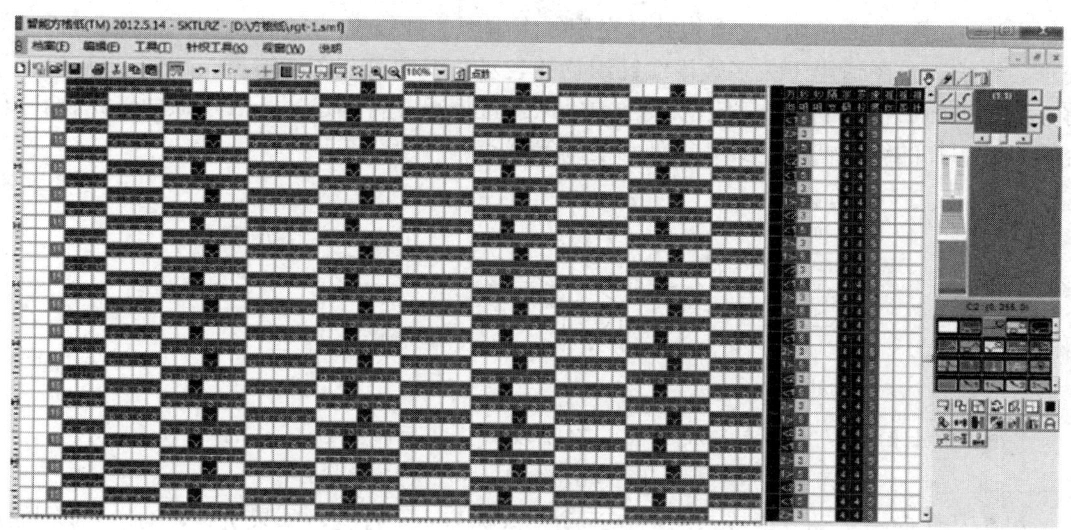

图 7-38　智能吓数软件

如图 7-39 所示，琪利(KDS)软件由福州琪利软件有限公司开发，2014 年刚刚推向市场，其发展格局与岛精相似，包含一系列应用于横编的软件，有设计、工艺、制版、营销以及订单管理等多个子系统，形成了一套较完整的软件体系，而且针对市场较火的鞋面产品开发了专门的制版模块。

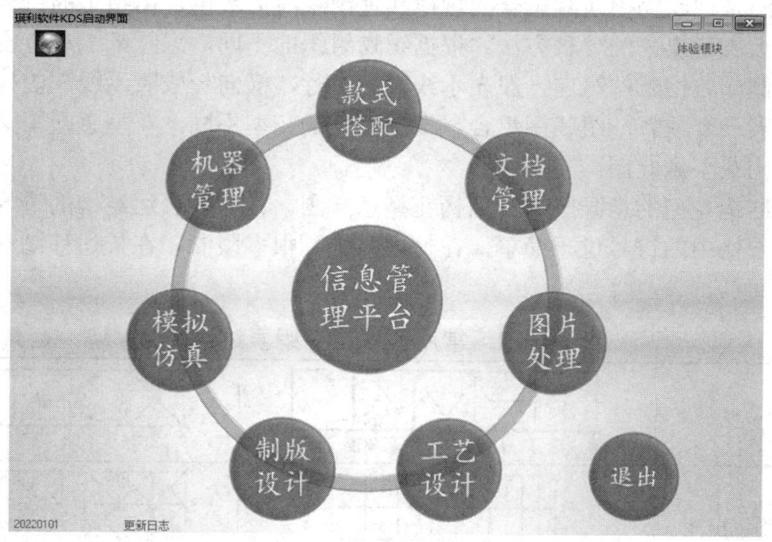

图 7-39　琪利 KDS 系列软件

7.4.2　针织物图形表达

为了简明清楚地表现织物结构，以便于织物设计与上机编织，常用图形表示方法有编织工艺图、花型意匠图和线圈结构图。

1. 编织工艺图

编织工艺图是将织物组织的横断面形态，按成圈顺序和织针编织情况，用图形表示的一种方法，如图 7-40 所示。它由织针和在织针上编织的纱线组成。织针通常用“｜”或“．”表示。编织工艺图适用于大多数横编针织物的表示，编织工艺图能够反映的信息包含：当前工艺行中前后针床的织针动作以及当前针床对位情况，特别适用于表示双面针织物和复合组织针织物的编织情况，具有简便、清晰等优点。

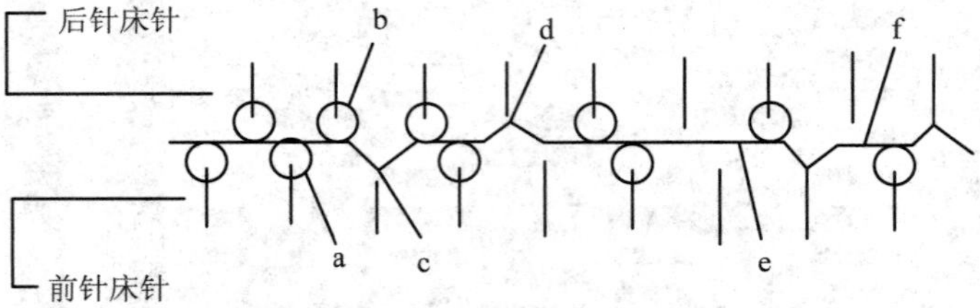

后针床针

前针床针

a—前针床成圈；b—后针床成圈；c—前针床集圈；d—后针床集圈；e—浮线；f—浮线

图 7-40　编织工艺图

机头从左向右运动一次或从右向左运动一次称为一个行程，如果机头内有一个以上的编织系统在工作，则要分别画出每个工作系统的编织图，工作系统数与一个行程的编织工艺行相等。系统数不同、系统工作方式不同，每个行程能完成的织物的线圈横列数也不完全相同。

2. 花型意匠图

花型意匠图是把织物内线圈组合的规律和使用纱线的颜色，用指定的符号或者形象图元在小方格纸上表示出来的一种方法。根据织物组织的不同，意匠纸上小方格所代表的含义可以不同。例如方格纸的纵向一般表示线圈的纵行，横向一般表示线圈的横列。每一个小方格可以代表一个或者一组线圈组合。根据表达的花型不同，花型意匠图又分为提花花型意匠图和结构花型意匠图。

用于表达结构花型的意匠图称为结构花型意匠图。常用的表达结构的符号有两种，如表 7-2 所示。方格中的符号过于简单，在使用时受到很多限制，在描述移圈和针床位置时不太方便。

表 7-2　常用符号及组织表达

符号 组织	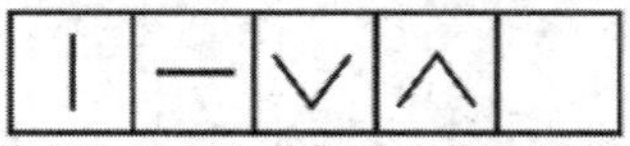 前成圈　后成圈　前集圈　后集圈　浮线	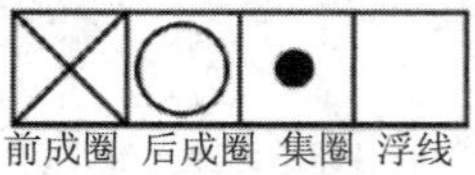 前成圈　后成圈　集圈　浮线
平针织物正反面	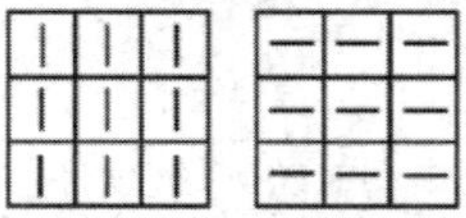	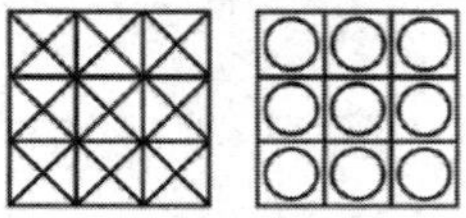
1×1 罗纹	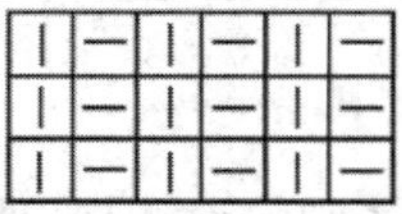	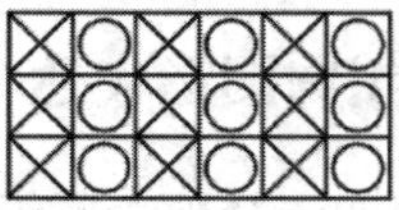
双反面	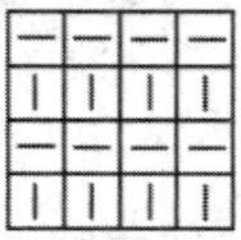	

用于表达提花花型的意匠图称为提花花型意匠图，如图 7-41 所示，对于彩色提花且花型较大的图案，花型意匠图具有独特的优势。在这种情况下，符号并不代表线圈类型，而是表示织物表面各个位置不同颜色的线圈排列情况。采用这种方法时，要说明哪个符号代表哪种颜色。

如果织物是由不同的线圈类型和不同的色纱结合而成的，用符号表达动作或者用符号表达纱线颜色的方法都不能完整表现织物结构。

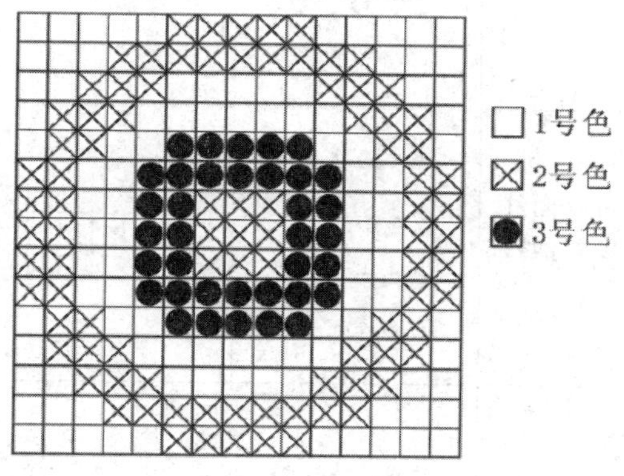

图 7-41　提花花型意匠图

3. 线圈结构图

用图形描绘出线圈在织物内的形态称为线圈结构图。如图 7-42 所示，表达平针织物的线圈结构时，1－2 与 4－5 称为圈柱，2－3－4 称为针编弧，6—1 和 5—6 称为沉降弧。从线圈结构图中，可直观地看出横编针织物结构单元的形态及其在织物内的连接与分布情况，这有利于研究针织物的结构和编织方法，但是对于结构比较复杂的织物线圈结构图难以绘制。

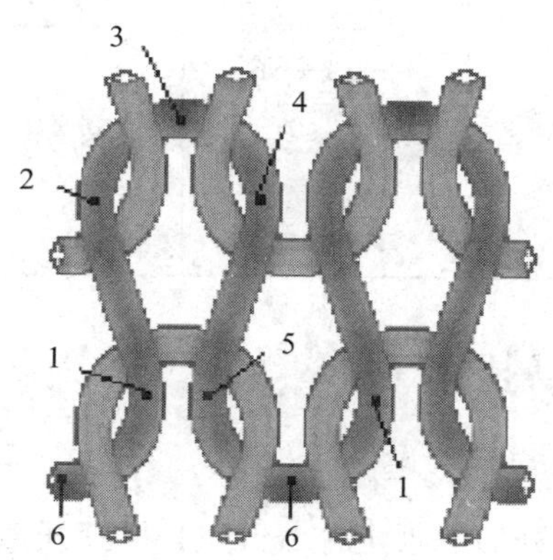

图 7-42　线圈结构图

智能制造系统中的各组成单元能够依据工作任务的需要，自行组成一种最佳结构，其柔性不仅突出在运行方式上，而且突出在结构形式上，所以称这种柔性为超柔性，如同一群人类专家组成的群体，具有生物特征。

用三种方法对常见横编针织物进行图示，见表 7-3。

表 7-3　常见横编针织物的三种表达方式

组织名称	说明	编织工艺图	花型意匠图	线圈结构图
罗纹空转	在罗纹组织的基础上，编织一行单面或两行单面形成	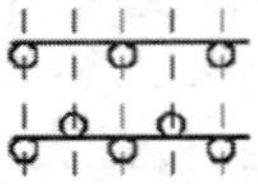	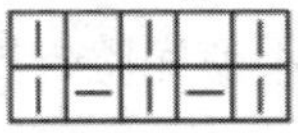	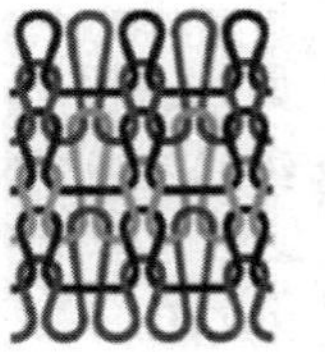
双反面	一行或几行的反面线圈横列和正面线圈通过翻针交替	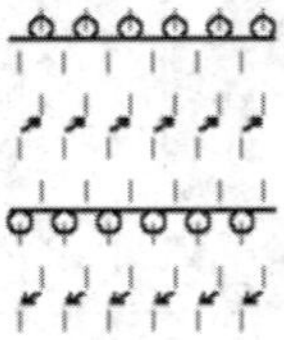	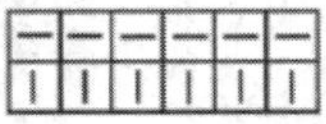	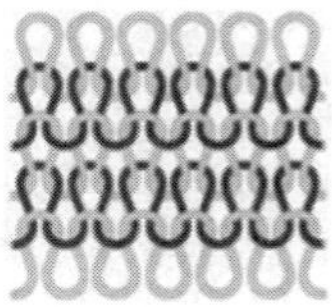
畦编	双面织物结构中集圈在正面与反面交替出现	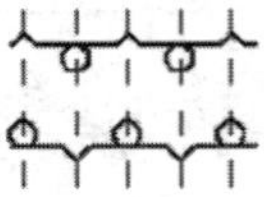		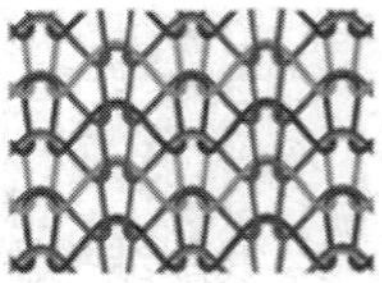
提花组织	将不同颜色的纱线垫放在花纹所需要的某些针上进行编织成圈的一种花式组织	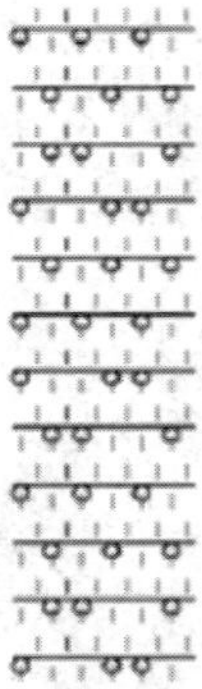	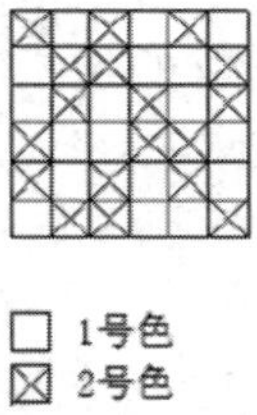 □ 1号色 ⊠ 2号色	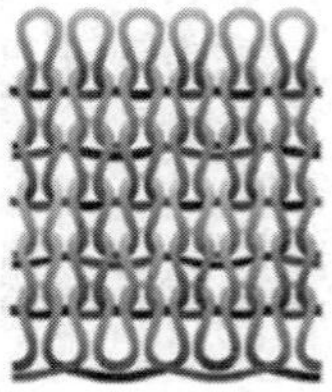

7.4.3　全电脑横机控制系统操作

1. 开机

接入铭牌要求的电源，打开后盖板上空气开关，再打开正面转换开关，机器自动启动。

2. 拷入读取花型文件

插入U盘，点击文件管理，选择“档案管理”。点击“U盘盘符”，勾选“选择多个花型”，点选需要的花型，再点击“复制”。如果花型文件以文件包的形式保存在U盘中，先点击多种→路径→浏览→U盘文件路径，如图7-43所示(本画面显示的是U盘中LOGICA文件夹中的文件)。

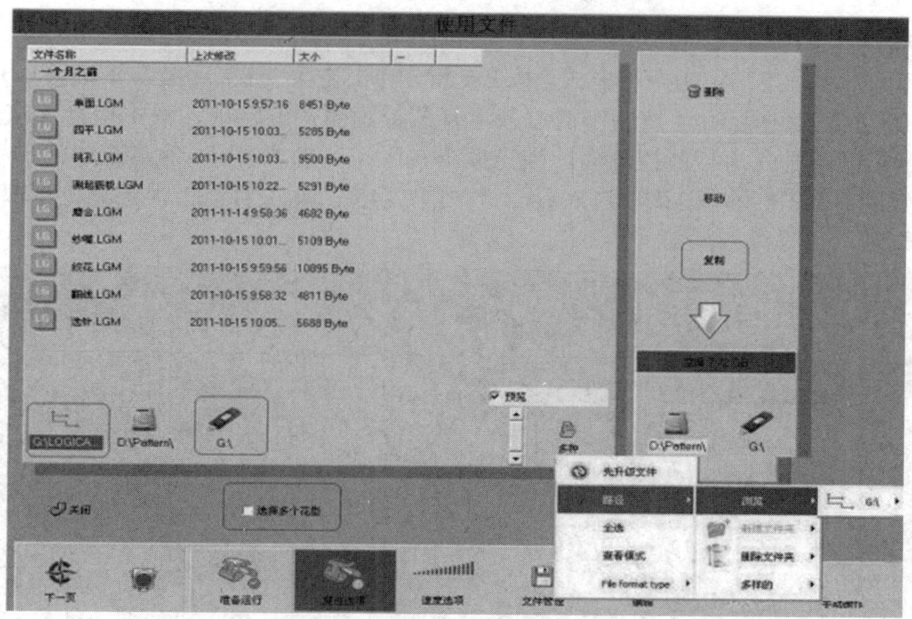

图 7-43　花型拷入

点击“文件管理”，选择“单个花型读取”。点击“D:\pattern 或 U 盘”，勾选“启用机器系统编译检查”，选择所需花型，点击“参数复制”。如果复制相同花型参数，选择“参数复制”，这样已经调好的工作参数不会丢失。

3. 花版参数设置

分别点击画面中度目、纱嘴、罗拉、速度、循环、生克、片数的方格区域，弹出的画面如图 7-44 所示，分别设置度目、纱嘴、罗拉、速度、循环、生克、片数的参数。

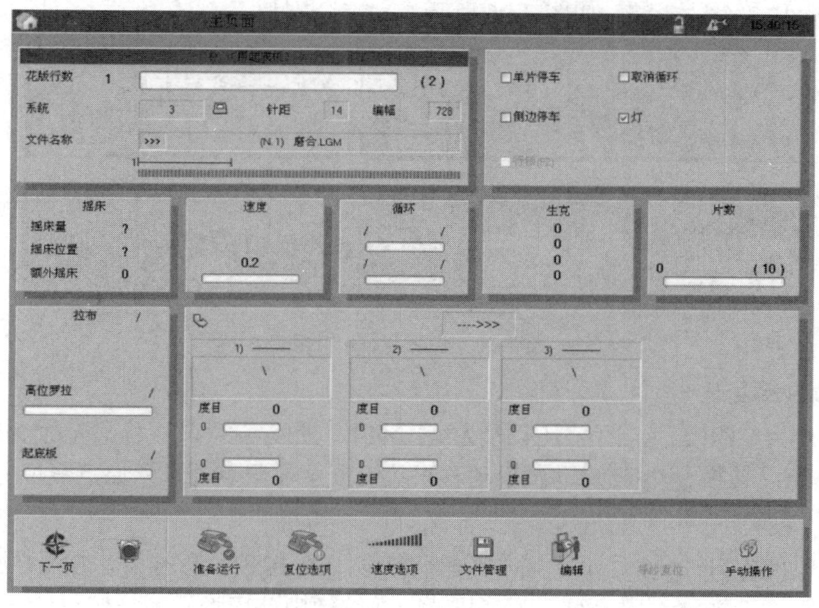

图 7-44　花版参数设置图

4. 运行

运行可采用触摸和按键两种方式。按 Esc 键，弹出主菜单窗口，上、下键移动光标(快捷数字键“1”)选择运行，按回车键进入运行监控画面；触笔单、双击运行字符区或主菜单标题栏区，进入运行监控画面，当光标未在所需菜单项目时，触笔需先单击选中所选项后(黄色字体)再次单击该项进入界面，如图 7-45 所示。目前市场主流机型都采用全触摸模式。

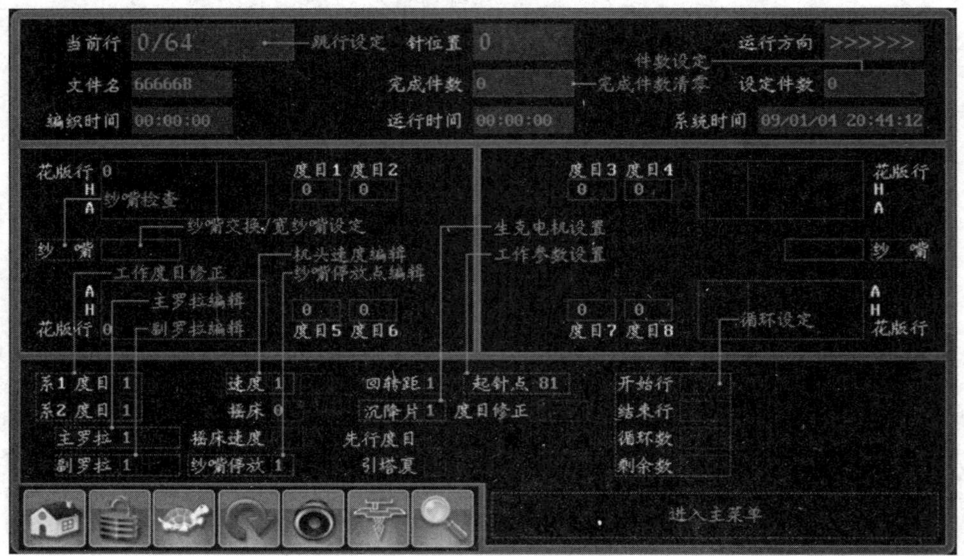

图 7-45　系统显示画面

触笔单击运行监控窗口图示红色框选区范围，弹出各个工作参数窗口及辅助项设置操作。运行界面共 7 个功能键，如图 7-46 所示，功能分别如下：

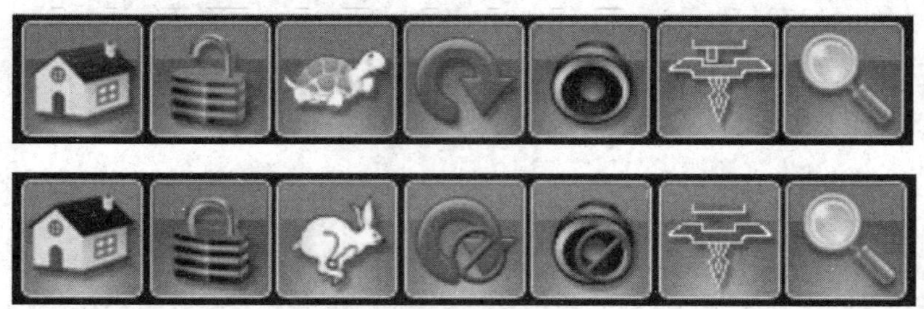

图 7-46　运行界面功能键

1) 手动原点复位

该功能键为编织准备，图标显示为编织准备，归零复位；图标显示为编织确定，进入编织(复位后转换)。拉杆启动或手动移机头返回至左限点处进入原点复位。

2) 重复编织

重复编织也称为行锁定，图标显示上锁状态：重复编织，执行前 2 行循环编织；图标显示开锁状态：无锁定，按编织行顺序执行。在编织中使用卷布罗拉(主罗拉或副罗拉)后方可使用该键。

3) 机头快、慢速编织切换(兔子、乌龟图标)

图标显示乌龟状态：慢速编织(拉杆慢动)；图标显示兔子状态：快速编织(拉杆快动)。无需停车即可切换编织速度，当前状态为慢速编织，切换快速编织将在下一行执行。当前状态为快速编织，切换慢速编织在当前行立刻执行。

4) 一片编织(单片)、循环编织切换

图标显示：循环编织；图标显示：单片编织，完成一片编织后，机头停止在左侧花版起针点外，蜂鸣器发出断续报警提示音。

5) 系统报警功能开启、关闭状态

系统报警默认为开启状态，报警关闭时对断纱、大纱结、边纱报警暂时取消，其余报警仍生效。

6) 纱嘴使能、休止

默认使能。当机头运行在编织区内时，由于突然断纱等原因(机器停于衣片之间)，因带纱嘴的电磁铁处于工作位置，如需快速移出纱嘴，按下此键使纱嘴处于休止位置。纱嘴休止时，启动操作拉杆，运行将不执行，需再按此键使纱嘴使能后方可重新进入编织运行。

7) 帮助

该功能供客户随时查看系统显示操作屏按键的帮助说明，对于触摸操作可直接点击项目字符区。在运行监控画面，触笔单击该键，弹出在线帮助，退出请再单击 Esc 字符显示区或按 Esc 键。

7.5　针织品智能柔性定制实例

7.5.1　背景与状况

1. 背景

随着我国经济发展进入增速换挡、结构调整、动力转换的“新常态”，消费与投资需求、生产组织方式、要素比较优势、市场竞争格局、资源环境约束等方面均呈现出新的阶段性变化；随着个性化、多元化取代数量扩张日益成为新的消费趋势特征，更好满足消费者对衣着产品时尚性、功能性、生态安全性等方面高品质的要求，已成为纺织服装行业在新时期的重要使命。

传统的服装产业漫长的供应生产链条降低了整个产业的效率，再加之与终端消费市场中间依然存在的多层经销渠道，厂商根据中间渠道商的订单需求生产的成品流通到终端后，与消费需求的匹配程度往往大幅下降，同时导致了整个行业存在一直无法解决的存货风险。

2015 年 9 月 18 日，国务院办公厅发布了《关于推进线上线下互动加快商贸流通创新发展转型升级的意见》，明确鼓励将互联网与工业发展相融合。

纺织行业在未来发展中，将更加结合市场发展的动态趋势，把科技进步、品牌建设、生态文明和人才培养等发展战略重点落到实处，努力从转型升级中获得更大的发展空间。

产品、技术、管理、品牌、营销等各方面的创新均基于互联网为代表的信息技术的广泛应用。互联网技术的应用能够快速推动企业技术水平、管理水平、快速反应能力的提升，增强企业的创新能力。纺织企业互联网化，包括生产过程自动化和智能化、管理流程实行 ERP 以及营销过程的电子商务，均以互联网应用为基础。在新常态下，企业的互联网化工作更需要加快实施，稳步推进，务求实效。

2. 主要内容

在纺织服装行业，“工业 4.0”概念、“互联网+”思维已不可避免地日益浸润和碰撞，纺织产品的智能柔性定制将成为势不可挡的趋势和潮流。本着“工业 4.0”和“互联网+”的创新理念，旨在建立一个全新的、面向全世界毛衫市场的 C2M、C2B2C 生态系统，服装个性化定制本质上是用工业化流程生产个性化产品，相比传统的毛衫产销模式，不仅可以满足消费者的个性化定制需求，而且可以消除经销商环节的层层加价，减少生产商的库存损失，并把缩短流程创造的价值让利给消费者，使消费者以更有吸引力的价格获得个性化定制产品。

个性化定制主要包括五大模块：智能化身体尺寸采集系统、3D 虚拟试穿系统、智能工艺模块、电子商务平台和成衣生产自动化，平台项目将建立和完善一个包括消费者、设计师、智能工厂、平台运营方、物流配送、支付等各方共同参与的生态体系。强调个性化定制对最终用户的黏性，通过开放消费者个性设计和自由专业设计师的加入，丰富毛衫花样款式和版式设计库，实现共享特性的产品营销模式，同时整合下游代工厂的现有产能资源，实现全产业链的分工协同。

3. 目标

以满足消费者个性化毛衫订制为切入点，优化产业链合作，降低智能工厂库存成本压力，同时利用全球毛衫专业设计师的流行设计元素，不断提升产业链下游针织工厂顾客购物体验，预期实现目标：

(1) 利用电商平台实现顾客在线毛衫订制。

(2) 自由专业设计师可利用智能工艺系统在线设计并上传设计作品至花版库，经工厂评审后发布至电商平台供顾客选择订制。

(3) 实现电商平台订制数据传输至智能工厂。

(4) 实现设计师和智能工厂等合作方与平台运营方的对账结算等财务账务处理。

(5) 实现平台大数据管理和云计算平台部署管理。

(6) 实现传统毛衫代工厂智能化制造体系提升改造，并可复制。

(7) 实现毛衫针织制造行业智能化改造后，预计其生产效率提升 10%，能源利用率提升 5%，企业运营成本降低 4%，产品不良率降低 6%，产品研制周期将缩短 20%。

7.5.2 慈星云定制平台(大规模个性化定制模式)

针织毛衫有别于梭织服装，一般梭织服装先将原材料(纱线)织成布片，然后根据服装要求对布片裁剪成衣片，再将衣片缝合成衣服；而针织毛衫则是从原料(纱线)直接编织成衣片甚至是成衣，类似于 3D 打印，因此针织毛衫相对于一般梭织服装更具有可定制性。

同时，平台还提供针织面料运动鞋的定制服务。针织鞋面具有一次成型的优势，减少了后续裁剪、拼接等工序，可以大幅度地降低定制成本。用户定制流程如图 7-47 所示，工厂生产流程如图 7-48 所示。

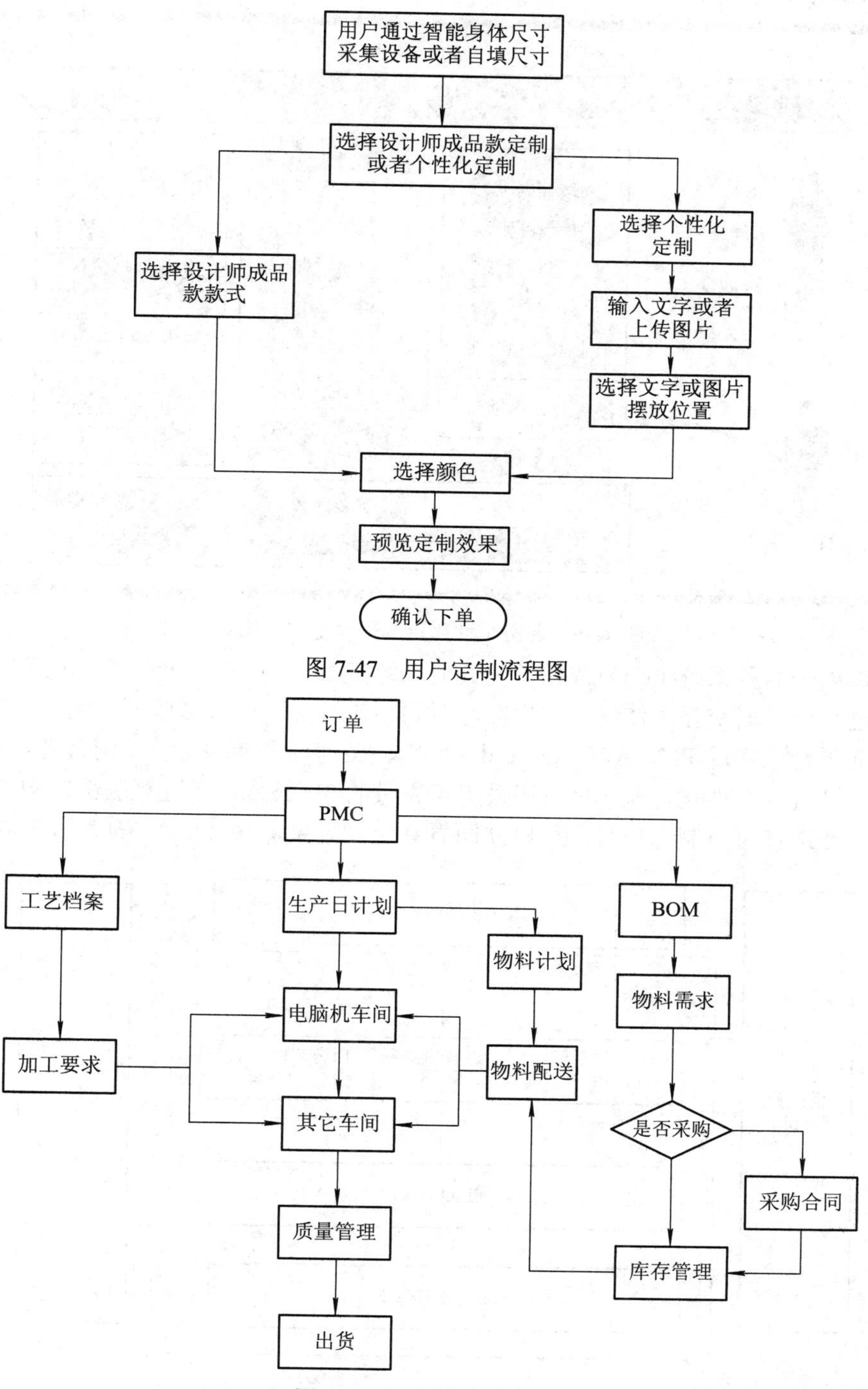

图 7-47　用户定制流程图

图 7-48　工厂生产流程图

通过整合终端销售商、设计师、智能代工厂、原料供应商、物流配送服务方、支付结算服务提供方等，打造多方参与的共赢生态体系，最终实现终端、应用、平台和数据一体的全产业链合作的多方平台，如图 7-49 所示。

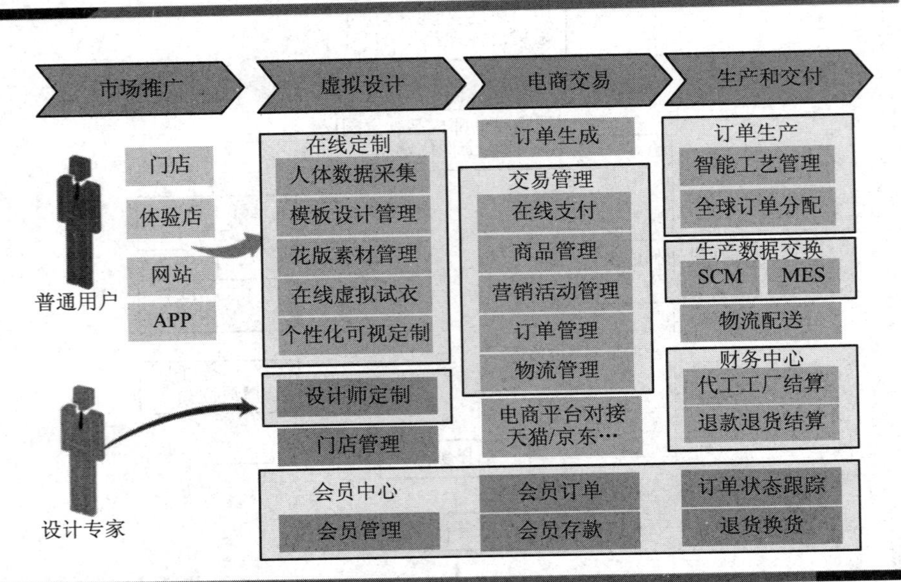

图 7-49　慈星个性化定制平台基本架构

平台以电子商务系统(EC)为依托，与其他系统(ERP、MES、APS、SCM 等)进行无缝对接，通过平台数据交互，使设计到生产，再到物流等各个环节形成一个闭环，如图 7-50 所示。目前平台已实现 PC、APP(Android、IOS)、微信等多终端覆盖，消费者可以方便地选择任意终端进行个性化定制。平台还采用了先进的 3D 技术，通过算法快速构建商品 3D 模型，用户在选择可定制选项时，可以立即看到定制效果，并且可以 360° 查看商品细节。

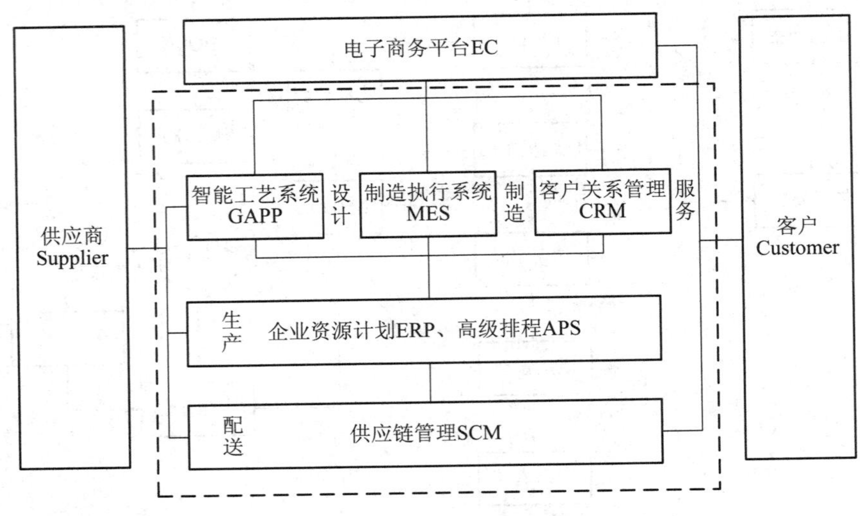

图 7-50　个性化定制产品流程图

平台采用公有云+私有云的网络架构，提升数据处理能力以及数据安全性，为消费者有良好的定制体验提供保障，如图 7-51 所示。基于个性化定制的特点，平台将重点建设三个数据库：会员信息数据库、个性定制数据库和人体尺寸采集数据库。云定制平台大数据存储分析的结构如图 7-52 所示。

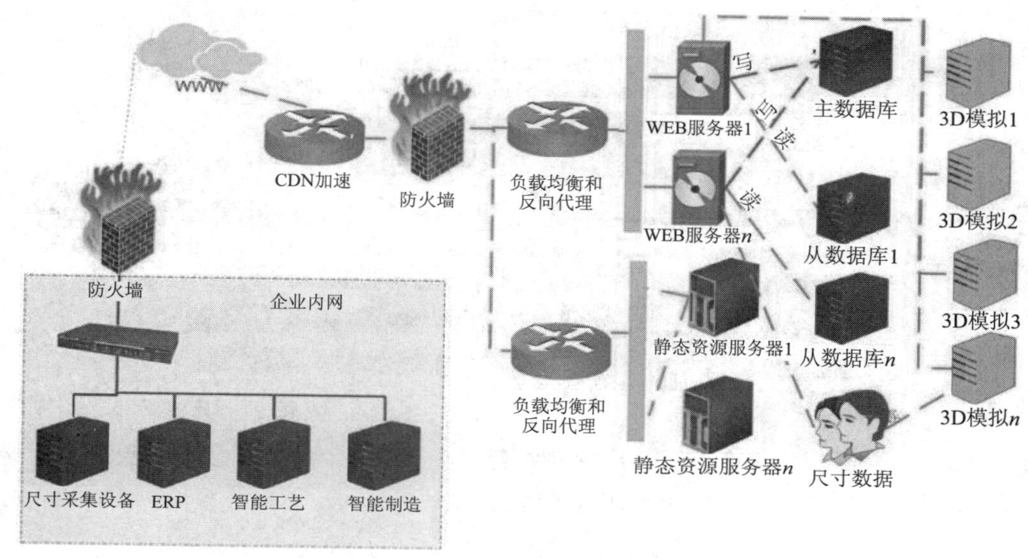

图 7-51　个性化定制网络架构

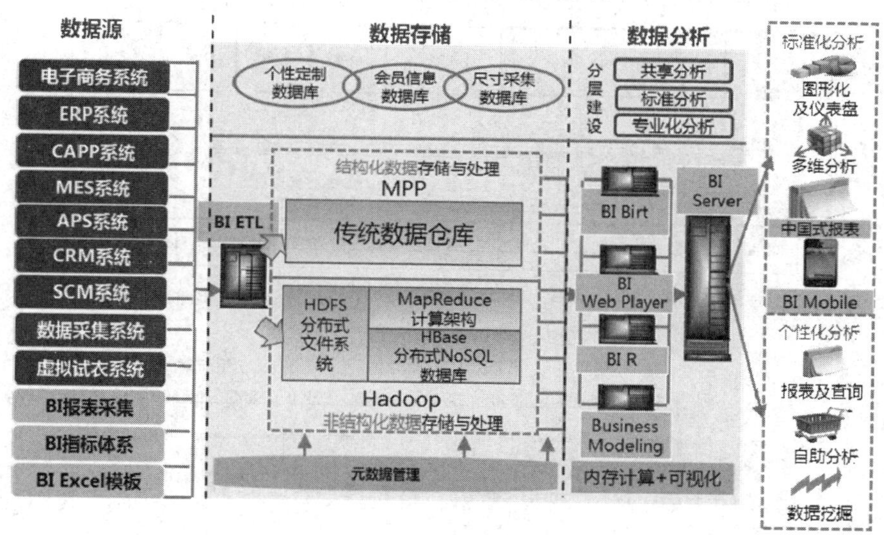

图 7-52　云定制平台大数据存储分析结构框图

7.5.3　针织智能工厂建设(离散型智能制造模式)

生产过程可控：通过信息化、数字化的生产过程，最大程度地减少了人工干预，确保每件产品准时、可靠地生产。

生产质量可控：通过合理安排生产工序，严格管控每个质检环节，确保每件产品以最高品质送达客户手中。

兼顾生产效率：细化每个生产步骤，合理安排生产工序，通过提高生产效率提高工厂产品的竞争力。

样板车间管理流程如图 7-53 所示，横机智能加工如图 7-54 所示。

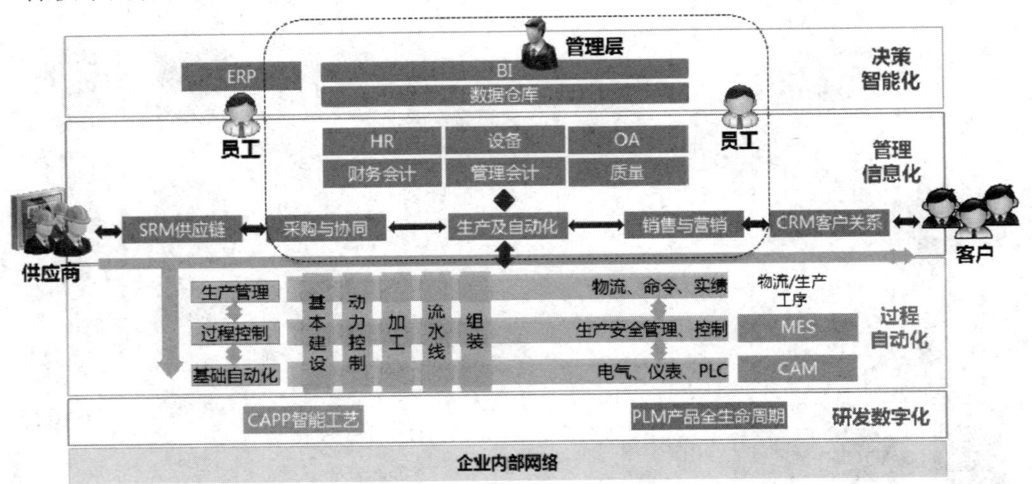

图 7-53　样板车间管理流程图

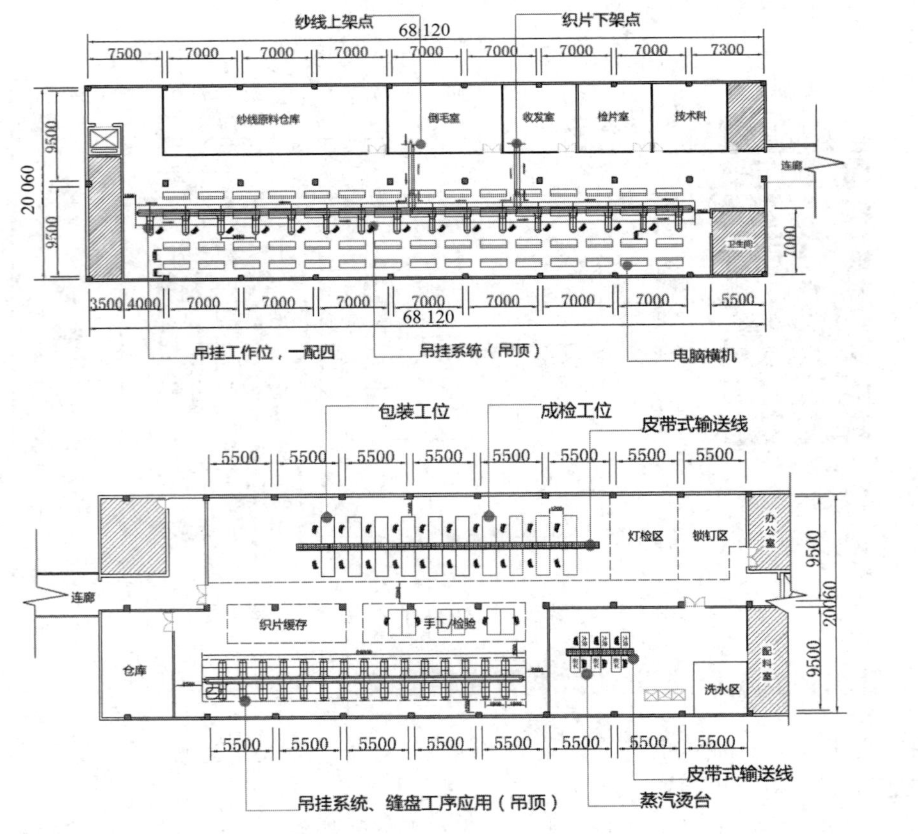

图 7-54　横机智能加工示意图

慈星电脑横机都带有网络功能，利用 RJ45 网口或无线网卡就可以组成一个局域网，在此基础上基于 UPnP 技术的横机远程控制系统，可以通过电脑、平板电脑、手机等终端上运行监控软件，实现对电脑横机的远程监控和控制，如图 7-55 所示。

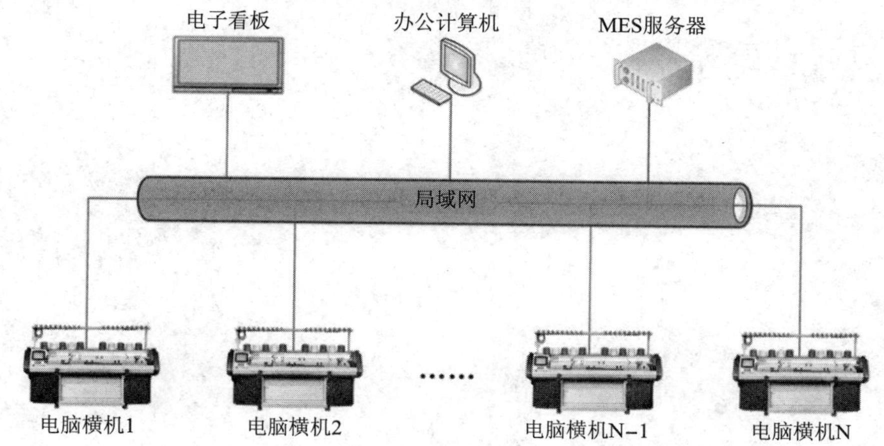

图 7-55　智能横机联网情况

智能生产管理系统(MES)是一套面向针织品制造企业车间执行层的管理系统，主要为企业提供包括制造数据管理、计划排程管理、生产调度管理、库存管理、质量管理、采购管理、成本管理、生产过程控制、底层数据集成分析、上层数据集成分解等管理模块，为企业打造一个扎实、可靠、全面、可行的制造协同管理平台，如图 7-56 所示。

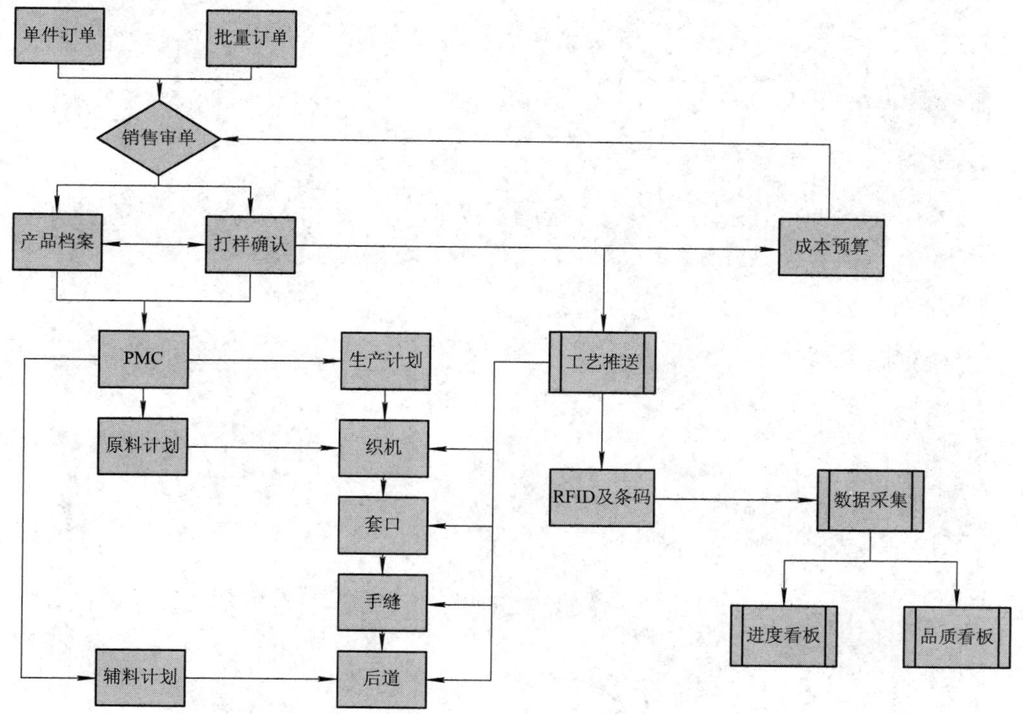

图 7-56　毛衫智能生产管理系统流程图

图 7-57 为毛衫智能加工实景图。

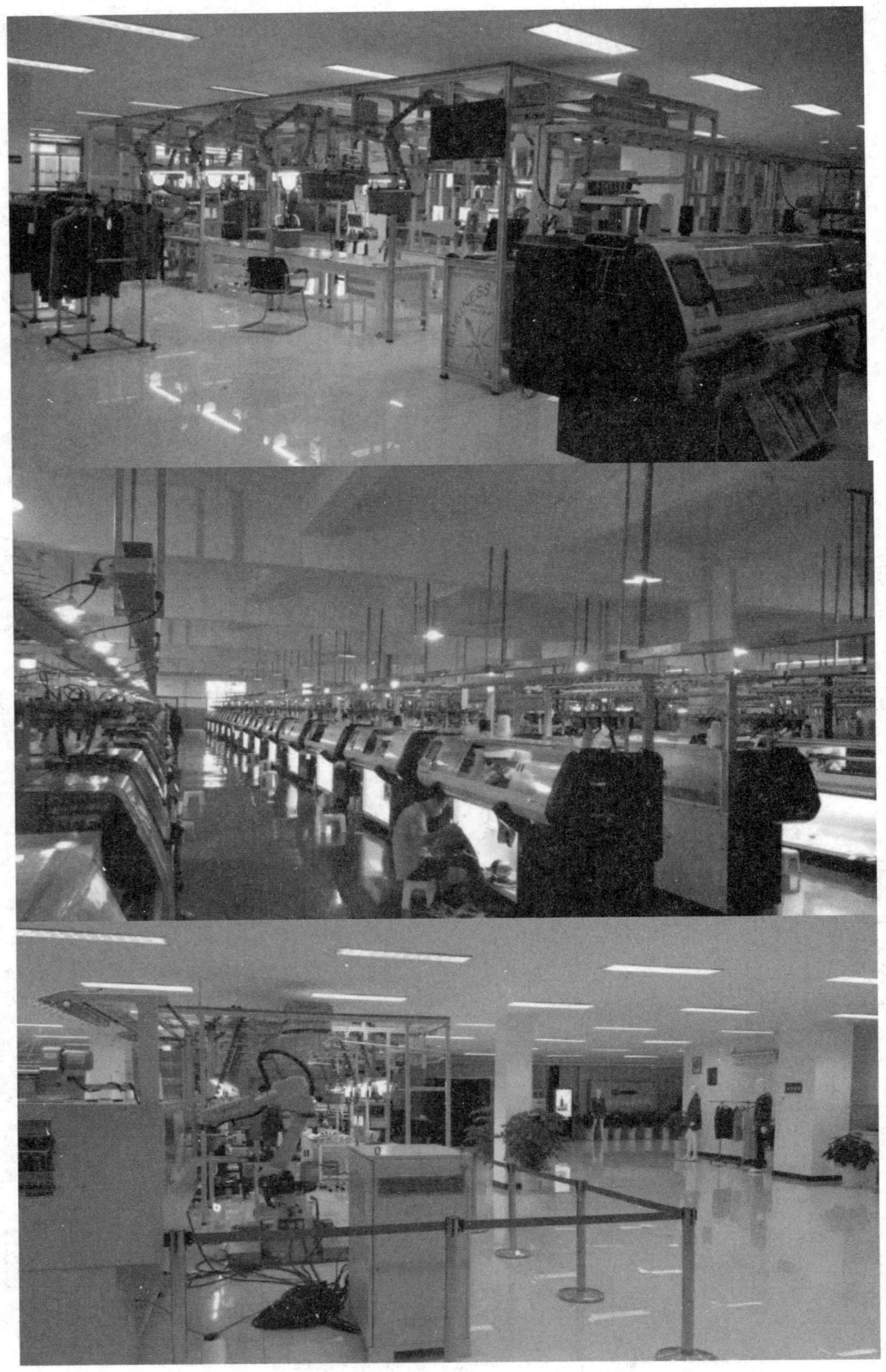

图 7-57　毛衫智能样板工厂

参 考 文 献

[1] 卢秉恒，林忠钦，张俊，等. 智能制造装备产业培育与发展研究报告. 北京：科学出版社，2015.

[2] 辛国斌，张相木，刘九如，等. 智能制造探索与实践. 北京：电子工业出版社，2016.

[3] 张容磊. 智能制造装备产业概述. 智能制造，2020，(07): 15-17.

[4] 肖勇. 数控机床行业现状与转型探索. 世界制造技术与装备市场，2021，(01)：37-39.

[5] 鉴绍英. 智能数控机床及其技术体系框架. 山东工业技术，2017(15): 108.

[6] 王耀南，陈铁健，贺振东，等. 智能制造装备视觉检测控制方法综述.控制理论与应用，2015. 32(3): 273-286.

[7] 周友良. 工业机器人产业的发展现状分析及产业对策研究. 中小企业管理与科技，2021(09): 38-40.

[8] 赵亚楠. 智能制造 装备先行. 自动化博览，2021，38(05): 1.

[9] 韩振宇，李茂月，富宏亚，等. 开放式智能数控机床的研究进展. 航空制造技术，2010(10): 38-44.

[10] 刘义才，高俊. 工业机器人产业发展现状与对策研究. 中国商论，2021(18): 174-176.

[11] 陈文强. 工业机器人的研究现状与发展趋势. 设备管理与维修，2020(24): 118-120.

[12] 胡乐峰. 工业机器人行业应用现状及教学发展趋势. 中外企业家，2020(19): 184.

[13] 孙子文. 金属材料增材制造技术应用现状及发展趋势. 广东科技，2021. 30(08): 99-102.

[14] 廖文俊，胡捷. 增材制造技术的现状和产业前景. 装备机械，2015(01): 1-7.

[15] 张文毓. 增材制造技术的研究与应用. 装备机械，2017(04): 65-70.

[16] 党晓玲，王婧. 增材制造技术国内外研究现状与展望. 航空精密制造技术，2020，56(02): 35-38.

[17] 卢秉恒. 增材制造技术：现状与未来. 中国机械工程，2020，31(01): 19-23.

[18] 张小红，秦威. 智能制造导论. 上海：上海交通大学出版社，2019.

[19] 刘强. 智能制造理论体系架构研究. 中国机械工程，2020，31(01):24-36.

[20] 彭木根. 物联网基础与应用. 北京：北京邮电大学出版社，2019.

[21] 韩洁，李雁星. 物联网 RFID 技术与应用. 武汉：华中科技大学出版社，2019.

[22] 陈明. 大数据技术概论. 北京：中国铁道出版社，2019.

[23] 陶皖. 云计算与大数据. 西安：西安电子科技大学出版社，2017.

[24] 常成. 人工智能技术及应用. 西安：西安电子科学技术大学出版社，2021.

[25] TRAN K P. Artificial intelligence for smart manufacturing: methods and applications. Sensors，2021，21(16):1-3.

[26] CRAIG J J. 机器人学导论. 3 版. 负超，等译. 北京：机械工业出版社，2006.

[27] 袁嘉敏，熊单阳，刘静娴，等. 我国服装网络定制 C2B 营销模式的现状分析. 化纤与纺织技术，2016，45(4): 36-42.

[28] 周光凌，牛牧原，王汀. C2B 模式下的汽车总装车间柔性化生产研究. 装备制造技术，

2017(3): 210-213.

[29] 郭为燕. 浅析 B2C 电子商务模式的现状与发展. 知识经济，2019(20): 55-58.

[30] 张睿，郑昕鸿. 浅析我国 B2C 企业的发展现状与发展对策. 对外经贸，2020(2): 118-120.

[31] 但斌，郑开维，吴胜男，等. "互联网+"生鲜农产品供应链 C2B 商业模式的实现路径：基于拼好货的案例研究. 经济与管理研究，2018，40(2): 65-78 .

[32] 曹微. 我国电子商务 C2B 模式的现状及发展策略研究. 市场调查信息(综合版)，2019(1): 81-81，80.

[33] 朱文俊，郑建林. 电脑横机编织技术. 北京：中国纺织出版社，2011.

[34] 陶雷，莫赞，高京广. 企业资源计划原理与实践. 北京：清华大学出版社，2014. 154-172.

[35] 梅顺齐，胡贵攀，王建伟，等. 纺织智能制造及其装备若干关键技术的探讨. 纺织学报，2017，38(10): 166-171.

[36] 周济. 智能制造是中国制造 2025 的主攻方向. 中国机械工程，2015，26(17): 2273-2284.

[37] 鲍劲松，江亚南，刘家雨. 面向认知的新一代纺织智能制造体系. 东华大学学报(自然科学版). https://doi.org/10.19886/j.cnki.dhdz.2020.0513.

[38] 陈瀚宁. 纺织服装智能工厂系统与平台. 纺织导报，2019，40(3): 34-36.

[39] 李艳. SY 纺织有限公司智能化生产管理研究. 西北大学硕士毕业论文集，2015.

高等学校智能制造工程专业系列教材

智能制造装备与集成

主　编　徐国伟

副主编　赵永立　贾文军　刘　健

西安电子科技大学出版社

内 容 简 介

本书系统地阐述了智能制造的基本技术与应用。全书共七章，内容包括智能制造技术概论、智能制造架构与装备、智能制造关键技术和智能制造企业管理系统等，并重点对机器人技术及其在智能生产中的应用和个性化智能制造模式进行了介绍，最后给出了典型纺织智能生产线实例。本书以工程应用为背景，在阐述智能制造基本理论与技术的基础上，给出了相关技术的实际应用案例，内容丰富，结构清晰。

本书可作为高等工科院校智能制造、自动化、机械设计制造及自动化等专业 45～60 学时的教材和实验指导书，亦可供相关工程技术人员参考。

图书在版编目(CIP)数据

智能制造装备与集成 / 徐国伟主编. —西安：西安电子科技大学出版社，2022.8
(2024.3 重印)
ISBN 978-7-5606-6531-3

Ⅰ. ①智… Ⅱ. ①徐… Ⅲ. ①智能制造系统—装备—高等学校—教材 ②智能制造系统—系统集成技术—高等学校—教材 Ⅳ. ①TH166

中国版本图书馆 CIP 数据核字(2022)第 111977 号

策　　划　刘小莉　杨航斌
责任编辑　刘小莉
出版发行　西安电子科技大学出版社(西安市太白南路 2 号)
电　　话　(029)88202421　88201467　　　邮　　编　710071
网　　址　www.xduph.com　　　电子邮箱　xdupfxb001@163.com
经　　销　新华书店
印刷单位　陕西日报印务有限公司
版　　次　2022 年 8 月第 1 版　　2024 年 3 月第 2 次印刷
开　　本　787 毫米×1092 毫米　1/16　印张 14.5
字　　数　341 千字
定　　价　37.00 元
ISBN　978-7-5606-6531-3 / TH
XDUP　6833001-2